W. Leistenschneider · R. Nagel

Praxis der Prostatazytologie

Technik und Diagnostik

Mit einem Geleitwort von G. Dhom

Mit 325 farbigen und schwarz-weißen Abbildungen
und 27 Tabellen

Springer-Verlag Berlin Heidelberg GmbH 1984

Prof. Dr. WOLFGANG LEISTENSCHNEIDER

Prof. Dr. REINHARD NAGEL

Klinikum Charlottenburg
Urologische Klinik und Poliklinik
der Freien Universität Berlin
Spandauer Damm 130
1000 Berlin 19

ISBN 978-3-662-09416-7 ISBN 978-3-662-09415-0 (eBook)
DOI 10.1007/978-3-662-09415-0

CIP-Kurztitelaufnahme der Deutschen Bibliothek
Leistenschneider, Wolfgang: Praxis der Prostatazytologie: Technik u. Diagnostik / W. Leistenschneider; R. Nagel
Berlin; Heidelberg; New York; Tokyo: Springer, 1984
NE: Nagel, Reinhard:

Das Werk ist urheberrechtlich geschützt. Die dadurch begründeten Rechte, insbesondere die der Übersetzung, des Nachdruckes, der Entnahme von Abbildungen, der Funksendung, der Wiedergabe auf photomechanischem oder ähnlichem Wege und der Speicherung in Datenverarbeitungsanlagen bleiben, auch bei nur auszugsweiser Verwertung, vorbehalten. Die Vergütungsansprüche des § 54, Abs. 2 UrhG werden durch die „Verwertungsgesellschaft Wort", München, wahrgenommen.

© by Springer-Verlag Berlin Heidelberg 1984
Ursprünglich erschienen bei Springer-Verlag Berlin Heidelberg New York Tokyo 1984
Softcover reprint of the hardcover 1st edition 1984

Die Wiedergabe von Gebrauchsnamen, Handelsnamen, Warenbezeichnungen usw. in diesem Werk berechtigt auch ohne besondere Kennzeichnung nicht zu der Annahme, daß solche Namen im Sinne der Warenzeichen- und Markenschutz-Gesetzgebung als frei zu betrachten wären und daher von jedermann benutzt werden dürften.

Produkthaftung: Für Angaben über Dosierungsanweisungen und Applikationsformen kann vom Verlag keine Gewähr übernommen werden. Derartige Angaben müssen vom jeweiligen Anwender im Einzelfall anhand anderer Literaturstellen auf ihre Richtigkeit überprüft werden.

Reproduktion der Abbildungen: Gustav Dreher GmbH, Stuttgart

2122/3130-543210

Geleitwort

Die diagnostische Exfoliativ- und Aspirationszytologie hat heute einen Stellenwert erreicht, der noch vor 20 Jahren nur von wenigen erwartet worden ist. Neben der gynäkologischen Exfoliativzytologie haben sich fruchtbare Arbeitsgebiete entwickelt, in denen die zytologische Diagnostik von großer praktischer Bedeutung geworden ist. Beispielhaft sei für die Exfoliativzytologie die fortlaufende Kontrolle von Tumoren der Harnwege und für die Punktionszytologie die Diagnostik von Schilddrüsenkrankheiten genannt. Folgerichtig werden für die Anerkennung als Pathologe Erfahrungen in der zytologischen Diagnostik verlangt.

Vielfach waren es aber zuerst morphologisch interessierte Kliniker, die sich dieser Methoden annahmen, war doch vor allem die einfache und schonende Materialgewinnung der Anreiz, den operativen Eingriff der Biopsie möglichst zu vermeiden.

Die hier von Leistenschneider und Nagel vorgelegte „Praxis der Prostatazytologie" ist ein hervorragendes Beispiel dafür, wie fruchtbar die intensive Beschäftigung morphologisch begabter Kliniker mit zytologischen Methoden sein kann. Sie haben den Vorteil, den Patienten in der Hand zu haben und das Ergebnis ihres diagnostischen Eingriffs sofort am Präparat kontrollieren zu können.

Die Aspirationsbiopsie aus der Prostata ist ein technisch keineswegs einfacher Eingriff, dies wurde bei der Propagierung der Methode anfänglich wohl unterschätzt. So kam es nicht selten zu Enttäuschungen bei Klinikern und Pathologen, wenn in großer Zahl insuffiziente Aspirate gewonnen wurden.

Es ist deshalb sehr zu begrüßen, wenn hier technischen Grundlagen im Eingangskapitel breiter Raum gewidmet ist und Mindestkriterien für die Beurteilbarkeit aufgestellt werden. Auch die zahlreichen Nebenbefunde und Artefakte werden dokumentiert. Erstes Ziel der Aspirationszytologie ist der Nachweis eines Prostatakarzinoms bei suspektem Tastbefund. Zwischen Histologen und Zytologen besteht heute Einigkeit, daß ein qualitativ gutes zytologisches Präparat ebenso zuverlässig die Karzinomdiagnose ermöglicht wie eine Stanzbiopsie, die den Tumorherd wirklich getroffen hat.

Ein Buch für die Praxis der Prostatazytologie bedarf einer ausführlichen bildlichen Dokumentation. Wer sich in die Beurteilung zytologischer Präparate einarbeiten will, findet hier eine erschöpfende Fülle von Befunden ausgezeichnet dargestellt. Freilich kann das Studieren dieser Abbildungen das geduldige und aufmerksame Durchmustern der eigenen Präparate nicht ersetzen, fordert sie vielmehr heraus. Es gehört eine gute Portion visueller Begabung dazu, um die manchmal nur wenig markanten Abweichungen zu erkennen. Trotz aller Bemühungen, den visuellen Eindruck durch Meßverfahren zu objektivieren, wird bis auf weiteres die qualitative Beurteilung durch den erfahrenen Mikroskopiker in der Alltagsdiagnostik nicht ersetzbar sein. Erfahrung sammelt aber nur, wer viel sieht. Wer den Text des Buches von Leistenschneider und Nagel aufmerksam liest, wird spüren, welche Fülle von Erfahrung hier verarbeitet ist. Es sollte sich deshalb nur der mit der so verantwortungsvollen Diagnostik gerade des Prostatakarzinoms befassen, der die Gelegenheit hat, wirklich viel zu sehen und immer wieder zu sehen. Das Studieren vorhandener Präparateserien bei einem „Meister" ist hier sicher der beste Weg der Einarbeitung. Von dieser Möglichkeit sollte viel häufiger Gebrauch gemacht werden.

Wie weit dann der Erfahrene die Analyse von zytologischen Präparaten vorwärtsbringen kann, zeigen die Kapitel über das Grading des Prostatakarzinoms und über die Beurteilung regressiver Zellveränderungen beim konservativ behandelten Prostatakarzinom.

Die „Praxis der Prostatazytologie" wird der Methode zweifellos neue Anhänger gewinnen. Es ist zu hoffen, daß damit auch ihr technischer Standard in unserem Land verbessert wird.

Homburg/Saar   G. Dhom

Inhaltsverzeichnis

Einleitung 1

1 Technische Grundlagen der Aspirationsbiopsie 3

    1.1 Vorbereitung und Lagerung des Patienten 3
    1.2 Gleitmittel und Anästhesie 5
        1.2.1 Gleitmittel 5
        1.2.2 Lokale Anästhesie 5
    1.3 Aspirationsinstrumentarium 6
    1.4 Technik der Aspiration 7
    1.5 Gewinnung von geeignetem Zellmaterial 11
    1.6 Makroskopische Beurteilung des Aspirates im Ausstrich 11
        1.6.1 Suffizientes Aspirat 11
        1.6.2 Insuffizientes Aspirat 11
    1.7 Technik des Ausstriches 12
    1.8 Fixierung 12
        1.8.1 Spray 12
        1.8.2 Alkohol-Äther-Lösung 13
        1.8.3 Lufttrocknung 14
    1.9 Versand der Präparate 14
    1.10 Komplikationen 14
        1.10.1 Komplikationen nach Stanzbiopsie 14
        1.10.2 Komplikationen nach Aspirationsbiopsie 15
    1.11 Infektprophylaxe 16
    1.12 Methoden und Technik der Präparatefärbung 17
        1.12.1 Färbung nach Papanicolaou 17
        1.12.2 Färbung nach May-Grünwald-Giemsa (MGG) 21
        1.12.3 Hämatoxylin-Eosin-Färbung (HE-Färbung) 22

2 Zytologisches Mikroskopieren 25

    2.1 Mikroskop 25
        2.1.1 Stativ mit Objekttisch 25
        2.1.2 Tubus 25
        2.1.3 Objektivträger 25
        2.1.4 Optik (Okulare und Objektive) 25
        2.1.5 Beleuchtung 27

	2.2	Hellfeld-Mikroskopie	27
		2.2.1 Aperturblende	28
		2.2.2 Leuchtfeldblende	28
		2.2.3 Kondensor	28
	2.3	Fluoreszenzmikroskopie	29
		2.3.1 Prinzip der Fluoreszenzmikroskopie	29
	2.4	Richtlinien für die Hellfeld-Mikroskopie	29
	2.5	Mikroskopischer Untersuchungsgang	30

3 Normalbefunde 31

   3.1 Zelle, Zellverband und Untergrund 31
   3.2 Zellkern 32
       3.2.1 Chromatin 32
       3.2.2 Nucleolen 32

4 Atypien 39

   4.1 Klassifizierung nach Papanicolaou 39
       4.1.1 Papanicolaou I (Normalbefund) 39
       4.1.2 Atypien (Papanicolaou II–IV) 39
   4.2 Atypische Hyperplasie 41

5 Nebenbefunde 49

   5.1 Erythrozyten 49
   5.2 Samenblasenepithelien 49
   5.3 Epithelien der Rektumschleimhaut 50
   5.4 Urothelzellen 50
   5.5 Plattenepithelmetaplasien 51
   5.6 Hornlamellen 52
   5.7 Histiozytäre Riesenzellen 52
       5.7.1 Zytoplasma 52
       5.7.2 Zellkern 52
   5.8 Intrazytoplasmatische Granula 53

6 Artefakte 65

7 Primäre Karzinomdiagnostik 73

   7.1 Methodische Zuverlässigkeit 73
   7.2 Zytologische Kriterien des Prostatakarzinoms 76
       7.2.1 Struktur der Zellverbände 76
       7.2.2 Veränderungen des Zellkernes 76

8 Grading des Prostatakarzinoms 81
   8.1   Histologie 81
   8.2   Zytologie 82
   8.3   Zytologisches Grading des ›Pathologisch-Urologischen
         Arbeitskreises „Prostatakarzinom"‹ 82

9 Therapiekontrolle durch Regressionsgrading 107
   9.1   Zytologische Regressionszeichen 108
         9.1.1 Deutliche Regressionszeichen 109
         9.1.2 Geringe Regressionszeichen 109
   9.2   Zytologisches Regressionsgrading 109
         9.2.1 Zytomorphologische Kriterien des Regressionsgradings 110
   9.3   Reproduzierbarkeit 112
   9.4   Klinische Bedeutung des zytologischen Regressionsgradings . . 144
   9.5   Validität des zytologischen Regressionsgradings 145
   9.6   Regressionszeichen nach Therapiebeginn 145
   9.7   Zytologisches Regressionsgrading und Palpationsbefund 146

10 Sarkome 149

11 Sekundärtumoren der Prostata 153
   11.1 Zytomorphologische Kriterien 153
         11.1.1 Urothelkarzinom 153
         11.1.2 Malignes Lymphom 154
         11.1.3 Seminom 154

12 Zytologie der Prostatitis 165
   12.1 Klassifizierung 165
   12.2 Diagnostische Zuverlässigkeit 166
   12.3 Klinische Bedeutung und Komplikationen 166
   12.4 Allgemeine Zytologische Kriterien der Prostatitis 166
         12.4.1 Spezielle Formen 167
   12.5 Zusammenfassung 170

13 DNS-Zytophotometrie 195
   13.1 Feulgen'sche Nuklealreaktion 195
   13.2 Einzelzell-Zytophotometrie 196
         13.2.1 Fluorometrie 196
         13.2.2 Absorptions-Scanning-Zytophotometrie 201

13.2.3 Zytophotogramm 205
13.2.4 Statistik 206

13.3 Durchfluß-Zytophotometrie 207
13.4 Neuentwicklungen der automatisierten Zytodiagnostik 209
    13.4.1 A.S.M.-System 209
    13.4.2 Leytas-System 209

14 Ergebnisse der Zellkern-DNS-Analyse durch Einzelzell-Zytophotometrie beim Prostatakarzinom 211

14.1 Hochdifferenziertes Karzinom (Grad I) 211
14.2 Mäßig differenziertes Karzinom (Grad II) 211
14.3 Entdifferenziertes Karzinom (Grad III) 212
14.4 Eigene Ergebnisse der Zellkern-DNS-Analysen durch Einzelzell-Zytophotometrie beim behandelten Prostatakarzinom 213
    14.4.1 Zellkern-DNS-Verteilungsmuster während der Behandlung 213
    14.4.2 Ergebnisse 213
14.5 Bedeutung der DNS-Zytophotometrie für die Therapie des Prostatakarzinoms 218

Literatur 219

Sachverzeichnis 225

Einleitung

Nachdem Ferguson 1930 erstmals über die Möglichkeit berichtet hatte, das Prostatakarzinom *zytologisch* durch *transperineale Aspirationsbiopsie* zu sichern, und seine ersten Ergebnisse 1937 an einem größeren Krankengut selbst bei klinisch nicht verdächtigem oder nur zweifelhaftem Befund bestätigen konnte, war diese ingeniöse Form der morphologischen Sicherung der klinischen Verdachtsdiagnose eines Prostatakarzinoms mehr als 20 Jahre in Vergessenheit geraten. Dies ist um so bemerkenswerter, als Ferguson in über 80% der Punktionen beurteilbares Material aspirieren konnte, die Diagnose in über 70% der Fälle richtig-positiv war und der in der Befundung zytologischer Aspirate erfahrene Pathologe in 23 Fällen *keine* falsch-negative Diagnose stellte, wie der weitere klinische Verlauf eindeutig bewies.

Angesichts der heute erreichten Sicherheit der zytologischen Befundung von Prostataaspiraten, deren Ergebnisse jener der histologischen Befundung gleichkommen, bleibt unverständlich, warum diese Pioniertat 20 Jahre lang unbeachtet blieb, zumal Ferguson die Bedeutung der Aspirationsbiopsie ausschließlich darin sah, das Karzinom zu sichern und eine Klassifikation bzw. ein Grading des Tumors mittels dieser Methode ausdrücklich ablehnte – Aussagen also, welche die Aspirationsbiopsie heute uneingeschränkt ermöglicht.

Mit zunehmender Verbreitung der exfoliativen Zytodiagnostik von Blasenkarzinomen aufgrund der Arbeiten von PAPANICOLAOU (1954) u.a. erschien die Möglichkeit, durch *Exfoliativzytologie* nach Prostatamassage nun auch das Prostatakarzinom zytologisch zu diagnostizieren, außerordentlich attraktiv und wurde klinisch eine Zeitlang recht häufig angewandt. Man erkannte jedoch bald, daß nur in 40–50% der Fälle ein Prostatakarzinom im Prostataexprimat bzw. im Urin nach Prostatamassage zytologisch gesichert werden kann (MULHOLLAND, 1931; FRANK u. SCOTT, 1958; GARRETT u. JASSIE, 1976). Da zudem die Massage der Prostata bei verdächtigen Befunden oder bei palpatorisch sicher erscheinendem Karzinom vielfach abgelehnt wurde, hat diese Methode schließlich keine klinische Bedeutung erlangt.

Auch die *zytologische Diagnostik entzündlicher Erkrankungen* der Prostata aus dem durch Massage gewonnenen Exprimat von Patienten im mittleren Lebensalter erwies sich als unzuverlässig, da die klinische Diagnose einer chronischen Prostatitis zytologisch nicht einmal in 50% der Fälle gesichert werden konnte (O'SHAUGHNESSY u. Mitarb., 1956; BOURNE u. FRISHETTE, 1967; MEARES u. STAMEY, 1972).

Als sich erwiesen hatte, daß die Exfoliativzytologie für die morphologische Sicherung der klinischen Diagnose sowohl bei malignen als auch bei entzündlichen Erkrankungen unbrauchbar ist, wurde die Idee der direkten *transrektalen Stanzbiopsie* wieder aufgegriffen (ASTRALDI, 1952), die heute als transrektale oder perineale Biopsie mit unterschiedlichen Nadeln das am häufigsten angewandte Verfahren zur morphologischen Sicherung der klinischen Diagnose eines Prostatakarzinoms ist.

Etwa zur gleichen Zeit haben Franzén

u. Mitarb. die 20 Jahre zuvor von Ferguson beschriebene Methode der transperinealen Aspirationsbiopsie zur *zytologischen Karzinomdiagnose* erneut auf ihre Brauchbarkeit untersucht. Nachdem die ersten Versuche, sog. frühe Karzinome durch transperineale Punktion nachzuweisen, wenig erfolgreich waren, haben Franzén u. Mitarb. die *transrektale Route* gewählt und die Aspiration im Laufe weniger Jahre so perfektioniert, daß sie 1960 bereits über 100 komplikationslose Aspirationsbiopsien berichten konnten.

Wenn auch die komplikationsarme, den Patienten kaum belastende und der histologischen Beurteilung von Prostataerkrankungen absolut gleichwertige Methode bis heute – abgesehen von ersten Versuchen in den USA (Kaufman u. Mitarb., 1982; Melograna u. Mitarb., 1982) – fast ausschließlich in Europa breitere Anwendung gefunden hat, so ist die Validität der Aspirationsbiopsie sowohl für die Primärdiagnostik von Prostatakarzinomen und sekundären Prostatatumoren als auch für die Diagnose und Klassifizierung entzündlicher Erkrankungen der Prostata ebenso gesichert wie ihre Zuverlässigkeit bei der Beurteilung der Therapiewirkung bei lokal fortgeschrittenen, konservativ behandelten Prostatakarzinomen. Damit erfüllt die Aspirationsbiopsie heute Ansprüche, die Ferguson vor 50 Jahren noch ausdrücklich als die Methode überfordernde Aussagen ablehnte.

Die in der Anfangsphase der Zytodiagnostik des Prostatakarzinoms immer wieder geäußerten Zweifel an ihrer Zuverlässigkeit und an der Möglichkeit, aus dem Aspirat tragfähige therapeutische Entscheidungen abzuleiten, haben sich inzwischen als gegenstandslos erwiesen – vorausgesetzt, es wird ein technisch einwandfreies Aspirat gewonnen, korrekt präpariert und von einem erfahrenen Zytologen beurteilt. Unter diesen Bedingungen bedarf die zytologisch eindeutige Diagnose eines Prostatakarzinoms nicht mehr der „Absicherung" durch die histologische Untersuchung eines mittels *Stanzbiopsie* gewonnenen Präparats; denn die Rate falsch-positiver Befunde in der Primärdiagnostik des Prostatakarzinoms ist bei zytologischer Untersuchung *nicht* höher als bei histologischer Befundung.

Als sog. „Screening-Methode", wie etwa bei bestimmten gynäkologischen Tumoren, ist die Aspirationsbiopsie ungeachtet ihrer geringen Komplikationsquote allerdings *nicht* geeignet.

Die Tatsache, daß die Aspirationsbiopsie trotz wesentlicher Vorteile gegenüber der Stanzbiopsie auch heute noch nicht deren breite Anwendung gefunden hat, erklärt sich daraus, daß die Technik der Aspiration selbst weitaus schwieriger zu erlernen ist als die der Stanzbiopsie. Hinzu kommt, daß neben der Beherrschung der Aspirationstechnik die korrekte technische Weiterverarbeitung des gewonnenen Zellmaterials durch Ausstrich und Fixierung die Voraussetzung für ein qualitativ einwandfreies und damit zytologisch sicher zu beurteilendes Präparat ist.

Diesen durch Übung leicht zu überwindenden Schwierigkeiten stehen so viele Vorteile für den Patienten und den behandelnden Urologen gegenüber, daß eine eingehende Darstellung der Möglichkeiten der Zytologie für die Diagnose, Therapie und Therapiekontrolle *aller* Prostataerkrankungen sowie der technischen Grundlagen von Aspiration, Fixierung und Färbeverfahren gerechtfertigt erscheint.

Das vorliegende Buch stützt sich methodisch auf Befunde, bei denen die Präparate durch transrektale Aspirationsbiopsie gewonnen, feucht fixiert und nach Papanicolaou gefärbt wurden. Besonders charakteristische Befunde werden darüber hinaus nach Färbung mit May-Grünwald-Giemsa-Lösung dargestellt.

1 Technische Grundlagen der Aspirationsbiopsie

Die Qualität eines zytologischen Präparats und damit seine Beurteilbarkeit beruhen fast ausschließlich auf:

- einer sicheren Beherrschung der Punktionstechnik und
- der sorgfältigen Weiterverarbeitung (Ausstrich, Fixierung, Färbung) des aspirierten Zellmaterials.

Unter diesen Voraussetzungen ist in fast allen Fällen eine sichere und reproduzierbare Beurteilung des Aspirats durch den Zytologen möglich.

Die Rate *nicht beurteilbarer* Präparate infolge quantitativ oder qualitativ ungenügenden Zellmaterials wird in der Literatur mit 0,7–60% angegeben (**Tabelle 1**). Sie ist am

Tabelle 1. Aspirationsbiopsie nach Franzén: Häufigkeit unzureichenden Zellmaterials

Autor	Jahr	Biopsien	
		n	%
Esposti	1966	1430	2,0
Esposti	1975	345	1,2
Faul	1975	1382	3,0
Droese u. Mitarb.	1976	288	6,4
Bishop u. Oliver	1977	182	16,4
Ackermann u. Müller	1977	645	6,4
Hohbach u. Dhom	1978	100	60,0
Faul	1980	415	53,0
Esposti	1982	4630	0,7

niedrigsten in Zentren oder Praxen mit entsprechend großer Erfahrung in Entnahmetechnik und Bearbeitung des Zellmaterials (Esposti, 1966, 1975; Faul, 1975; Ackermann u. Müller, 1977; Leistenschneider u. Nagel, 1980), während die Rate unzureichenden Materials im Einsendungsgut eines zytodiagnostischen Instituts in der Regel dann ansteigt, wenn die Aspirationsbiopsie von den einsendenden Urologen nur selten durchgeführt wird (Hohbach u. Dhom, 1978; Faul, 1980).

1.1 Vorbereitung und Lagerung des Patienten

In **Abbildung 1** ist das Prinzip der transrektalen Aspirationsbiopsie dargestellt.

Eine spezielle Vorbereitung des Patienten ist nicht erforderlich; er sollte jedoch vor der Biopsie abgeführt haben, damit die Ampulla recti frei von Stuhl ist.

Die *Lagerung des Patienten* dagegen ist von erheblicher Bedeutung, da sie die Punktion wesentlich beeinflussen kann.

Bei der *Steinschnittlage* sollte das Gesäß des Patienten fast handbreit über die Tischkante hinausragen und der Untersuchungstisch in seine höchstmögliche Position gebracht werden, da nur so der suspekte Bereich der Prostata mit der Aspirationsnadel sicher punktiert werden kann (**Abb. 2**). Steht der Tisch zu tief, ergibt sich nahezu unvermeidlich eine tangentiale Punktionsrichtung, so daß die Prostata mit der Nadel lediglich gestreift und dadurch der suspekte Bezirk leicht verfehlt oder nicht genügend Zellmaterial aspiriert wird.

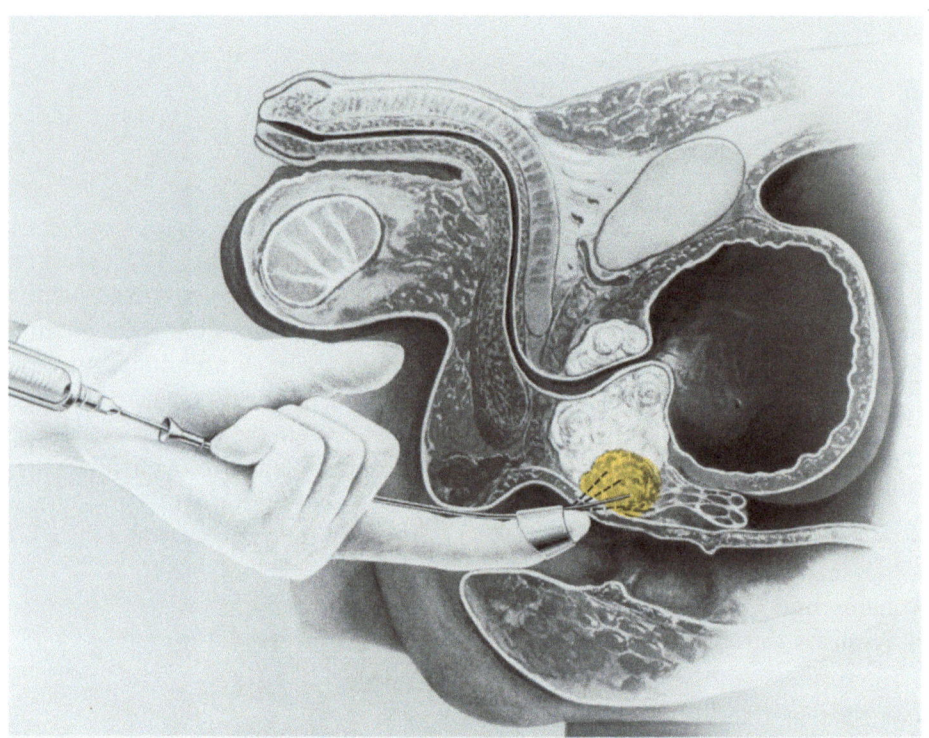

Abb. 1. Prinzip der Aspirationsbiopsie der Prostata nach Franzén

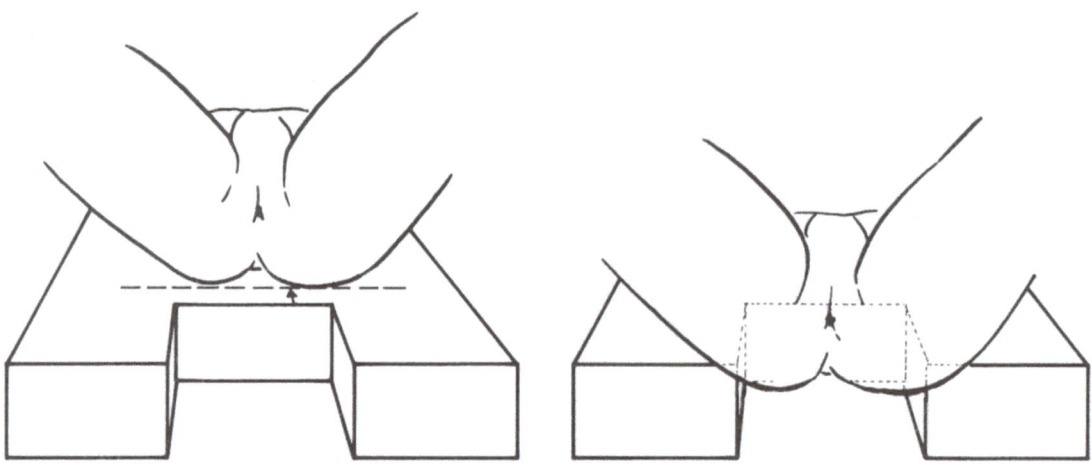

Abb. 2. Lagerung des Patienten zur Aspirationsbiopsie: *Links:* falsch! *Rechts:* richtig! Das Gesäß des Patienten ragt etwa eine Handbreit über die Kante des Untersuchungsstuhles hinaus

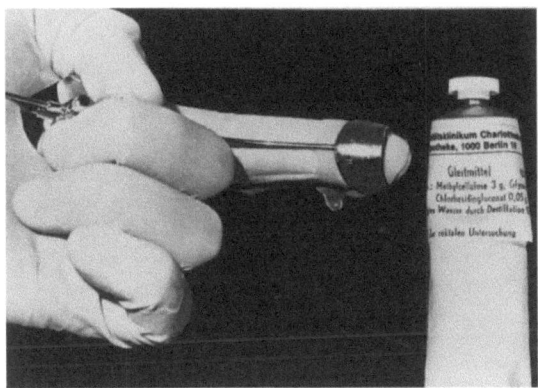

Abb. 3. Vor Einführung des Führungsstückes wird reichlich Gleitmittel auf die Zeigefingerspitze gebracht

1.2 Gleitmittel und Anästhesie

Ein ganz wesentlicher Vorteil der Aspirationsbiopsie ist die im Vergleich zu anderen Biopsietechniken ausgesprochen geringe Schmerzhaftigkeit, so daß eine lokale Anästhesie nur sehr selten erforderlich wird. Dieser Vorzug, in Verbindung mit der sehr niedrigen Komplikationsrate (S. 14), erlaubt selbst in der urologischen Praxis nicht nur wiederholte Aspirationen bei primär zwar negativer Zytologie, jedoch weiterhin suspektem Tastbefund, sondern auch kurzfristige Kontrollbiopsien beim Prostatakarzinom, um die Wirkung der angewandten Therapie am Primärtumor selbst nach bestimmten Behandlungszeiten (S. 107) objektiv zu überprüfen.

1.2.1 Gleitmittel

Wie bei jeder rektalen Untersuchung wird auch bei der Aspirationsbiopsie zur leichten Einführung des Zeigefingers mit Führungsring und Nadel das Gleitmittel so reichlich auf den Finger aufgetragen, daß dieses abtropft **(Abb. 3)**.

Das Gleitmittel sollte *wäßrig* sein, da Salben (Vaseline, Borsalbe u.a.) zu Verunreinigungen (Artefakten) im gefärbten Präparat führen, die die Diagnose erheblich beeinträchtigen können.

Bei uns hat sich ein Gleitmittel folgender Zusammensetzung bewährt:

Chlorhexidinglukonat	0,05
Methylzellulose	3,0
Glyzerol, 85%	5,0
Aqua dest.	92,0

1.2.2 Lokale Anästhesie

Bei Patienten, die bereits die normale rektale Untersuchung als unangenehm empfinden, empfiehlt sich die Instillation eines Schleimhautanästhetikums im Gleitmittel (z.B. 11 ml Instillagel) in die Ampulla recti. Nach etwa 5–10 Minuten tritt eine ausreichende Schleimhautanästhesie ein, so daß sich die Aspirationsbiopsie schmerzfrei durchführen läßt.

Gibt der Patient selbst dann noch bei Einführen des Fingers mit der Punktionskanüle Schmerzen an oder reagiert mit einer unwillkürlichen Kontraktion des Sphincter ani, so

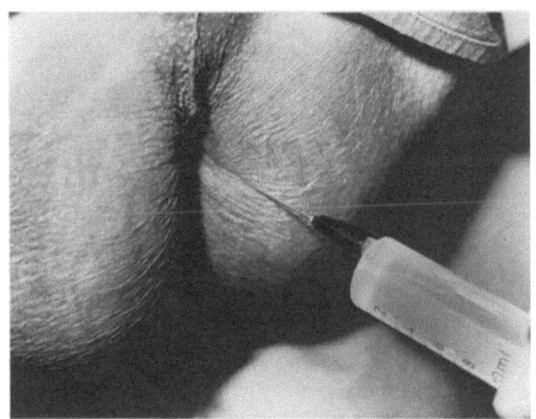

Abb. 4. Lokalanästhesie im Bereich des M. sphincter ani externus: Das Lokalanästhetikum wird bei 3 Uhr injiziert und von hier aus weiter in Richtung 12 und 6 Uhr. Gleiches Vorgehen auf der Gegenseite

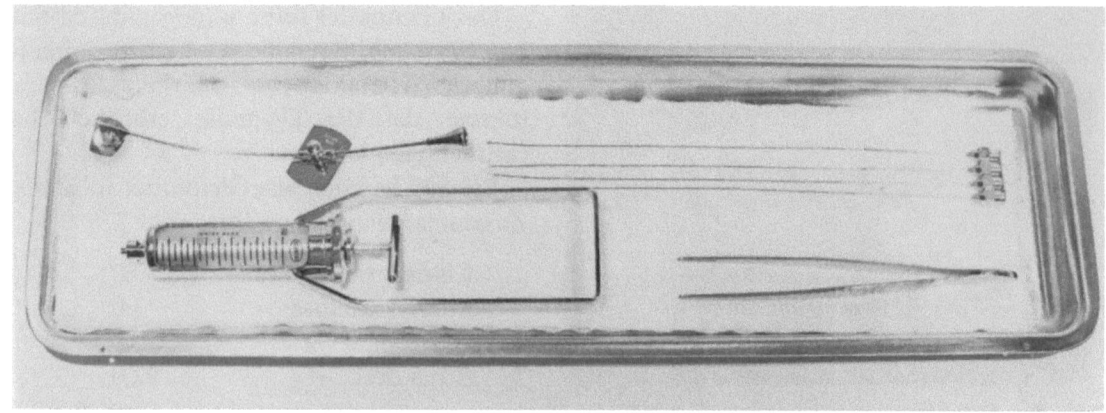

Abb. 5. Komplettes Instrumentarium für die Aspirationsbiopsie mit 4 Kanülen und einer Pinzette neben der Basisausstattung

ist eine Infiltration des Musculus sphincter ani externus mit 10 ml eines 1%igen Lokalanästhetikums angezeigt, wie sie sich auch bei der Stanzbiopsie bewährt hat (LEISTENSCHNEIDER u. NAGEL, 1978).

Mit einer dünnen Kanüle wird von zwei Einstichstellen aus (3 Uhr und 9 Uhr) der Musculus sphincter ani mit je 5 ml des Anästhetikums zirkulär infiltriert **(Abb. 4)**.

Diese Lokalanästhesie empfiehlt sich besonders während der Anfangsphase des Erlernens der Aspirationstechnik, da bei der dann zumeist noch unsicheren Handhabung des Punktionsbesteckes die Aspiration durch die Erschlaffung des Sphincter ani stark erleichtert wird und der Patient außerdem keine Schmerzen hat.

1.3 Aspirationsinstrumentarium

Zur Aspiration werden benötigt:

- Aspirationsbesteck nach Franzén (Spritze, Kanüle, Führungsstück)
- kleine anatomische Pinzette
- sterile Handschuhe
- Objektträger
- Diamantstift zum Beschriften der Objektträger

Das sterile Punktionsset für einen Patienten sollte grundsätzlich 4 Kanülen enthalten, weil meist bis zu 4 Aspirate – 2 pro Lappen – zur Gewinnung von ausreichendem Zellmaterial notwendig sind **(Abb. 5)**.

Nach jeder einzelnen Aspiration muß eine neue Kanüle benutzt werden, da beim Ausspritzen des gewonnenen Aspirats auf den Objektträger die Nadel unsteril wird.

Auch nur *leicht verbogene Nadeln* sollte man grundsätzlich nicht mehr verwenden, weil dann eine auswertbare Materialgewinnung nicht mehr gewährleistet ist.

Da zur Aspiration der Zellen in die Kanüle ein starkes *Vakuum* in der Spritze erforderlich ist, sollte *vor* der Aspiration deren Dichtigkeit geprüft werden, und zwar nach Anlegen der sterilen Handschuhe, durch Anziehen des Kolbens bis zum Anschlag bei gleichzeitigem Abdichten des Kanülenansatzes mit dem Finger. Kann *vor* oder *während* der Aspiration in der Spritze kein Vakuum aufgebaut werden, kommen folgende Fehlerquellen in Betracht:

- Spritze nicht fest verschraubt
- verschlissener Glaskolben
- Undichtigkeit zwischen Kanüle und Spritze

1.4 Technik der Aspiration

Das Führungsstück der Kanüle wird bei Rechtshändern auf dem linken, bei Linkshändern auf dem rechten Zeigefinger so arretiert, daß in der entsprechenden Handfläche die verstellbare Metallplatte mit dem Mittel- oder Ringfinger fest fixiert wird (Gitarrenspielergriff!) und sich dadurch der Ring des Führungsstückes fest um das Ende des Zeigefingers legt und nicht mehr verrutschen kann **(Abb. 6)**.

Der mit reichlich Gleitmittel benetzte Zeigefinger wird nun mit dem Führungsstück ins Rektum eingeführt, während der Patient gleichzeitig aufgefordert wird, kurzzeitig wie zur Defäkation zu pressen.

Die Spitze des Fingers mit dem Führungsring der Nadel wird nun an den suspekten Prostatabezirk herangeführt. Entscheidend ist, daß der Ring nicht am Finger hochrutscht, weil dann der direkte Kontakt zum suspekten Areal der Prostata verlorengeht **(Abb. 7)**.

Nach Zurückziehen des Spritzenstempels bis zur Markierung „1" (=1 ml Luft) wird die bereits zuvor an die Spritze angeschraubte dünne Aspirationsnadel nun vorsichtig in gerader Richtung in das Führungsstück eingeführt, damit sie sich nicht verbiegt **(Abb. 8)**.

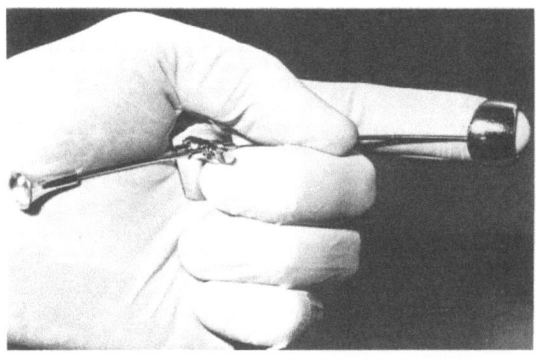

Abb. 6. Richtige Position des Ringes am Ende des Führungsstückes, der sowohl beim Einführen als auch beim Biopsievorgang selbst stets an der Spitze des Zeigefingers plaziert sein muß

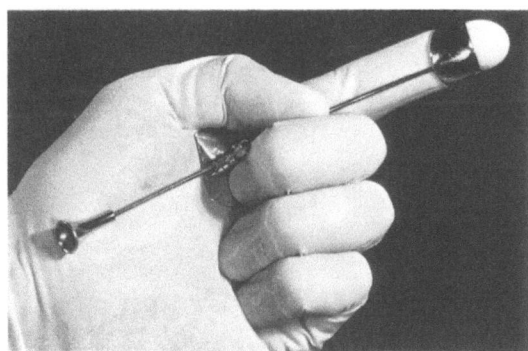

Abb. 7. Falsche Position des Ringes am Führungsstück, so daß die Zeigefingerspitze zu weit vorragt

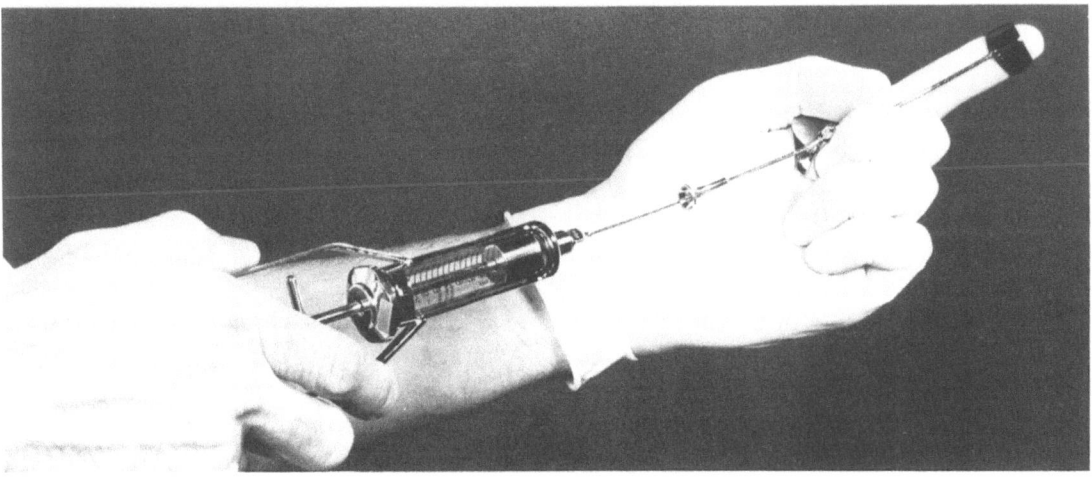

Abb. 8. Richtige Haltung bei der Einführung der Aspirationskanüle in das Führungsstück

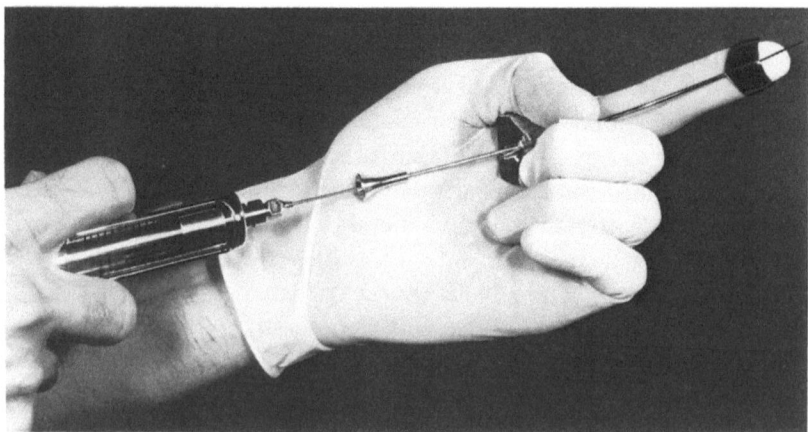

Abb. 9. Die Aspirationskanüle ist vorgeschoben und dringt in dieser Stellung in den suspekten Prostatabezirk ein. Mit der rechten Hand wird nun 1 ml Luft mit kräftigem Druck in die Prostata injiziert

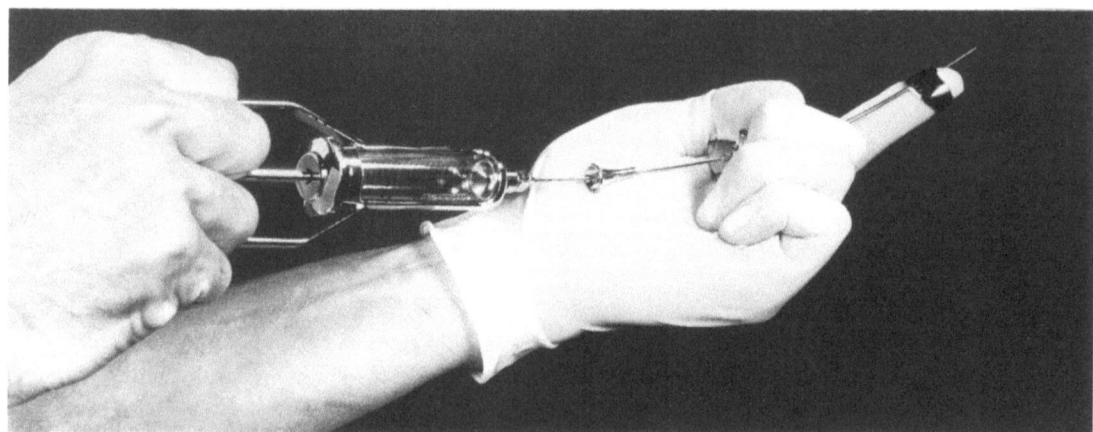

Abb. 10. Endgültige Haltung des Instrumentes zur Aspiration: Der Spritzenkolben ist bis zum Anschlag angezogen, wodurch der zur Biopsie erforderliche Sog entsteht

Danach werden Kanüle und Spritze so weit vorgeschoben, bis das dickere Endteil der Kanüle gerade im Trichter des Führungsstückes verschwindet. Bei dieser Position hat die Kanülenspitze den suspekten Bezirk der Prostata erreicht **(Abb. 9)**.

Die Kanüle wird nun in diesen Bezirk ca. 1 cm tief eingestochen. Sodann erfolgt die *rasche Injektion* der zuvor mit der Spritze angesaugten Luft (= 1 ml), um die Prostataepithelverbände zur Gewinnung ausreichenden Zellmaterials aus ihrem Verband zu lösen.

Dann wird der Kolben der Spritze forciert bis zum Anschlag zurückgezogen, so daß das zur Aspiration erforderliche Vakuum entsteht **(Abb. 10)**.

Kommt es dabei *nicht* zum Aufbau eines Vakuums, so ist an die o.a. Fehlerquellen (S. 6) zu denken, nach deren Beseitigung der Aspirationsvorgang in der angegebenen Weise wiederholt wird.

Während der Biopsie wird nun bei permanent angezogenem Spritzenstempel und vollständigem Vakuum in der Spritze die Kanüle

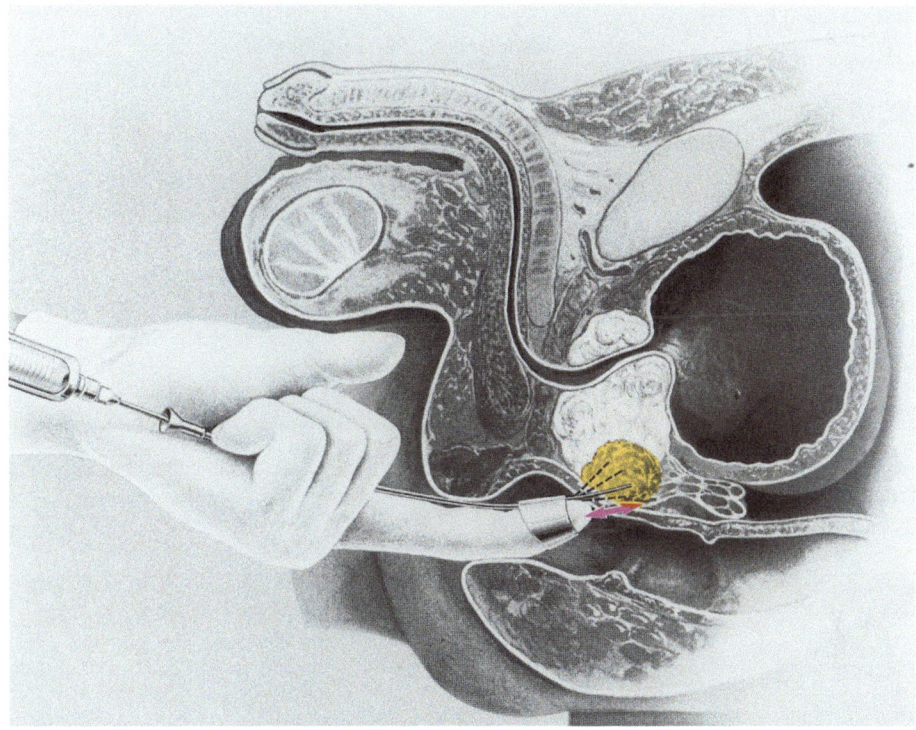

Abb. 11. In dieser Stellung erfolgt das rasche Hin- und Herbewegen (10–15 × !) der Kanülenspitze innerhalb des verdächtigen Prostatabezirkes zur Gewinnung von Zellmaterial

auf einer Strecke von 1 cm innerhalb des suspekten Bezirkes etwa 10–15 mal *rasch und fächerförmig* vor- und zurückgezogen. Je schneller die Bewegungen der Kanüle innerhalb der Prostata erfolgen, desto weniger schmerzhaft ist die Biopsie **(Abb. 11)**.

Hierbei handelt es sich um den technisch schwierigsten Teil der Biopsie; denn die Kanüle darf bei diesen Bewegungen auf keinen Fall aus der Prostata herausrutschen, weil dann sofort das Vakuum verlorenginge.

Diese Phase der Aspirationsbiopsie wird wesentlich dadurch erleichtert, daß der Ellbogen der die Kanüle führenden Hand am Körper im Hüftbereich abgestützt wird **(Abb. 12)**.

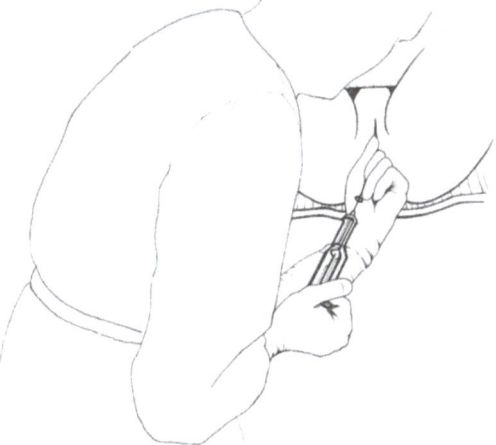

Abb. 12. Optimale Haltung des Untersuchers, der bei der Aspiration den Ellenbogen an der Hüfte abstützt. Auf diese Weise wird der Vorgang des raschen Hin- und Herbewegens der Kanüle innerhalb des verdächtigen Prostatabezirkes wesentlich sicherer

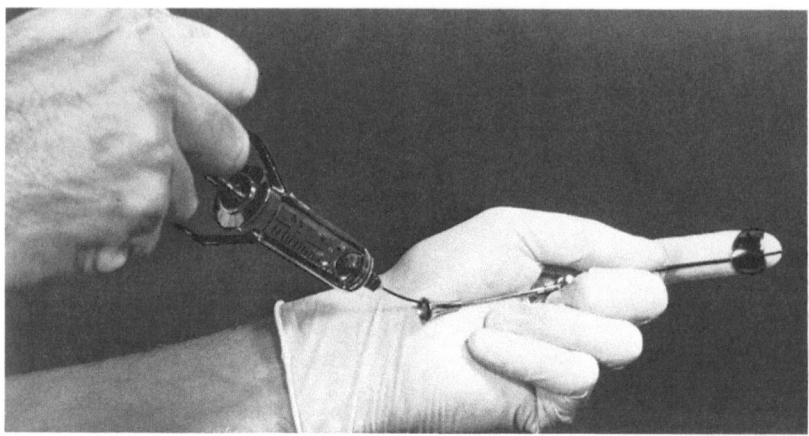

Abb. 13. Falsche Haltung bei der Aspirationsbiopsie: Die Kanüle ist gegenüber dem Führungsstück abgeknickt

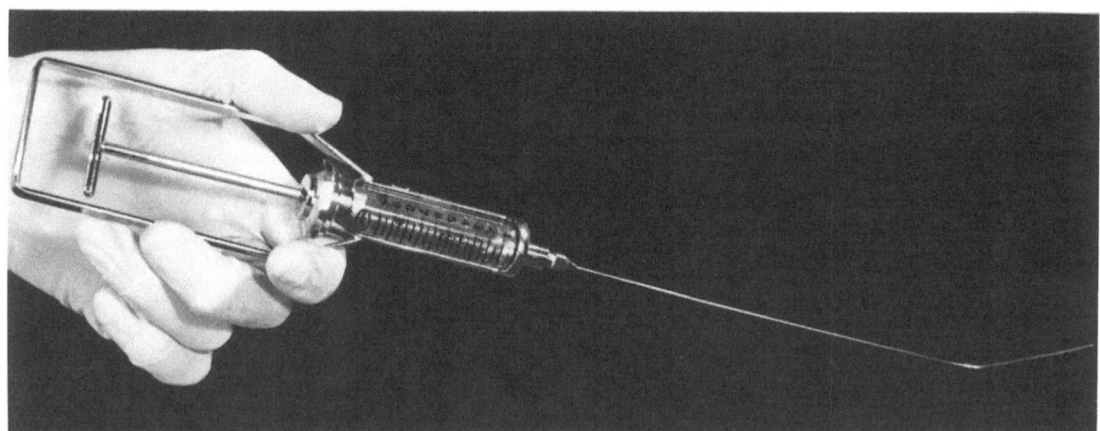

Abb. 14. Zur Aspirationsbiopsie wegen Abknickung der Spitze unbrauchbare Kanüle

Bei der raschen Bewegung der Kanüle während des Aspirationsvorganges muß darauf geachtet werden, die Kanüle keinesfalls gegen die Führungshülse abzuwinkeln **(Abb. 13)**.

Ist die Kanüle nach der Aspiration an der Spitze stark abgeknickt, wurde in der Regel die Prostata in Richtung Beckenwand durchstochen, so daß ausreichendes Zellmaterial nicht zu erwarten ist. Die Aspiration muß dann mit neuer Kanüle wiederholt werden **(Abb. 14)**.

Vor Entfernung der Kanüle aus der Prostata muß unbedingt der Spritzenstempel losgelassen werden, damit er infolge des noch bestehenden Vakuums wieder in seine Ausgangsstellung zurückschnellen kann.

Entfernt man die Kanüle mit angezogenem Spritzenstempel aus der Prostata, so wird das in der Kanüle befindliche aspirierte Zellmaterial durch das vorher aufgebaute Vakuum *in die Spritze hineingesogen* und ist für die Diagnostik verloren, da sich das Aspirat nun in der Spritze befindet und nicht mehr auf den Objektträger gebracht werden kann.

Schnellt der Spritzenstempel am Ende des Biopsievorganges nicht in die Ausgangsstellung zurück, obgleich sich die Kanüle noch in der Prostata befindet, ist während der Aspiration ein Vakuumverlust aufgetreten.

Nach Zurückschnellen des Spritzenkolbens in seine Ausgangsstellung wird das Aspirationsbesteck im Ganzen aus dem Rektum entfernt, während der Patient gleichzeitig wie zur Defäkation preßt, damit sich auch Finger und Führungsring schmerzlos entfernen lassen.

Nach raschem Abschrauben der Kanüle, gegebenenfalls mit Hilfe der bereitliegenden sterilen Pinzette, wird der Kolben der Spritze erneut bis zum Anschlag zurückgezogen und die Kanüle wieder fest auf die Spritze geschraubt. Durch möglichst *rasches und vollständiges* Herunterdrücken des Kolbens wird das gewonnene Zellmaterial dann aus der Kanüle auf einen bereitliegenden, zuvor numerierten und mit den Initialen des Patienten versehenen Objektträger aufgespritzt, und zwar etwa 1 cm vom Rand entfernt **(Abb. 15)**.

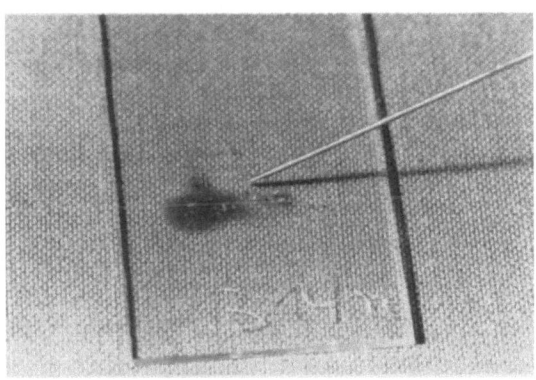

Abb. 15. Das Aspirat wird auf ein Ende eines sauberen, fettfreien Objektträgers aufgespritzt, an dessen Rand die Registrierungsnummer mit Diamantschreiber eingraviert ist

1.5 Gewinnung von geeignetem Zellmaterial

Wesentliche Voraussetzung für die Zuverlässigkeit einer zytologischen Diagnose ist eine ausreichende Menge von Prostataepithelverbänden im gewonnenen Zellmaterial.

Für eine tragfähige Diagnose sind wenigstens 20 mittelgroße, gut erhaltene Zellverbände aus jedem Lappen der Prostata erforderlich. Wird diese Zahl unterschritten, ist eine zuverlässige Diagnose nicht möglich.

Während der Anfänger stets 3 Aspirate aus jedem verdächtigen Bezirk jeweils mit einer neuen Kanüle entnehmen sollte, muß auch der Erfahrene wenigstens 2 Aspirate gewinnen; bei kleinen suspekten Bezirken hingegen sollten zur Sicherheit immer 3 Aspirate entnommen werden. Auch aus dem palpatorisch nicht karzinomverdächtigen Lappen empfiehlt sich die Entnahme von 2 Aspiraten, da in etwa 60% der Fälle (BYAR u. MOSTOFI, 1972; KASTENDIECK u. Mitarb., 1976) ein multifokales Wachstum vorliegt.

1.6 Makroskopische Beurteilung des Aspirats im Ausstrich

1.6.1 Suffizientes Aspirat

Das typische Prostataaspirat ist grau-weißlich und etwas dickflüssig; geringe Blutbeimengungen sind tolerabel. Typisch für ein lokal fortgeschrittenes Karzinom ist ein sehr ergiebiges, oft klebriges, homogenes, grauweißes Aspirat.

1.6.2 Insuffizientes Aspirat

Das Material kann quantitativ oder qualitativ durch Samenblasensekret oder Urinbeimischung unzureichend sein, während feine

Fäden im ausgestrichenen Aspirat auf einen mehr oder weniger erheblichen Anteil von Epithelien aus der Rektumschleimhaut hinweisen.

1.7 Technik des Ausstriches

Der Ausstrich des auf den Objektträger aufgespritzten Aspirats erfolgt, indem ein zweiter Objektträger rechtwinklig zum ersten *auf* das Aspirat mit mäßigem Druck *plan* aufgepreßt wird (cave: Glasbruch), so daß es sich zunächst auf der einen Seite des Objektträgers verteilt **(Abb. 16)**.

Der obere Objektträger wird nun gegen den unteren in Richtung auf die dem Aspirat gegenüberliegende Schmalseite des unteren Objektträgers plan verschoben, wodurch das aspirierte Material in einer dünnen Schicht gleichmäßig über den Objektträger ausgestrichen wird **(Abb. 17)**.

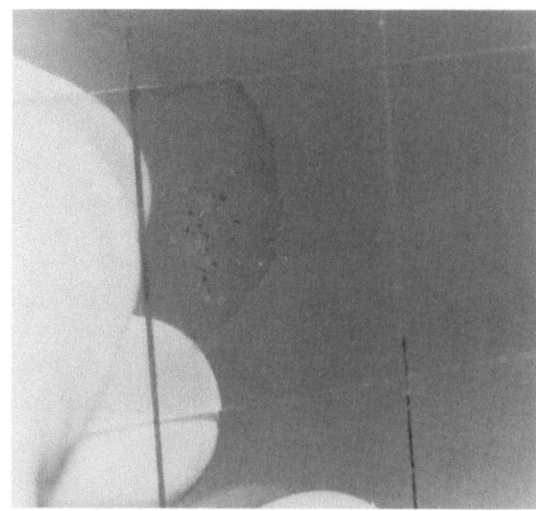

Abb. 16. Das Aspirat wird mit einem zweiten Objektträger, der plan aufgedrückt wird, zunächst gleichmäßig verteilt

1.8 Fixierung

Für die Fixierung haben sich 3 Verfahren bewährt, die mit dem Zytodiagnostiker abgesprochen werden müssen, da die Fixierung vom Färbeverfahren abhängig ist.

Im wesentlichen sind 3 Fixierungsarten zu unterscheiden:

- Spray
- Alkohol-Äther-Lösung
- Lufttrocknung

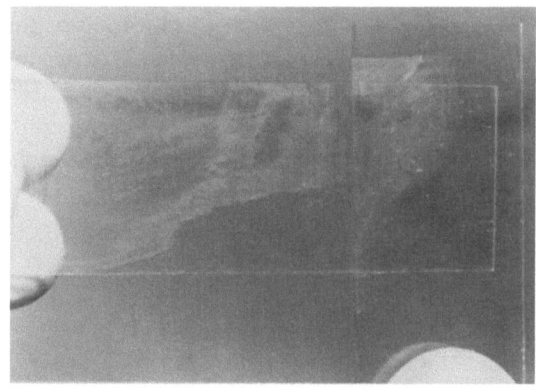

Abb. 17. Unter stetem leichtem Druck wird der obere gegenüber dem unteren Objektträger nach rechts verschoben und so das Aspirat gleichmäßig ausgestrichen

1.8.1 Spray

Die Fixierung der Aspirate mit einem kommerziell erhältlichen polyäthylenglykolhaltigen Fixierspray (Merckofix) stellt bei korrekter Anwendung eine „Naßfixierung" dar, die der Fixierung in Alkohol-Äther-Lösung gleichwertig ist. Die Spray-Fixierung ist in der Anwendung jedoch schwieriger und erzielt nur bei strikter Einhaltung folgender Bedingungen optimale Ergebnisse:

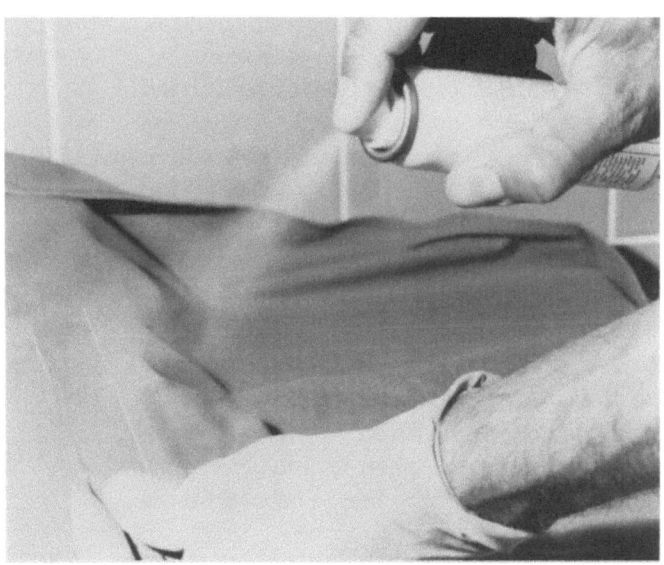

Abb. 18. Das Fixierspray wird – *innerhalb max. 5 s nach dem Ausstreichen (!)* – aus ca. 20 bis 25 cm über 4–5 s gleichmäßig auf den Objektträger gesprüht

- **Die Fixierung des ausgestrichenen Präparates muß innerhalb von 5 Sekunden erfolgen,** da – wie bei jeder „Naßfixierung" – selbst eine geringe Trocknung der Zellen an der Luft zu Veränderungen führt, die ihre Beurteilung nach Färbung stark einschränken oder unmöglich machen können.

- Der Ausstrich muß aus einer Distanz von 20–25 cm 4 bis 5 Sekunden lang besprüht werden, wobei der Sprühstrahl während dieser Zeitspanne vor dem Präparat in horizontaler Richtung rasch hin- und herbewegt werden und senkrecht auf das Präparat treffen muß **(Abb. 18).**

  Erfolgt die Spray-Fixierung aus kürzerer Entfernung, so besteht die Gefahr einer partiellen oder totalen Zerstörung des Zellmaterials durch Vereisung, während es bei größerer Distanz zu partieller oder totaler Autolyse des Zellmaterials kommen kann.

- Der Ausstrich muß mindestens 15 Minuten lang trocknen und kann danach gefärbt werden oder beliebig lange lagern.

Bei strikter Einhaltung der angegebenen Richtlinien hat sich die Spray-Fixierung besonders in der Praxis als die praktikabelste und sicherste Fixierungsmethode erwiesen.

1.8.2 Alkohol-Äther-Lösung

Zur Fixierung der Ausstriche hat sich eine Mischung von 96%igem Alkohol und Äther zu gleichen Teilen oder 99%iger Isopropyl-Alkohol bewährt (SOOST, 1978). Ein gewisser Nachteil ist die rasche Verdunstung des Äthers. Die entsprechenden Fixierungsgefäße müssen mit der Aufschrift „feuergefährlich" versehen sein.

Wegen der besonderen Problematik dieser Fixierungslösungen und ihrer aufwendigen Handhabung erscheinen sie uns für die urologische Praxis weniger geeignet, insbesondere wenn die Präparate zur Befundung verschickt werden müssen.

Auch bei dieser Fixierung ist es von entscheidender Bedeutung, daß die Präparate nach dem Ausstreichen sofort in die Fixierlösung eingebracht werden.

1.8.3 Lufttrocknung

Anstelle der Naßfixierung ist die Fixation der Präparate auch durch einfache Lufttrocknung möglich. Sie können danach allerdings nur nach May-Grünwald-Giemsa oder mit Hämatoxylin-Eosin gefärbt werden. Die Fixierung der Präparate durch Lufttrocknung ist nach 60 Minuten abgeschlossen.

Werden die Präparate nicht selbst diagnostisch befundet, so muß die Art der Fixierung mit dem zuständigen diagnostischen Institut abgesprochen werden, da in vielen Instituten aus organisatorischen Gründen routinemäßig nur ein bestimmtes Färbeverfahren angewandt wird.

1.9 Versand der Präparate

Die fixierten Objektträger werden nach Trocknung in handelsüblichen Papp- oder Kunststoffmäppchen bzw. Holzkassetten an das zuständige zytologische Labor versandt.

Für jeden Patienten sind dem Untersuchungsmaterial unbedingt folgende klinischen Daten hinzuzufügen:

- Name, Vorname, Geburtsdatum
- Untersuchungstag, Jahr
- Zahl der Aspirate pro Prostatalappen
- Art der Fixierung

Bei Primärbiopsie:
- Klinische Fragestellung

Bei Therapiekontrolle:
- Therapieform und Dauer der Behandlung

1.10 Komplikationen

Komplikationen nach Aspirationsbiopsie sind weitaus seltener und vor allem meist weniger gravierend als nach transrektaler und perinealer Stanzbiopsie.

1.10.1 Komplikationen nach Stanzbiopsie

Wie aus repräsentativen Serien hervorgeht, muß bei der Stanzbiopsie in etwa 8–10% (0,3–28%) der Fälle mit Komplikationen gerechnet werden **(Tabelle 2)**, während nach transrektaler Aspirationsbiopsie in großen Serien die Komplikationsrate durchschnittlich 1,7% (0,4–2,4%) beträgt (S. 15).

Häufigste Komplikationen nach Stanz- oder Aspirationsbiopsie sind:

Fieberschübe
Blutungen aus dem Stichkanal
Blutung aus dem Rektum (Hämorrhoiden)
Makrohämaturie
Epididymitis
Prostatitis
Hämospermie
Septikämie

Diese Komplikationen werden im allgemeinen als „schwer" klassifiziert, wenn eine aktive Therapie (hochdosierte Antibiotikagabe, chirurgische Blutstillung durch Umstechung u.a.) erforderlich oder die Komplikation per se gravierend ist (Epididymitis, Prostatitis, Septikämie).

Die Rate **schwerer Komplikationen** ist nach perinealer und nach transrektaler Stanzbiopsie annähernd gleich hoch. Sie wird für die *perineale Biopsie* mit 1,8–2,6% (PECK, 1960; KAUFMAN u. SCHULTZ, 1962; ARDUINO u. MURPHY, 1963) und für die *transrektale Biopsie* mit 0,9–3,9% (CHIARI u. HARZMANN, 1974; KÖLLERMANN u. Mitarb., 1975; LEISTENSCHNEIDER u. NAGEL, 1978) angegeben.

In einer *eigenen Serie* von 977 transrektalen Stanzbiopsien kam es bei 7,9% zu leichten und bei 4% zu schweren, jedoch nicht letalen Komplikationen **(Tabelle 3)**. Bei allen Patienten waren 2 bis 3 Stanzen pro Biopsie entnommen worden.

Bisher wurden insgesamt nicht mehr als 5 Todesfälle publiziert, die teils direkt, teils indirekt als Folge der Biopsie angesehen wur-

Tabelle 2. Komplikationen bei transrektaler und transperinealer Prostatapunktion in repräsentativen Serien

Transrektale Prostatapunktionen				Transperineale Prostatapunktionen			
Autor	Jahr	Zahl der Punktionen	Komplikation (%)	Autor	Jahr	Zahl der Punktionen	Komplikation (%)
DAVES u. Mitarb.	1961	175	1,7	PECK	1960	164	2,4
EMMETT u. Mitarb.	1962	203	~3	KAUFMAN u. SCHULTZ	1962	704	2,2
ROTHKOPF	1966	116	4,3	ARDUINO u. MURPHY	1963	171	24,8
MAKSIMOVIĆ u. Mitarb.	1971	148	10,8	MAKSIMOVIĆ u. Mitarb.	1971	121	8,3
TÜMMERS u. WEISSBACH	1975	283	17	HELL u. Mitarb.	1971	214	2,3
KÖLLERMANN u. Mitarb.	1975	535	6,7	CHIARI u. HARZMANN	1975	123	17,8
CHIARI u. HARZMANN	1975	131	28,1	PUIGVERT u. Mitarb.	1975	>1500	0,3
LEISTENSCHNEIDER u. NAGEL	1978	977	11,9				

den (BERTELSEN, 1966; WENDELL u. EVANS, 1967; DAVISON u. MALAMENT, 1971).

1.10.2 Komplikationen nach Aspirationsbiopsie

Bei 1076 Aspirationsbiopsien, bei denen *keine* simultane Stanzbiopsie erfolgte, haben wir lediglich 21 Komplikationen (1,9%) beobachtet, von denen 0,49% als „schwer" (Epididymitis, Coli-Bakteriämie) zu betrachten waren.

	n=21	%
Fieber	12	1,1
Blutung aus dem Rektum	2	0,19
Hämospermie	2	0,19
Epididymitis	4	0,4
Coli-Bakteriämie	1	0,09

Wie aus den eigenen Beobachtungen hervorgeht, ist die Rate der *Fieberschübe* fast ebenso hoch wie bei transrektaler Stanzbiopsie, während die der *Epididymitis* 3mal und die der *Rektumblutung* sogar 28mal niedriger ist als nach transrektaler Stanzbiopsie (**Tabelle 3**).

Tabelle 3. Komplikationen bei 977 transrektalen Stanzbiopsien (11,9%) mit der TRU-CUT-Nadel

Komplikationen	gering	schwer
Fieber	14 (1,4%)	–
Makrohämaturie	29 (2,9%)	9 (0,9%)
Blutung aus Rektum/Stichkanal	35 (3,6%)	17 (1,7%)
Epididymitis	–	12 (1,2%)
Prostatitis	–	1 (0,1%)
	78 (7,9%)	39 (4%)

Schwere lokale Blutungskomplikationen nach Aspirationsbiopsie wurden bisher nicht beobachtet und sind wegen der dünnen Nadel kaum zu erwarten.

Auch in anderen großen Serien sind die Komplikationen der Aspirationsbiopsie, verglichen mit denen der Stanzbiopsie, mit durchschnittlich 1,4% (0,4–2,4%) bemerkenswert niedrig, wie aus den in **Tabelle 4** zusammengestellten 8190 Biopsien hervorgeht.

Im Rahmen der Therapiekontrolle konservativ behandelter Prostatakarzinome haben wir unter 6 verschiedenen Therapieformen bei 498 von 600 Aspirationsbiopsien, bei de-

Tabelle 4. Komplikationen bei transrektaler Aspirationsbiopsie der Prostata nach Franzén

Autoren	Jahr	Biopsien	Komplikationen
Esposti u. Mitarb.	1968	3002	12 (0,4%)
Faul	1975	2336	42 (1,8%)
Staehler u. Mitarb.	1975	1020	24 (2,4%)
Esposti u. Mitarb.	1975	571	9 (1,6%)
Köllermann u. Mitarb.	1975	185	4 (2,2%)
Leistenschneider u. Nagel	1982	1076	21 (1,9%)

nen *keine* simultane Stanzbiopsie erfolgte, nur in 1,6% der Fälle Komplikationen beobachtet.

Esposti u. Mitarb., die bereits 1975 über mehr als 14000 Aspirationsbiopsien berichteten, haben bei einer Gesamtkomplikationsrate von weniger als 1% nur 4 Fälle beobachtet, bei denen eine Septikämie eintrat.

Dieselben Autoren stellten fest, daß bei einer chronischen Prostatitis mit Coli-Infektion des Harnes die Komplikationsrate mit 1,5% deutlich höher liegt.

In einer kleinen Patientengruppe mit chronischer Polyarthritis kam es bei 32 Patienten mit 42 Aspirationen sogar in 7,1% der Fälle zu Komplikationen.

Bei akuter Prostatitis ist die Aspirationsbiopsie eindeutig kontraindiziert, zumal sie für die klinische Diagnose irrelevant ist (Esposti u. Mitarb., 1975; Faul, 1975; Leistenschneider u. Nagel, 1978).

Hingegen ist bei *chronischer Prostatitis* mit entsprechendem Palpationsbefund bei sorgfältiger differentialdiagnostischer Fragestellung die Aspiration trotz des etwas erhöhten Komplikationsrisikos indiziert, da sich, wie bekannt, bei etwa 10% dieser Patienten gleichzeitig zytologisch ein Prostatakarzinom nachweisen läßt. Besonders die Abgrenzung einer granulomatösen Prostatitis von einem Karzinom ist klinisch oft nicht möglich und kann selbst morphologisch problematisch sein.

1.11 Infektprophylaxe

Ein einheitliches Konzept zur Vermeidung entzündlicher Komplikationen nach Aspirationsbiopsie ist der Literatur nicht zu entnehmen. Sicher ist eine Antibiotika- oder Chemotherapie *vor* der Aspirationsbiopsie überflüssig.

Nach der Biopsie geben wir grundsätzlich allen Patienten 5 Tage lang ein Chemotherapeutikum (Sulfoxazol in Kombination mit Trimethoprim) in der üblichen Dosierung. Die meist älteren Patienten müssen allerdings stets auf die sofortige Einnahme der Tabletten hingewiesen werden.

Trotz dieser chemotherapeutischen Prophylaxe ist im eigenen Krankengut die infektbedingte Komplikationsquote (1,49%) nicht signifikant geringer als in anderen großen Serien.

Patienten, die nach einer Aspirationsbiopsie eine infektbedingte Komplikation hatten, erhalten nach der Wiederholungsbiopsie grundsätzlich 5 Tage lang ein gegen gramnegative Keime wirksames (Breitspektrum-)Antibiotikum. Wir führen diese Maßnahme routinemäßig durch, seit bei 3 Patienten mit hohen Fieberschüben nach der ersten Biopsie nach Wiederholungsbiopsie bei Gabe des gleichen Chemotherapeutikums erneut hohe Temperaturen auftraten, die nach Verabreichung des entsprechenden Antibiotikums aber sofort abklangen.

Obgleich infektiöse Komplikationen nach Aspirationsbiopsie sehr selten sind, sollten die Patienten nach einer Biopsie darauf hingewiesen werden, daß sie sich bei Fieber oder Schüttelfrost sofort (auch nachts!) wieder vorstellen oder eine Klinik aufsuchen müssen, damit unverzüglich eine intensive antibiotische Behandlung eingeleitet werden kann.

1.12 Methoden und Technik der Präparatefärbung

Am häufigsten werden Prostataaspirate mit Lösungen nach Papanicolaou oder nach May-Grünwald-Giemsa (MGG) gefärbt. Zusätzlich wird auch die Hämatoxylin-Eosin-Färbung (HE) angewandt.

Während *luftgetrocknete Präparate* nur nach May-Grünwald-Giemsa gefärbt werden können, erfolgt die Färbung nach Papanicolaou an naßfixierten Präparaten (Spray, Alkohol-Äther). Die HE-Färbung kann an naßfixierten wie auch an luftgetrockneten Präparaten vorgenommen werden; optimale Ergebnisse werden an naßfixierten Präparaten erzielt.

1.12.1 Färbung nach Papanicolaou

Die Färbung nach Papanicolaou ergibt die beste Detailschärfe (TAKAHASHI, 1981; ESPOSTI, 1982). Darüber hinaus sind die Befunde optimal reproduzierbar, was sowohl für das primäre Grading und das Regressionsgrading als auch für die Klassifizierung entzündlicher Veränderungen von großer Bedeutung ist.

Charakteristisch für diese Färbung ist die ausgeprägte Transparenz und ausgezeichnete Farbdifferenzierung des Zytoplasmas aufgrund der polychromatischen Eigenschaft dieser Farblösung mit ihren kationischen, anionischen und amphoteren Bestandteilen.

Die Farbdifferenzierung des *Zytoplasmas* durch diese polychromatische Eigenschaft der Lösung hat sich vor allem bei der Beurteilung des Regressionsgrades und der Differenzierung entzündlicher Veränderungen außerordentlich gut bewährt.

Die *Kerne* färben sich blau-grau an, während *Nucleolen* eine dunkelblaue und das *Zytoplasma* eine blau-grünliche (zyanophile) Farbe annehmen. Erythrozyten sind leuchtend rot, Plattenepithelien (S. 51) zeigen in reifem Zustand eine hellrötliche, teilweise auch zyanophile Färbung, keratinisierte Zellen dagegen sind orangefarben.

1.12.1.1 Färbetechnik nach Papanicolaou

a) **Spray-fixierte Ausstriche:** Abspülen durch mehrfaches Eintauchen in 50%igen Alkohol und in Aqua dest.

Färbung mit Harris-Hämatoxylin (Kernfärbung)	6 min
Abspülen mit Aqua dest.	1/2 min
Eintauchen in 0,25%igen HCl-Alkohol	6×
Spülung mit fließendem Wasser	6 min
Aufsteigende Alkoholreihe	
(50%, 70%, 80%, 95%)	je 1/2 min
Färbung mit OG 6 (Zytoplasmafärbung)	1,5 min
2 × 95%iger Alkohol (getrennte Cuvetten!)	je 1/2 min
Färbung mit Polychromlösung	
(EA 50, Zytoplasmafärbung)	1,5 min
3 × 95%iger Alkohol (getrennte Cuvetten!)	je 1/2 min
absoluter Alkohol-Xylol (zu gleichen Teilen)	1/2 min
Xylol	1/2 min
Eindecken in Eukitt, Caedax oder Kanada-Balsam	

b) **Bei Fixierung der Ausstriche mit Alkohol-Äther (S. 17)** werden die Präparate *vor* Einstellen in die Harris-Hämatoxylin-Lösung in eine absteigende Alkoholreihe gebracht:

80%iger Alkohol	1/2 min
70%iger Alkohol	1/2 min
50%iger Alkohol	1/2 min
Aqua dest.	1/2 min

1.12.1.2 Zusammensetzung der Farbstoffe für die Papanicolaou-Färbung

Harris-Hämatoxylin

Hämatoxylin	1,0 g
Alkohol, 95%ig	10,0 ml
Aluminium- oder Ammoniumsulfat	20,0 g
Aqua dest.	200,0 ml
gelbes Quecksilberoxyd	0,5 g
Eisessig	8,0 ml

OG 6 (Orange G 6)

Orange, G, 0,5%ige Lösung in 95%igem Alkohol	100,0 ml
Phosphor-Wolframsäure	0,015 g

Polychromlösung (EA 50)

Lichtgrün, gelblich	0,375 g
Bismarck-Braun	0,4 g
Eosin, gelblich	2,5 g
Aqua dest.	50,0 g
Äthanol, 95%ig, rein	609,0 g
Methanol, rein	160,0 g
Phosphor-Wolframsäure 1,7 g, gelöst in 95%igem Äthanol	5,0 ml
Lithiumkarbonatlösung, gesättigt	0,5 ml
Eisessig	1,0 ml

Bei Nachlassen der Färbungsintensität müssen die Farbstoffe erneuert werden. Wenn mit frischen Färbelösungen auch bis zu 1000 Präparate gefärbt werden können (Soost, 1978), sollten die Lösungen doch unabhängig von der Zahl der Färbungen wöchentlich durch neue ersetzt werden.

Für eine einwandfreie Färbung sind folgende Punkte zu beachten:

- Filtrieren von Harris-Hämatoxylin   1 × täglich
- Filtrieren von OG 6- und EA 50-
  Lösungen   jeden 2. Tag
- Die Farbstoffe müssen kühl und lichtgeschützt aufbewahrt werden
- Regelmäßiges Auffüllen aller Alkohollösungen und Spülmedien
- Nur klares Xylol verwenden

Kommt es zu Überfärbungen der Zellkerne (tiefblaues Chromatin, Feinstruktur nicht mehr erkennbar, klecksiges Aussehen), muß die Färbedauer mit Harris-Hämatoxylin um 1–2 Minuten verkürzt werden und/oder eine längere Differenzierung durch häufiges Eintauchen in 0,25%igen HCl-Alkohol (mehr als 6 × !) erfolgen.

1.12.2 Färbung nach May-Grünwald-Giemsa (MGG)

Nur luftgetrocknete Präparate!	1 Std
May-Grünwald-Lösung: (Methylenblau und Eosin in Methanol!)	4–5 min
Aqua dest.:	4–5 min
Giemsa-Lösung: (Azur-Eosin-Methylenblau-Lösung)	20 min

(1 ml Giemsa auf 10 ml Leitungswasser)

Lufttrocknen

Xylol

Eindecken mit Eukitt, Caedax oder
Kanada-Balsam

Wesentlich für das Gelingen der Färbung ist der optimale Säuregrad des Leitungswassers. Zu saures Wasser führt zu roten Bildern, bei alkalischem Wasser dagegen bekommen die Präparate einen Blaustich. Am genauesten läßt sich der richtige Azidätsgrad durch Zugabe von 2 Tropfen Sörensen-Puffer zur verdünnten Giemsa-Lösung erreichen (SOOST, 1978).

Durch die MGG-Färbung erscheinen die Zellkerne blau-violett, während die Nucleolen eine dunkelblaue und das Zytoplasma eine blaue (zyanophile) oder rosa (eosinophile) Farbe annehmen.

1.12.3 Hämatoxylin-Eosin-Färbung (HE-Färbung)

Spray- oder Alkohol-Äther-fixierte Präparate

Abspülen in 50%igem Alkohol	1/2 min
und in Aqua dest.	1/2 min
Färbung mit Harris-Hämatoxylin	3 min
Spülen in fließendem Wasser	10 min
Eintauchen in:	
70%igen Alkohol	5×
1% HCl-70% Alkohol	2–3×
70%igen Alkohol	5×
70%igen Alkohol (getrennte Cuvetten!)	5×
3% Ammonium/70% Äthylalkohol	2–3×
70%igen Alkohol	5×
70%igen Alkohol (getrennte Cuvetten!)	5×
90%igen Alkohol	5×
Färbung mit 1%iger Eosin-Lösung	1/2 min
95%iger Alkohol	5 min
Eintauchen in:	
absoluten Alkohol	5×
Xylol	2 1/2 min
Xylol (getrennte Cuvetten!)	2 1/2 min

Eindecken in Eukitt, Caedax oder Kanada-Balsam

Die HE-Färbung läßt die Zellkerne zartblau, das Zytoplasma rosa bis rosa-rot erscheinen. Die Zellmembranen zeichnen sich bei geordneter Struktur des Zellverbandes stets deutlich ab.

Die HE-Färbung findet in der urologischen Zytologie und vor allem der Prostatazytologie kaum Anwendung.

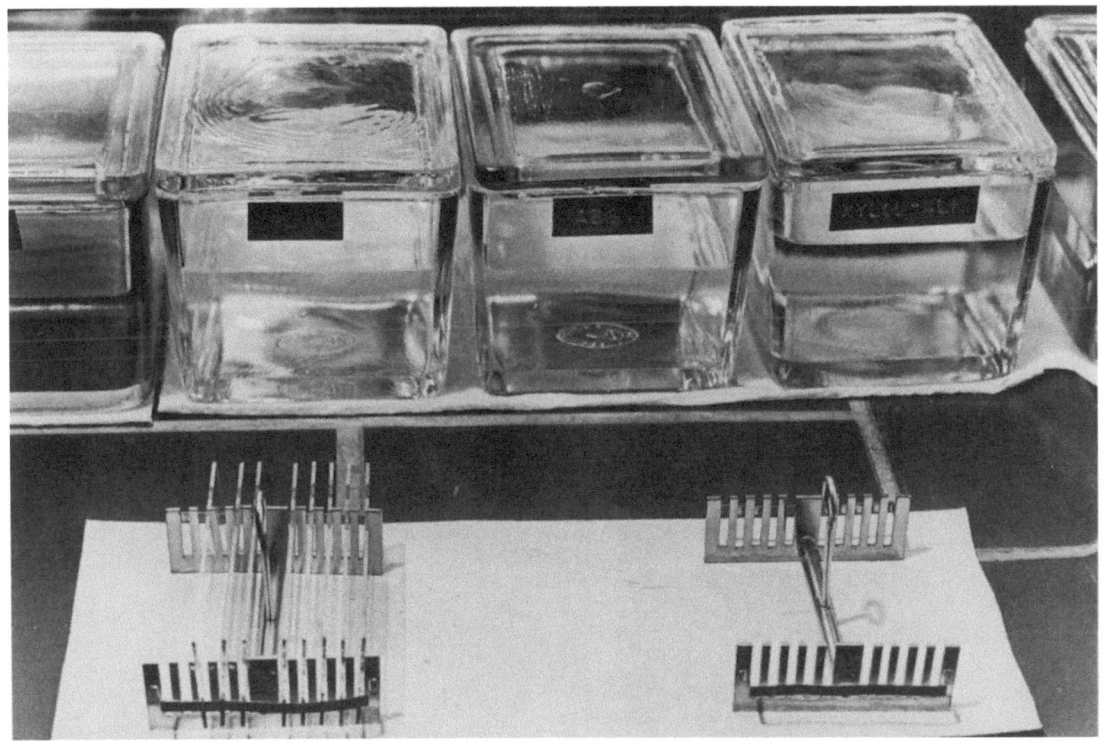

Abb. 19. Ausschnitt aus der Färbebank mit zwei handelsüblichen Objektträgerwiegen im Vordergrund

Abb. 20. Präparateschrank zur sauberen und sicheren Aufbewahrung der zytologischen Präparate

Um bei selbständiger Durchführung der Färbung die Färbebank möglichst gut auszunutzen, sollten wenigstens 10 Präparate gesammelt werden. Sie lassen sich in Objektträgerwiegen abstellen, die 10 oder mehr Objektträger fassen **(Abb. 19)**.

Handelsübliche Färbeautomaten sind nur für größere zytologische Laboratorien mit sehr unterschiedlichem Untersuchungsmaterial sinnvoll.

Die üblichen Färbelösungen können fabrikfertig bezogen werden[1]. Die Objektträger werden nach Diagnosestellung in entsprechenden Objektträgerschränken[2] staubgeschützt aufbewahrt **(Abb. 20)**.

---

1 Fa. Merck, Darmstadt; Cilag-Chemie, Abteilung Ortho-Alsbach
2 Fa. Technicon, Bad Vilbel

2 Zytologisches Mikroskopieren

Da die technische Ausstattung und einige Besonderheiten bei der mikroskopischen Beurteilung von Aspiraten der Prostata ebenso wichtig sind wie die Aspirationstechnik selbst und die Präparation des Aspirats, sollen sie hier kurz dargestellt werden.

2.1 Mikroskop (Abb. 21)

Elemente des Mikroskops:

> Stativ mit Objekttisch
> Tubus
> Objektivträger
> Optik (Okulare und Objektive)
> Beleuchtung

2.1.1 Stativ mit Objekttisch

Das Stativ (5) ist der Hauptbestandteil des Mikroskops. Am Stativkopf (4) befindet sich der Okulartubus (2), etwas tiefer der drehbare Revolver mit den Objektiven (3). Im Stativkörper ist der verstellbare und austauschbare Kondensor (8), im Stativfuß die Leuchte mit Kollektor, Klapplinse und Leuchtfeldblende (13) angebracht.

Der *Objekttisch* (6) ist unterhalb der Objektive, etwa in der Mitte des Mikroskopstativs, befestigt. Er läßt sich zur Scharfeinstellung des mikroskopischen Bildes vertikal durch Grob- (14) und Feintrieb (15) verstellen.

Am gebräuchlichsten für die Zytodiagnostik ist der *Kreuztisch* (6), mit dem das Präparat in x- und y-Richtung verschoben werden kann.

2.1.2 Tubus

Der Tubus (2) enthält die herausnehmbaren Okulare (1). Für die zeitlich oft aufwendige Zytodiagnostik ist der *Binokulartubus* gegenüber über dem *Monokulartubus* vorzuziehen, da er weniger ermüdend ist.

Ein *Diskussionstubus* hat sich für die gleichzeitige Mitbeurteilung eines Präparats durch einen zweiten Untersucher bewährt.

Mit einem zwischen Stativ und Tubus eingelassenen *Variotubus* läßt sich der Tubusfaktor stufenlos von ein- bis mehrfach (vergrößernd) variieren. Ein mit Hilfe eines Strichplatten-Okulars scharf eingestelltes Bild bleibt so im gesamten Variobereich, z.B. bei der Mikrophotographie, stets scharf.

2.1.3 Objektivträger

Der Objektivträger befindet sich am Stativkopf und ist heute nur noch als sog. Objektivrevolver (3) mit Aufnahmemöglichkeit für 3 und mehr austauschbare Objektive konstruiert. Der Objektivrevolver gestattet einen raschen Wechsel der Objektive und ihre sichere Arretierung.

2.1.4 Optik (Okulare und Objektive)
2.1.4.1 Okulare

Das Okular, als Lupe wirkend, gestattet die Beobachtung des objektiv entworfenen Zwischenbildes. Es wird zwischen einfachen C-Okularen und Kompensations-Plan-Okularen (Kpl) unterschieden. Kpl-Okulare er-

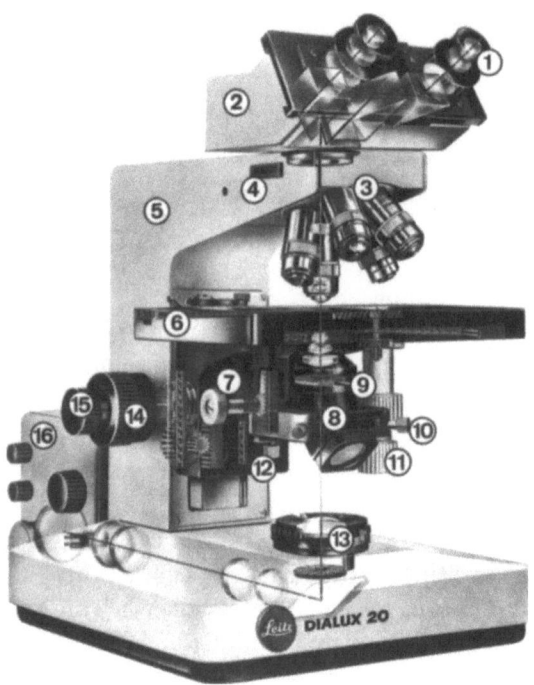

Abb. 21. Labormikroskop, schematisch (Dialux 20, Fa. Leitz, Wetzlar). *1*, Okulare; *2*, Binokulartubus; *3*, 5facher Revolver; *4*, Filterschlitz für Lichtfilter; *5*, Stativ; *6*, Kreuztisch; *7*, Rändelknopf zur Höhenverstellung des Kondensors; *8*, Kondensor; *9*, Einstellhebel zum Öffnen und Schließen der Aperturblende; *10*, Rändelschraube für die Kondensorzentrierung; *11*, Triebknöpfe für die Kreuzverschiebung des Objektes; *12*, Rändelschraube für den Höhenanschlag des Kondensors; *13*, Rändel zum Einstellen der Leuchtfeldblende; *14*, Grobeinstellung des Bildes; *15* Feineinstellung des Bildes; *16*, Lampenhaus (DETERMANN u. LEPUSCH, 1980)

möglichen in Verbindung mit dem Plan-Achromat-Objektiv eine zusätzliche Farbkorrektur und Bildebnung. Wegen dieser Eigenschaften sind sie gerade für die Zytodiagnostik hervorragend geeignet.

Die gebräuchlichsten Okularvergrößerungen sind:
 8fach
 10fach
 12,5fach

Großfeldokulare mit vergrößertem Bildwinkel erweitern das Betrachtungsfeld und ermüden vor allem bei längerem Mikroskopieren wesentlich weniger.

Brillenträger-Okulare haben eine zurückgelegte Austrittspupille, so daß auch ohne Abnehmen der Brille ein optimales Mikroskopieren möglich ist.

2.1.4.2 Objektive

Die Objektive werden nach ihrer Farbkorrektur und Bildfeldwölbung klassifiziert. Man unterscheidet zwischen einfachen Achromaten, Fluorit-Systemen, Apochromaten und Plan-Objektiven (Plan-Achromat, Plan-Apochromat), bei denen das Gesichtsfeld von der Mitte bis zum Rand hin gleichmäßig scharf ist. Diese Plan-Achromate (40fach) sind zwar sehr teuer, zeichnen sich aber durch größte Detailschärfe aus.

Die beste farbliche Wiedergabe eines Präparats wird mit einem Apochromat erreicht, bei dem die völlige Vereinigung von 3 Spektralfarben gegeben ist. Die den unterschiedlichen Objektivtypen eigene Farbkorrektur ist in die Objektive eingraviert, ebenso wie die Bezeichnung „Pl" für „Plan-Objektive" (z.B. Pl Apo).

Maßstabzahl, *Apertur*, *Tubuslänge* und *Deckglasdicke*, d.h. die für das Objektiv entscheidenden Charakteristika, sind in die Objektivfassung eingraviert.

Die Gravur
Pl Apo 40/0,65; 170/0,17 bedeutet demzufolge:
Objektiv mit ebenem Gesichtsfeld, 40facher Vergrößerung und numerischer Apertur von 0,65.

Die Zahl 170 gibt die Tubuslänge in mm, die Zahl 0,17 die vorgeschriebene Deckglasdicke in mm an.

Übliche Objektivvergrößerungen sind:
 2,5fach   40fach
 10fach   100fach
 25fach

Die Kombination von Objektiv und Okular ergibt die Gesamtvergrößerung des Mikroskops. Sie ist abhängig von der numerischen Apertur, die zwischen dem 500- bis 1000fachen der auf dem Objektiv eingravierten Apertur liegen sollte.

Die numerische Apertur ist das Maß für das optische Auflösungsvermögen und damit für die Leistungsfähigkeit eines Objektivs.

Als „*förderliche Gesamtvergrößerung*" wird der Bereich zwischen „500- bis 1000facher Apertur" bezeichnet. Sie läßt sich für Objektive mit den Daten 40/0,65 wie folgt berechnen:

Die förderliche Gesamtvergrößerung beträgt das 325- bis 650fache ($500 \times 0,65$ bis $1000 \times 0,65$). Mit einem 12,5fachen Okular wird infolgedessen eine 500fache Gesamtvergrößerung erreicht, die entsprechend der Apertur des Objektivs optimal ist.

Ein 25faches Okular hingegen ergäbe eine 1000fache Gesamtvergrößerung, die weit über die „förderliche Gesamtvergrößerung" hinausginge. Wegen der fehlenden Feindarstellung wäre ein zytologisches Präparat in diesem Fall nur noch begrenzt beurteilbar.

Objektive mit hoher Auflösung besitzen eine hohe Apertur (über 0,95) und verlangen zur Ausnutzung ihres Auflösungsvermögens *Immersionsöl*, das die Brechung der Strahlen beim Austritt aus dem Deckglas wie auch die Totalreflektion an der Deckglasoberfläche weitgehend verringert oder sogar verhindert. Bei Verwendung von Immersionsöl gelangen Strahlen deshalb mit wesentlich größerem Einfallswinkel ins Objektiv.

Die obere Grenze der numerischen Apertur für Immersionsobjektive liegt bei etwa 1,40.

Immersionsöl darf nicht verharzen und muß bestimmten Anforderungen an Brechungsindex und Dispersion genügen.

2.1.5 Beleuchtung

Für die Mikroskopbeleuchtung sind erforderlich:

- Leuchte für Niederspannung mit zentrierbarer Lampe, Kollektor und Klapplinse (16)
- Leuchtfeldblende
- Kondensor mit Aperturblende (8,9)

Als Leuchtquelle kommen *Ansatzleuchten*, *Einbaubeleuchtungen* oder *Stativleuchten* in Frage. Ansatzleuchten werden meist auf den Fuß des Mikroskopstativs aufgesetzt.

Bei *Einbaubeleuchtung* sind Beleuchtungsführung und Leuchtfeldblende in den Stativfuß eingebaut; die zugehörige Leuchte befindet sich entweder im Stativ oder ist außen als abnehmbares Lampengehäuse (16) ans Stativ angesetzt. Diese Leuchten werden für die normale Mikroskopie und Mikroskopphotographie mit 50- bzw. 100-Watt-Halogenlampen bestückt.

Die Lampengehäuse verfügen über Filteraufnahmeschlitze. Zwischen Kollektor und Filteraufnahmeschlitze muß ein Wärmeschutzfilter eingefügt werden.

2.2 Hellfeld-Mikroskopie

Die Hellfeld-Mikroskopie eignet sich für die Prostatazytologie am besten. Sie setzt allerdings eine sachgerechte Nutzung des Mikroskops voraus, um die wichtigen Details – bei Prostataaspiraten besonders des Zellkernes – erkennen zu können. Darüber hinaus ist der richtige Gebrauch der Beleuchtungseinrichtung mit exakter Einstellung von Apertur- und Leuchtfeldblende sowie des Kondensors von entscheidender Bedeutung.

2.2.1 Aperturblende

Sie gehört zum Kondensor, dient zum Abblenden des Bildes und der Lichtquelle, regelt Auflösung, Kontrast und Tiefenschärfe der Abbildung, darf jedoch *nicht* zur Regulierung der Helligkeit verwendet werden, die über einen Transformator erfolgen muß.

In der Prostatazytologie kommen neben *kontraststarken* stets auch *kontrastarme* Strukturen zur Darstellung; daher sollte die Aperturblende wie folgt eingestellt werden:

Anfangs völlig geöffnet, wird sie allmählich bis auf rund 2/3 der Öffnung geschlossen. So lassen sich auch weniger kontrastreiche Strukturen gut beurteilen. Bei weiterem Abblenden wird der Kontrast zwar stärker, das Bild jedoch gleichzeitig auch dunkler.

2.2.2 Leuchtfeldblende

Durch die Leuchtfeldblende wird der Strahlenquerschnitt der Beleuchtung in der Objektebene variiert. Das Leuchtfeld im Objekt kann mit dieser Blende so weit abgeblendet werden, daß es mit dem Sehfeld des Mikroskops übereinstimmt. Die Leuchtfeldblende muß deshalb so weit geöffnet werden, daß sie gerade aus dem Sehfeld verschwindet.

2.2.3 Kondensor

Vor Gebrauch des Mikroskops wird der Kondensor jeweils optimal eingestellt. Dazu wird zunächst der Kondensorkopf eingeklappt. Mit Hilfe des Rändelknopfes für die Höhenverstellung des Kondensors (7) wird dieser in die oberste Stellung gebracht, die Leuchtfeldblende wird mit ihrem Rändel (13) geschlossen und anschließend mit der Höhenverstellung des Kondensors im Sehfeld scharf eingestellt. Mittels der Rändelschrauben für die Kondensorzentrierung (10) wird nun die Leuchtfeldblende zentriert, d.h. in die Mitte des Sehfeldes gebracht. Dadurch werden Leuchtfeld- und Aperturblende in der angegebenen Weise geöffnet.

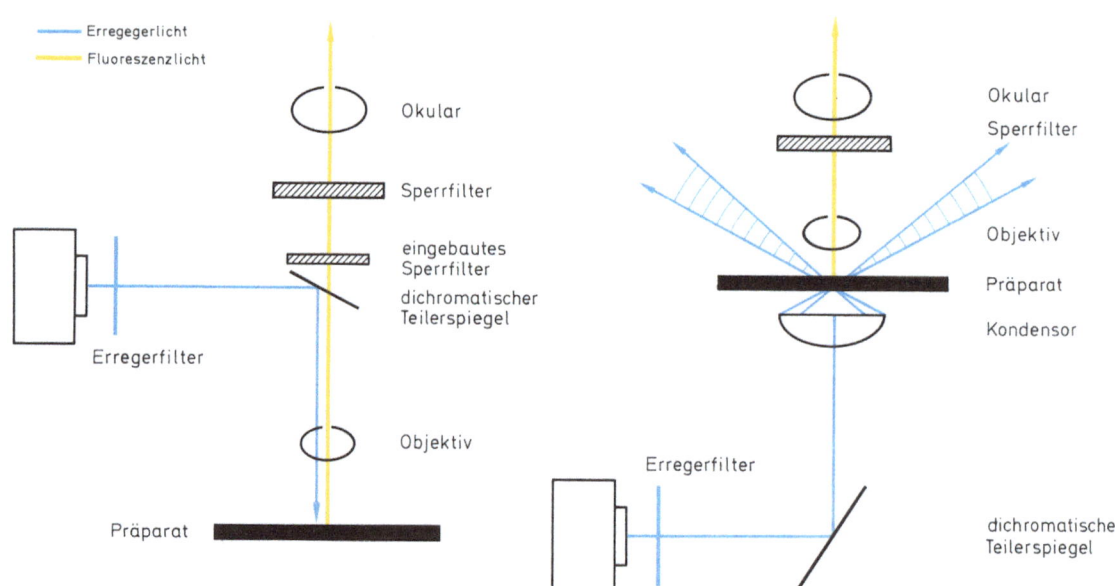

Abb. 22. Prinzip der Auflicht-Fluoreszenz (*links*) und der Durchlicht-Fluoreszenz (*rechts*) (Koch, 1972)

2.3 Fluoreszenzmikroskopie

Neben der Hellfeld-Mikroskopie ist die Fluoreszenzmikroskopie – vor allem in Verbindung mit der DNS-Zytofluorometrie – von wesentlicher Bedeutung. Geeignet sind zwei Systeme:
- Auflichtfluoreszenz (**Abb. 22**)
- Durchlichtfluoreszenz (**Abb. 22**)

2.3.1 Prinzip der Fluoreszenzmikroskopie

Das *Erregerlicht* wird von einer Lichtquelle (Xenon-Hochdrucklampe, 75 oder 150 Watt; bzw. Quecksilber-Höchstdrucklampe, 50 oder 100 Watt) erzeugt. Im Lampengehäuse werden Filter eingesetzt, die nur die Anregungsstrahlung der Lichtquelle durchlassen (*Erregerfilter* oder *Primärfilter*).

2.3.1.1 Auflicht-Fluoreszenz

Bei der Auflichtfluoreszenz (**Abb. 22**) wird diese Strahlung über einen Fluoreszenz-Auflichtilluminator mit dichromatischen Teilerspiegeln durch das Mikroskopobjektiv hindurch auf das Präparat gelenkt. Damit wird die volle Apertur des Objektivs für die Anregung benutzt. Die Intensität der Anregungsstrahlung hängt dabei von der numerischen Apertur des verwendeten Objektivs ab, weswegen sich zur Auflichtanregung Mikroskopobjektive mit hoher numerischer Apertur am besten eignen.

Spezielle *Fluoreszenz-Auflichtilluminatoren* sind mit einem Erregerfilterrevolver ausgestattet, der einen raschen Wechsel der Erregerfilter ermöglicht.

2.3.1.2 Durchlicht-Fluoreszenz (Abb. 22)

Bei der Durchlicht-Fluoreszenz gelangt die Anregungsstrahlung durch einen Kondensor (Dunkelfeldkondensor oder Hellfeldkondensor) zum Präparat.

Um die von fluorochromierten Präparaten ausgesandte Fluoreszenzstrahlung beobachten zu können, ist ein auf die Wellenlänge des Fluoreszenzlichtes abgestimmter Sperrfilter (Sekundärfilter) in den Strahlengang eingebracht. Er dient zur Absorption bzw. Reflektion der für das Auge schädlichen Anregungsstrahlung und erzeugt einen dunklen Bildhintergrund.

Die optimale Ausnutzung der Anregungsenergie verlangt eine exakte Zentrierung von Lichtquelle und Kondensor.

2.4 Richtlinien für die Hellfeld-Mikroskopie

Die Vergrößerung der zytologischen Abbildungen im vorliegenden Buch entsprechen mikroskopischen Bildern, die durch die Kombination folgender *Okulare* und *Objektive* gewonnen wurden:

Objektiv: 10fach, 40fach, 63fach und 100fach (Ölimmersion)
Okular: 10fach

Die Abbildungsgrößen ergeben sich aus der Multiplikation von Objektiv und Okular und reichen dementsprechend von 100 bis zu 1000facher Vergrößerung. Dabei hat sich die Verwendung von *Großfeldokularen* mit 10facher Vergrößerung am besten bewährt.

Die sichere Beherrschung des Mikroskops mit seinen verschiedenen Möglichkeiten ist für die Beurteilung von Prostataaspiraten unerläßlich. Nur unter dieser Voraussetzung ist die zuverlässige Diagnose des Prostatakarzinoms mit primärer Malignitätszuordnung (Grading), die Bestimmung und Klassifizierung von therapiebedingten Regressionszeichen, die Differenzierung der verschiedenen Prostatitisformen und die Abgrenzung von Atypien zum bereits eindeutigen Karzinom möglich. Andernfalls lassen sich vor allem

Zytoplasma, Kerngröße sowie die Betonung oder bereits eine Prominenz von Nucleolen nicht sicher beurteilen.

Eine endgültige Diagnose sollte stets bei mindestens 400facher Gesamtvergrößerung erfolgen (Okular: 10fach, Objektiv: 40fach).

2.5 Mikroskopischer Untersuchungsgang

Jeder zytologische Ausstrich eines Aspirats wird zunächst mit einem *10fach-Objektiv* nur unter dem Aspekt betrachtet, ob überhaupt genügend Zellmaterial bzw. Epithelverbände vorliegen, da weniger als 20 Zellverbände aus einem Prostatalappen für eine zuverlässige zytologische Diagnose *nicht* ausreichen (S. 11)!

Ergibt die Übersicht, daß genügend Zellverbände im Ausstrich vorhanden sind, so wird das Präparat unter Verwendung eines 25fach-Objektivs durchgesehen, wobei man das Präparat vom Rand des Deckglases her „mäanderförmig" durchmustert. Bei 250facher Vergrößerung sind Atypien bereits gut zu erkennen. Sie müssen dann jedoch grundsätzlich mit dem *40fach-Objektiv* bei gleichzeitiger Verstärkung der Beleuchtung auf Einzelheiten, besonders die Dichte und Struktur des Chromatins, das Vorhandensein der Kernmembran, die Größe und Form der Nucleolen noch genau untersucht werden. Erst danach kann die endgültige Diagnose gestellt werden.

Die Verwendung eines Objektivs mit noch stärkerer Vergrößerung, z.B. 63fach (=630-fache Vergrößerung), erlaubt schließlich eine optimale Beurteilung von Nucleolengröße, Kernpolymorphie und Chromatindichte.

Eine unscharfe Abbildung der Zellverbände ist meist auf die Verschmutzung von Okularen, Objektiven oder Objektträgern zurückzuführen.

Die Reinigung der Okulare erfolgt mit einem feinen, weichen Leinenläppchen, während Objektive mit benzingetränkten Wattestäbchen gesäubert werden. Bei starker Verunreinigung hat sich Xylol bewährt.

Die *Objektträger* sollten grundsätzlich mit Alkohol vorgereinigt sein.

3 Normalbefunde

3.1 Zelle, Zellverband und Untergrund

Normale Prostataepithelien finden sich im Aspirat in unterschiedlich großen Zellverbänden. Diese werden aus der Wandung der Acini oder Ausführungsgänge durch die zu Beginn der Aspiration forciert injizierte Luft so gelockert, daß sie durch das in der Spritze aufgebaute Vakuum in die Kanüle gesaugt werden können.

Charakteristisch für einen *normalen Zellverband* ist die bereits bei der orientierenden Musterung des Präparats mit geringer Vergrößerung (100- bis 125fach) erkennbare klare Begrenzung der Zellen und die regelhafte Struktur des Verbandes **(Abb. 23)**.

Während eine Ablösung (Dissoziation) einzelner Zellen in den Randbezirken von Zellverbänden selten ist, werden *längliche Spalten* oder *rundliche Leerräume* häufiger beobachtet. Hierbei handelt es sich um umschriebene Aufreißungen innerhalb der Zellverbände durch den Sog während der Aspiration, die fälschlich den Eindruck von Drüsengängen vermitteln können **(Abb. 23, 24)**.

Der *Untergrund eines Präparats* mit normalen Epithelverbänden ist überwiegend klar. Vereinzelt liegende Epithelzellen und Sekret kommen kaum vor. Auch finden sich in einem technisch gelungenen Aspirat häufiger *Erythrozyten*, die eine Beurteilung *nicht* beeinträchtigen. Selbst bei stärkerer Blutbeimengung in einem sonst genügend Epithelverbände enthaltenden Aspirat ist eine korrekte Diagnose in der Regel noch möglich **(Abb. 40, S. 54)**

Normale Epithelzellen weisen folgende Merkmale auf:

- *deutlich erkennbare Zellgrenzen*
- *kleine, rundliche, uniforme Zellkerne*
- *geordnete Lagerung der Zellkerne*
- *lockere, granuläre Chromatinstruktur*
- *kleine, kaum erkennbare Nucleolen*
- *regelrechte Kern-Plasma-Relation*

Die *Wabenstruktur* normaler Epithelverbände ist zwar wegen der markant strukturierten Zellgrenzen sehr typisch, jedoch nicht obligat. *Normale Epithelverbände sind ferner durch ein klares, teilweise auch fein-granuliertes Zytoplasma und eine regelhafte Kern-Plasma-Relation gekennzeichnet* **(Abb. 24–26)**.

Die *Wabenstruktur* ist allerdings selbst bei normalen Epithelien nicht immer gleichmäßig im gesamten Zellverband nachzuweisen. Gelegentlich ist nur ein Teil des Epithelverbandes in dieser Weise strukturiert **(Abb. 27)**.

Zudem ist eine intakte Wabenstruktur *allein noch kein Beweis für ein normales Epithel*, da sie auch bei hochdifferenzierten (G I) und gelegentlich sogar bei weniger gut differenzierten Karzinomen (G II) noch erhalten sein kann **(Abb. 70, 76, 77, 96)**.

Entscheidend für die Einstufung normaler Epithelien sind darum nicht die Befunde an der Zelle oder der Struktur des Zellverbandes, sondern die zytologischen Parameter des Zellkernes.

3.2 Zellkern

Die Zellkerne sind, gemessen am Volumen der Zelle, so klein, daß wenigstens 2 Kerne in einer normalen Epithelzelle „Platz" hätten.

Die *Größenbeurteilung* der Kerne in

gering
mittel
groß

ist nur qualitativ möglich, wobei die Relation zum Plasma ein geeignetes Hilfsmittel darstellt.

Zellkerne, die im Vergleich zum zugehörigen Zytoplasma sehr klein und durch eine homogene Chromatinstruktur außerdem sehr kompakt erscheinen, sind charakteristisch für *atrophische Epithelien,* wobei sich in einem solchen Zellverband häufig auch Zellen mit optisch leerem Zytoplasma *ohne* Kerne finden **(Abb. 25)**.

Länglich verformte Kerne in einem normalen Epithelverband sind selten und Folge des Ausstriches.

In der *MGG-Färbung* erscheint der normale Zellkern deutlich *größer* als in der Papanicolaou-Färbung **(Abb. 30a vs 28)**.

Die *Anordnung der Zellkerne* ist gleichmäßig, sie liegen meist zentral im Zytoplasma. Nur gelegentlich sind sie herdförmig übereinandergeschoben. Die *Kernmembran* ist in der Regel als zarte Kontur erkennbar und zeigt keine Einfaltungen **(Abb. 29)**.

3.2.1 Chromatin

Das Chromatin ist locker-granulär strukturiert und gleichmäßig im Zellkern verteilt. Deshalb sind die Zellkerne in der Papanicolaou-Färbung transparent, während sie in der MGG-Färbung eher homogen erscheinen **(Abb. 27, 29a vs 30a)**.

In atrophischen Epithelien dagegen ist das Chromatin homogen und so kompakt **(Abb. 25)**, daß durch die starke Blaufärbung der Eindruck einer Überfärbung der Kerne entsteht.

3.2.2 Nucleolen

In Kernen normaler Prostataepithelien sind bei 400- bis 500facher Vergrößerung Nucleolen nur sehr schwach zu erkennen und erscheinen bei noch stärkerer Vergrößerung vereinzelt leicht „betont". Sind Nucleolen überhaupt erkennbar, so findet sich pro Kern nur 1 Nucleolus, der im Verhältnis zum Kern prinzipiell *nicht* das Merkmal „betont" aufweist **(Abb. 29b)**.

Die *Bestimmung der Nucleolengröße* erfolgt wie bei den Zellkernen nur qualitativ. Die sichere Einordnung der Nucleolen als

kaum erkennbar
klein
betont
prominent

erfordert längere Übung, bei der sich *als Beurteilungshilfe der Vergleich mit dem Durchmesser der im gleichen Zellverband abgebildeten Zellmembranen* bewährt hat. Ist bei Anlegung dieses Maßstabs der Durchmesser der Nucleolen bei 400- bis 500facher Vergrößerung etwa so groß wie derjenige der Membranen, gelten sie als „betont" und damit als nur gering atypisch **(Abb. 35)**. Weisen die Nucleolen bei dieser Vergrößerung dagegen einen größeren Durchmesser als die Zellmembranen auf, sind sie als „prominent" einzustufen **(Abb. 37a)**.

Wenn in einem Epithelverband bei etwa 50 bis 60 Zellkernen mit „kleinen" oder „betonten" Nucleolen nur ganz vereinzelt auch „prominente" beobachtet werden, dann darf aus diesem Befund lediglich ein Zellverband mit *Atypien,* jedoch noch *kein* Prostatakarzinom diagnostiziert werden **(Abb. 37a, 38b)**.

Entscheidend für die Klassifizierung von Prostataepithelien als „normal" ist der Nachweis aller für einen Normalbefund typischen Parameter an der Mehrzahl der Kerne des Zellverbandes.

Da sich ein hochdifferenziertes Prostatakarzinom (G I) von normalen Prostataepithelien mit der Übersichtsvergrößerung (100- bis 125fach) allein differentialdiagnostisch fast nie abgrenzen läßt, müssen aus Zellverbänden, die in der Übersicht unauffällig strukturiert erscheinen, grundsätzlich Stichproben mit stärkerer Vergrößerung (400- bis 500fach!) überprüft werden.

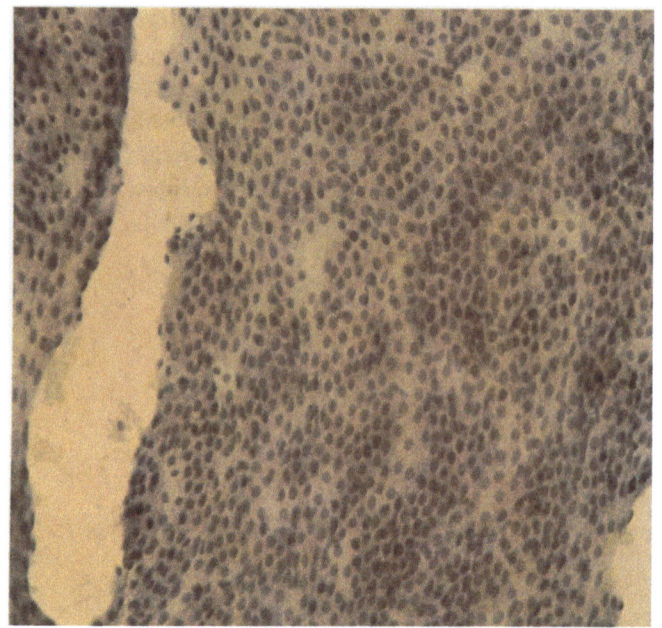

Abb. 23. Normaler Prostataepithelverband in der Übersichtsvergrößerung. Uniforme Zellkerne mit regelrechter, geordneter Lagerung, klare Begrenzung des Verbandes mit Spaltbildung. ×100

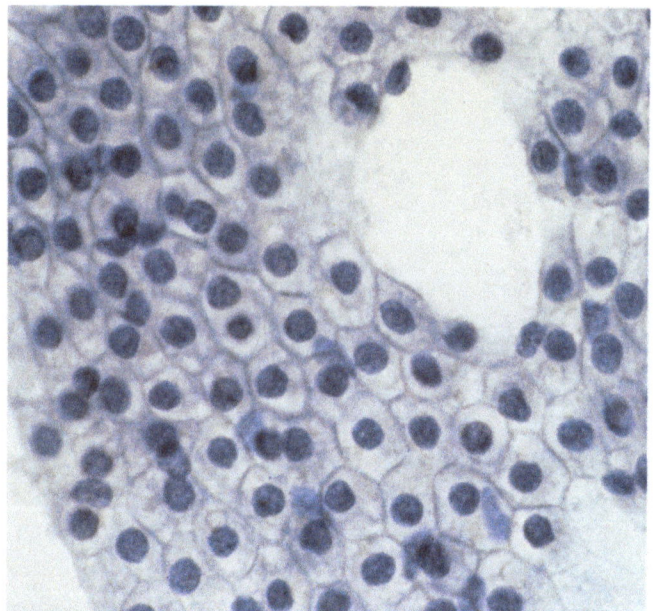

Abb. 24. Normaler Zellverband mit typischer „Wabenstruktur" und Spaltbildung. ×400

Abb. 25. Befund bei Atrophie der Prostata: Relativ kleine Zellkerne, die überwiegend dunkel erscheinen. Mehrere kernlose Zellen, gut erkennbare „Wabenstruktur". × 100

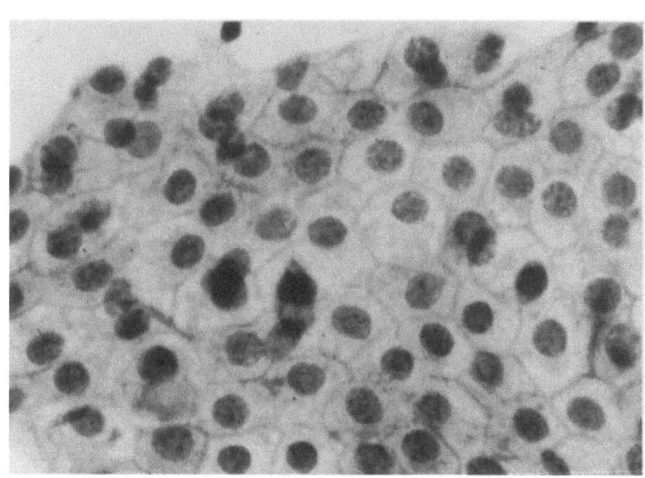

Abb. 26. Normaler Zellverband mit gering gestörter Kernlagerung. Kerne uniform, Chromatin locker strukturiert, kaum erkennbare Nucleolen, „Wabenstruktur". × 400

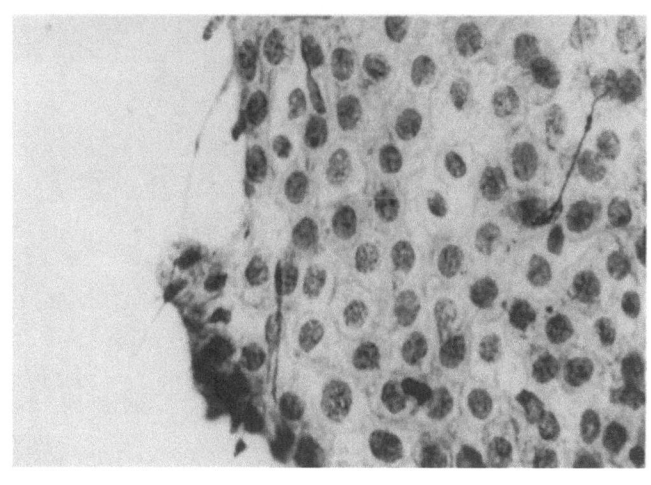

Abb. 27. Normaler Zellverband mit typischen Parametern der Zellkerne, vereinzelt strichartige Kernauszüge. „Wabenstruktur" nur noch herdförmig angedeutet. × 400

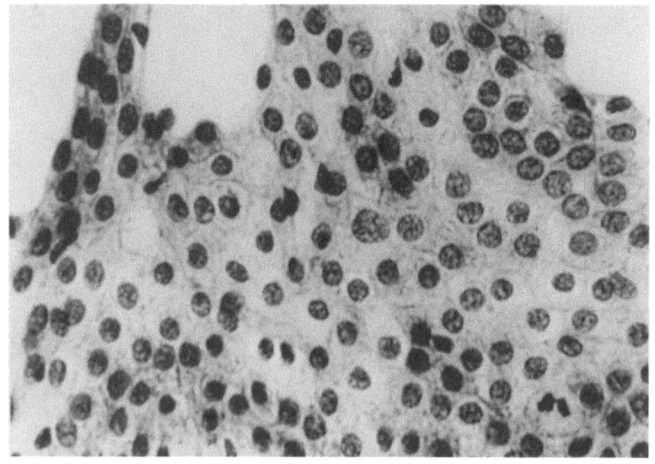

Abb. 28. Normaler Zellverband mit gut erkennbaren Kernmembranen und vielen atrophischen, dunkel erscheinenden Kernen. Zellgrenzen teilweise fehlend. ×400

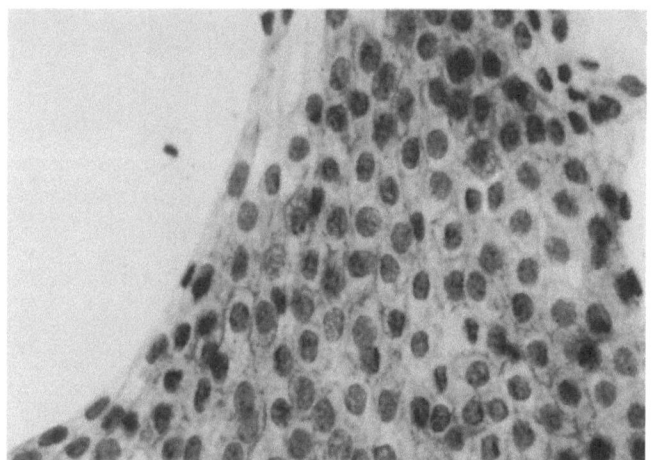

Abb. 29a. Normaler Zellverband mit teils ungeordneter Kernlagerung im oberen Bildteil und einzelnen atrophischen Kernen. ×400

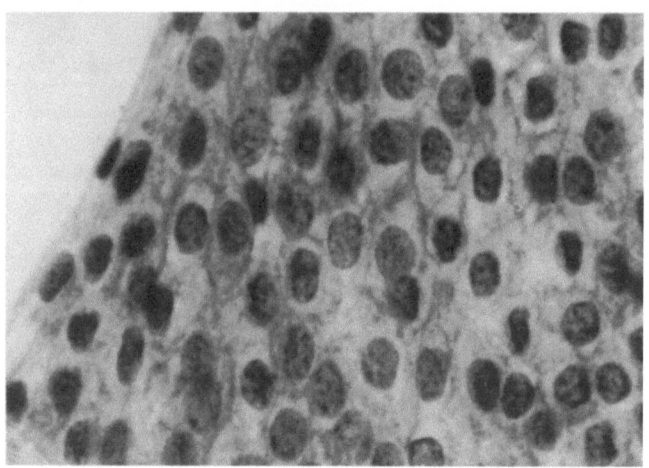

Abb. 29b. Gleicher Verband bei starker Vergrößerung: Außer in atrophischen Zellkernen locker-granuläre Chromatinstruktur, kaum erkennbare Nucleolen. ×630

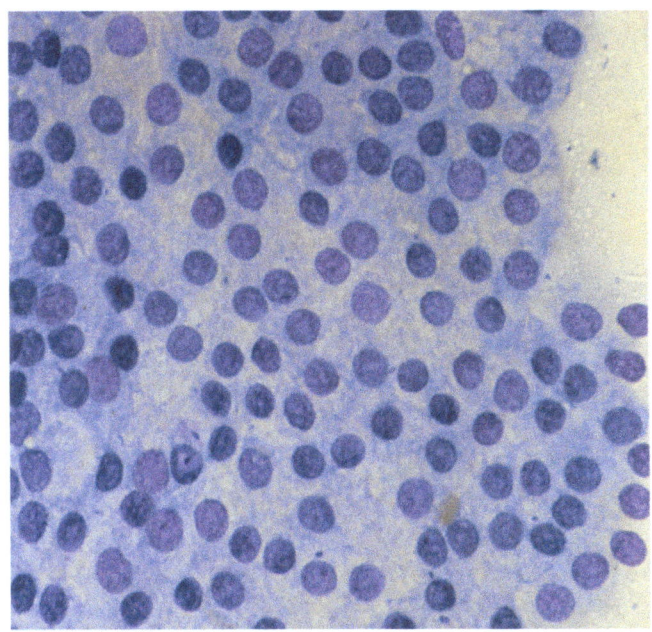

Abb. 30a. Normaler Zellverband, gefärbt nach May-Grünwald-Giemsa. ×400

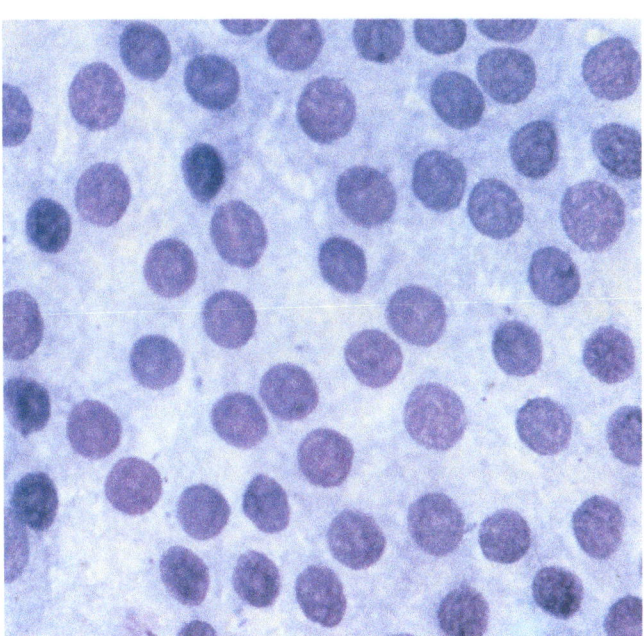

Abb. 30b. Gleicher Verband in stärkerer Vergrößerung. ×630

4 Atypien

Abweichungen von der normalen Zell- und Kernstruktur lassen sich durch die zytologische Untersuchung von Prostataepithelien ebenso nachweisen wie in anderen Organen. Da ihr Spektrum von gerade noch normalen Befunden bis hin zu stark ausgeprägten Atypien reicht, sind verschiedene Klassifizierungen unter allgemein-zytologischen Aspekten eingeführt worden (Editorial Acta Cytologica 1964).

Die am häufigsten verwandte Klassifizierung nach PAPANICOLAOU (1954) ermöglicht durch die Unterteilung in 5 Gruppen eine genaue Zuordnung normaler, atypischer und suspekter Befunde sowie zytologisch eindeutig klassifizierter Karzinome **(Tabelle 5)**.

Tabelle 5. Zytologische Klassifikation (PAPANICOLAOU, 1954)

I	Fehlen atypischer oder abnormaler Zellen
II	Atypien, jedoch kein Anhalt für Malignität
III	Verdächtig, jedoch nicht beweisend für Malignität
IV	Hochgradig verdächtig auf Malignität
V	Sichere Zeichen für Malignität

Die von Papanicolaou ursprünglich für die gynäkologische Zytologie angegebene Einteilung läßt sich ohne weiteres auch auf die Klassifizierung zytologischer Prostataaspirate übertragen.

Entsprechend diesem Schema werden die erhobenen Befunde den Gruppen I–V zugeordnet (sog. „Pap. I–V"), wobei heute anstelle der Bezeichnung „Pap. V" für ein sicheres Prostatakarzinom neben der Diagnose „Prostatakarzinom" zusätzlich der jeweilige zytologische Differenzierungsgrad (G I bis G III) angegeben wird (s. „Primäre Karzinomdiagnostik" S. 73).

4.1 Klassifizierung nach Papanicolaou

4.1.1 Papanicolaou I (Normalbefund)

Die Bezeichnung „Pap. I" entspricht einem zytologisch normalen Aspirat ohne nennenswerte Atypien.

4.1.2 Atypien (Papanicolaou II–IV) (Tabelle 6)

Die Atypien werden den Gruppen II–IV aufgrund unterschiedlich starker Abweichungen – besonders der Zellkerne – von der Norm anhand folgender Parameter zugeordnet:

Kerngröße und Kernform
Anisokaryose
Kernordnung
Chromatin
Kernmembran
Nucleolus

4.1.2.1 „Papanicolaou II" (Atypien ohne Anhalt für Malignität) (Abb. 31–34)

Die Prostataepithelien zeigen gegenüber dem Normalbefund nur geringgradige Abweichungen vor allem im Hinblick auf Variationen von *Kerngröße* und *Kernordnung*. Das

Tabelle 6. Zytologische Parameter bei Atypien der Prostata

	Kerngröße/form	Anisokaryose	Kernordnung	Chromatin	Kernmembran	Nucleolus
Pap. II	klein, rundlich	gering	gering gestört	locker-granulär	intakt	gering betont
Pap. III	klein, rund-ovalär	mäßig	gering gestört	verdichtet	teils intakt	betont
Pap. IV	vergrößert, teils rund, teils ovalär	deutlich, diffus	deutlich gestört	deutlich verdichtet, homogen	selten intakt	betont, teils prominent

Chromatin ist teils noch locker-granulär strukturiert, teils verdichtet, und die Zell- und Kernmembranen sind meist noch intakt (**Abb. 31**).

Die Nucleolen sind nur herdförmig betont und auch bei starker Vergrößerung *nicht* prominent! Das Zytoplasma ist klar (**Abb. 33b, 34**).

4.1.2.2 „Papanicolaou III" (verdächtig, jedoch nicht beweisend für Malignität) (Abb. 35–36)

Die in diese Gruppe einzuordnenden Atypien können äußerst vielgestaltig sein, so daß eine zuverlässige Klassifikation gelegentlich schwierig ist. Solche Befunde entsprechen mittelschweren Atypien, die vereinzelt auch innerhalb eines Verbandes stark ausgeprägt sein können.

Die von Papanicolaou für die gynäkologische Zytologie angegebene Subklassifikation dieser Atypien in 3 Klassen (IIIa–IIIc) ist in der Prostatazytologie nicht erforderlich.

Charakteristisch für diese Gruppe von Atypien sind besonders die mehr oder weniger deutlich ausgeprägte

- Störung der Kernordnung
- Variabilität der Kerngröße
- und vor allem erhebliche Veränderungen im Zellkern selbst (**Abb. 35–36**)

(s. Parameter des Zellkernes, **Tabelle 6**)

Die Kerne sind zwar noch klein, jedoch nicht mehr durchgehend rund, sondern z.T. rund-ovalär, das *Chromatin* ist häufig verdichtet, die *Kernmembran* allerdings oft noch deutlich erkennbar (**Abb. 36**).

Die *Nucleolen* erscheinen bereits bei 400facher Vergrößerung eindeutig betont, aber noch nicht „prominent". Gelegentlich enthält ein Zellkern 2 Nucleolen (**Abb. 35a, 36a**).

Die genannten Atypien sind sehr oft auch bei bestimmten Formen der Prostatitis (Kap. 12), im Anschluß an iatrogene Traumen der Prostata (Operation, Punktion) oder nach lokalen Infarkten zu beobachten.

Finden sich neben diesen Atypien *keine* Anzeichen für eine Entzündung, so sind regelmäßige Kontrolluntersuchungen in 6monatigen Abständen vorzunehmen, da bisher noch unklar ist, ob sich aus solchen Veränderungen der Prostataepithelien nicht später ein Karzinom entwickeln kann.

4.1.2.3 Papanicolaou IV (hochgradig verdächtig auf Malignität) (Abb. 37–39)

Die Zuordnung zu dieser Gruppe basiert auf noch auffälligeren Veränderungen der Zellkerne.

Kernordnung und *Kernstruktur* sind nur noch teilweise regelrecht und insgesamt deutlich gestört. Das *Chromatin* ist eindeutig homogen verdichtet, die Kerne variieren erheblich in Größe und Form (Anisokaryose), die *Kernmembran* ist oft nicht mehr zu erkennen **(Abb. 37–38).**

Die Nucleolen sind *betont, herdförmig bereits prominent* und können *vereinzelt entrundet* sein. Häufiger finden sich nun 2 Nucleolen pro Zellkern **(Abb. 37b, 39).**

Solche Befunde werden nicht selten auch bei *granulomatöser unspezifischer* und bei *spezifischer (tuberkulöser) Prostatitis* nachgewiesen (S. 168–170), während sie bei anderen Entzündungen der Prostata nicht vorkommen.

Ergibt sich in demselben Ausstrich kein Anhalt für eine Prostatitis, so ist der Befund zwar stark verdächtig auf ein Prostatakarzinom, jedoch noch nicht beweisend. Eine Kontrollbiopsie nach 4 Wochen ist daher unbedingt angezeigt.

Die sog. Pap.-IV-Charakteristika sind gegenüber dem Prostatakarzinom am sichersten dadurch abzugrenzen, daß sie innerhalb eines Epithelverbandes nicht durchgehend, sondern lediglich herdförmig auftreten.

4.2 Atypische Hyperplasie

Differentialdiagnostisch muß bei Pap. IV-Befunden insbesondere die *„atypische Hyperplasie"* (MOSTOFI u. PRICE, 1973) abgegrenzt werden, die im Sinne einer „gesteigerten Atypie" (MILLER u. SELJELID, 1971) aufgrund histologischer und autoradiographischer Untersuchungen (KASTENDIECK, 1980; HELPAP, 1980) als „primäre atypische Hyperplasie" eine enge Beziehung zum Prostatakarzinom aufweist und wahrscheinlich als Präkanzerose oder Frühkarzinom aufzufassen ist.

Histologisch werden neben irregulärer Drüsenarchitektur mäßig vergrößerte und polymorphe Zellkerne mit unterschiedlich dichtem Kernchromatin beschrieben (KASTENDIECK, 1980).

GAETANI u. TRENTINI (1978) diagnostizierten in 31 von 141 (28%) Fällen einer Prostatahyperplasie zytologisch eine histologisch bestätigte „atypische Hyperplasie" und nennen als diagnostisch relevante Parameter:

- klarer, heller Untergrund des Präparats
- acinusartige Zellagerung
- unscharfe Zellgrenzen
- wenig und granuliertes Zytoplasma
- negative Fluoreszenz des Zytoplasmas mit Acridinorange
- uniforme, runde oder ovaläre Zellkerne
- Kernhyperchromasie
- dichte und fein-granuläre Chromatinstruktur
- kleine, oft nicht erkennbare Nucleolen
- keine Mitosen

Diese Kernveränderungen entsprechen zytologisch Pap.-IV-Befunden.

Bei 4 von 5 eigenen Fällen mit histologisch gesicherter „primärer atypischer Hyperplasie" konnten wir solche Veränderungen zytologisch nachweisen.

Patienten mit einer „atypischen Hyperplasie" sind nach den bisher bekannten Befunden als karzinomgefährdet anzusehen und bedürfen deshalb regelmäßiger Kontrollen durch Aspirationsbiopsie im Abstand von 6 Monaten.

Finden sich auch nach 1 oder 2 erneuten Aspirationsbiopsien die gleichen „Pap. IV" entsprechenden Atypien, sollte zur Sicherheit eine Stanzbiopsie erfolgen.

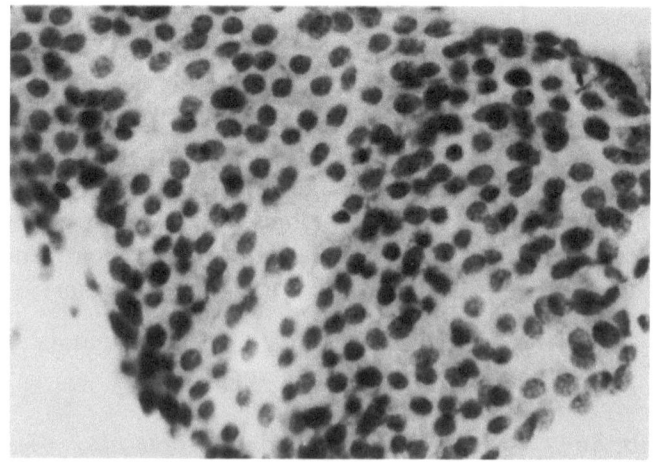

Abb. 31a. Verband mit Pap II-Atypien: Geringgradige Kerngrößenvariationen und Störung der Kernordnung. ×100

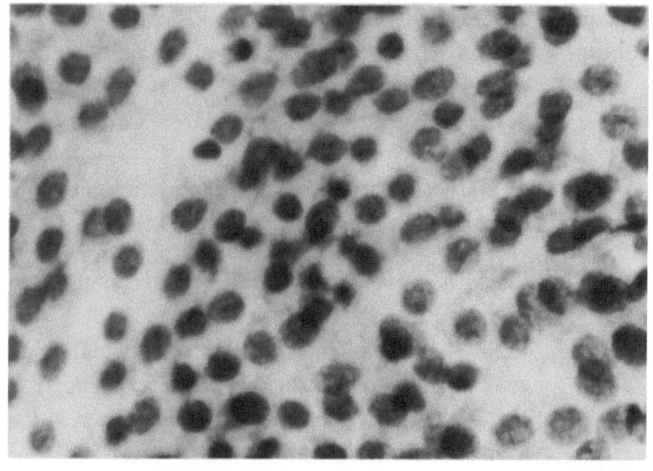

Abb. 31b. Gleicher Verband bei stärkerer Vergrößerung: Keine vergrößerten Nucleolen. Kernchromatin überwiegend noch locker-granulär. ×400

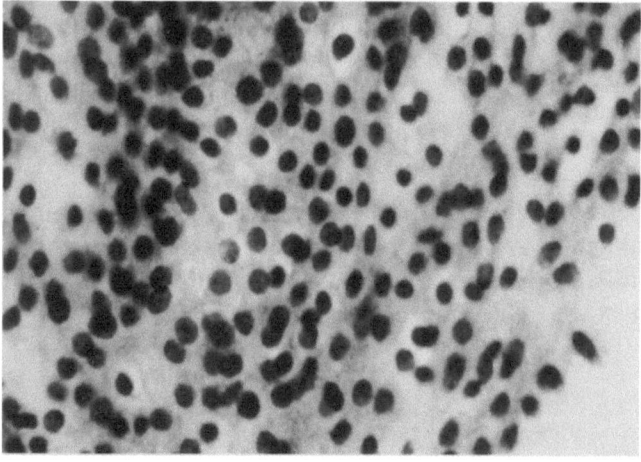

Abb. 32a. Pap II-Atypien neben zahlreichen atrophischen Zellkernen. ×100

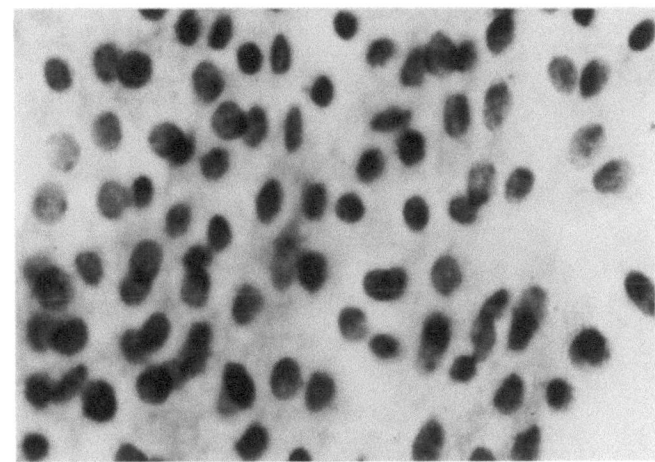

Abb. 32b. Gleicher Verband bei stärkerer Vergrößerung. ×400

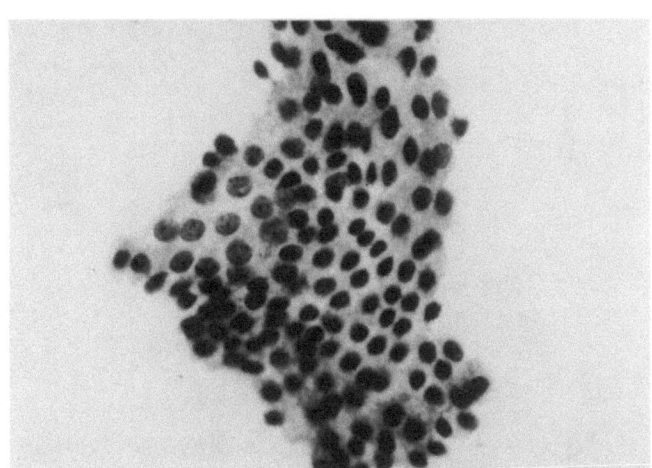

Abb. 33a. Pap II-Atypien mit herdförmig betonten Nucleolen. ×100

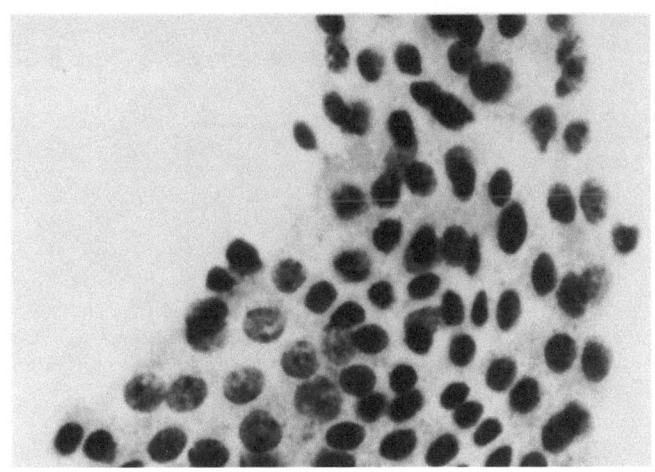

Abb. 33b. Gleicher Verband bei stärkerer Vergrößerung: Deutliche Darstellung der Kerne mit betonten Nucleolen im linken unteren Bildteil. ×400

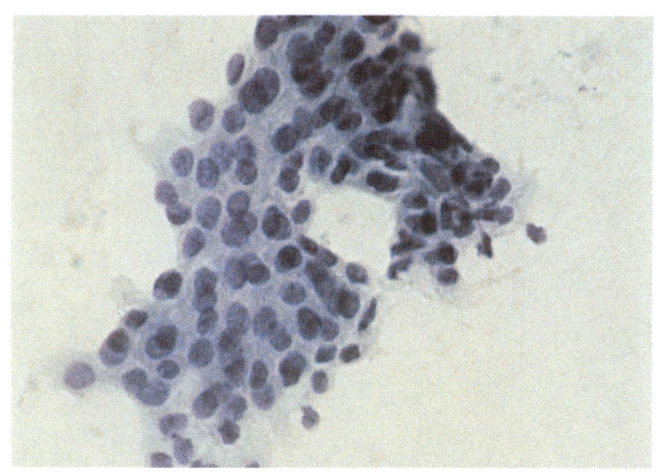

Abb. 34a. Pap II-Atypien. ×400

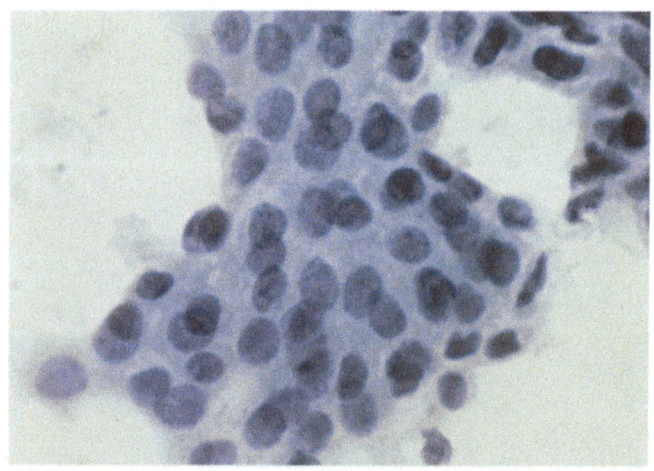

Abb. 34b. Gleicher Fall bei stärkerer Vergrößerung. ×630

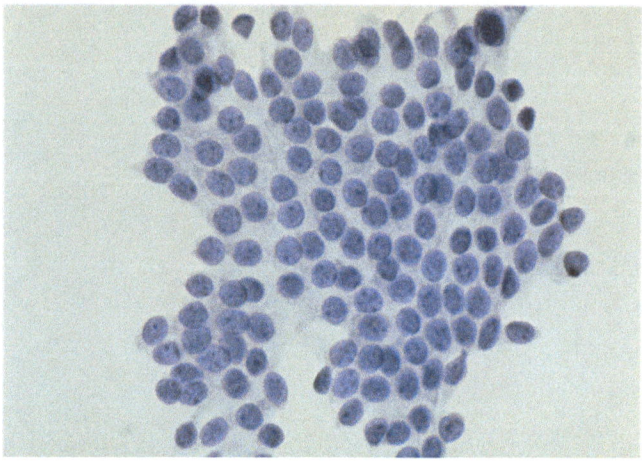

Abb. 35a. Pap III-Atypien: Störung der Kernordnung, mäßiggradig verdichtetes Kernchromatin und betonte Nucleolen. ×400

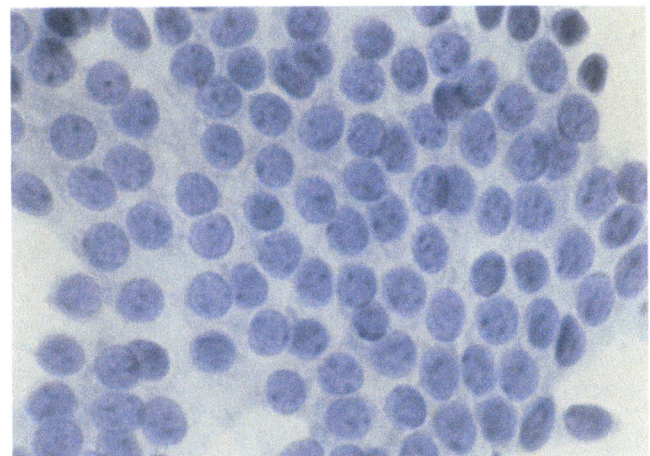

Abb. 35b. Gleicher Fall bei stärkerer Vergrößerung: Zusätzlich nun vereinzelt feinschollige Chromatinstrukturen und geringgradige Entrundung zahlreicher Nucleolen. ×630

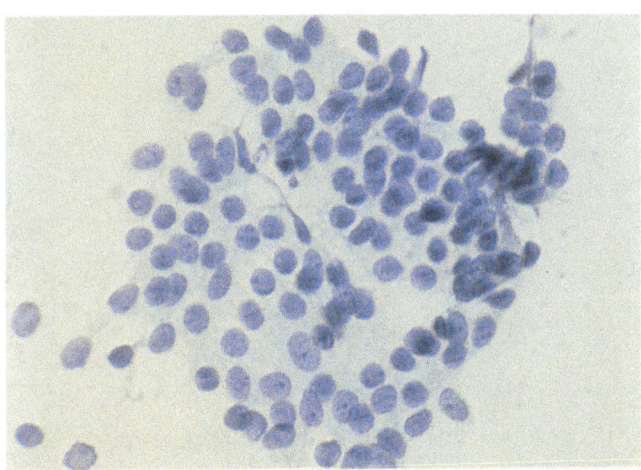

Abb. 36a. Deutliche Kerngrößenvariabilität und Störung der Kernordnung. Durchwegs betonte Nucleolen. ×400

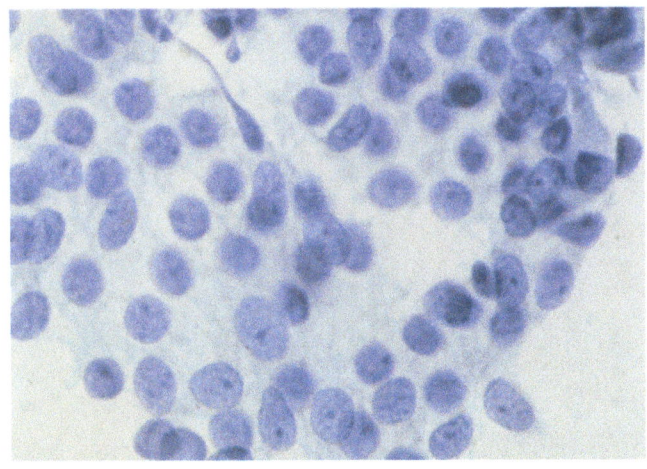

Abb. 36b. Gleicher Fall bei stärkerer Vergrößerung: Nucleolen auch jetzt lediglich betont und nicht prominent. Kernchromatin nur gering verdichtet. Vielfach noch gut erkennbare Kernmembranen. ×630

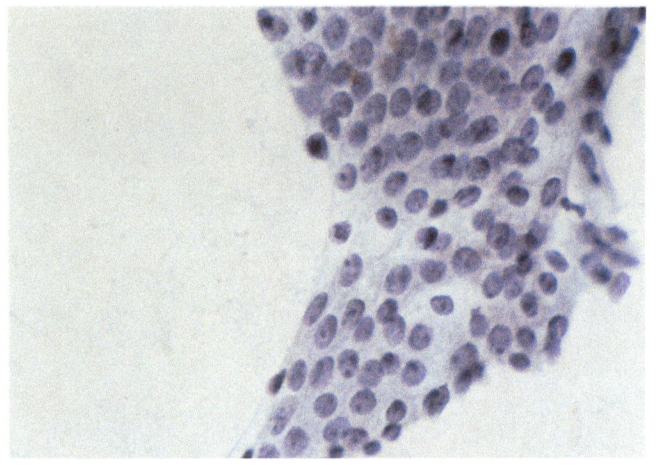

Abb. 37a. Pap IV-Atypien: Stärkere Störung der Kernordnung in der oberen Hälfte des Verbandes, deutliche Kerngrößenvariabilität, betonte, teils auch prominente Nucleolen. ×400

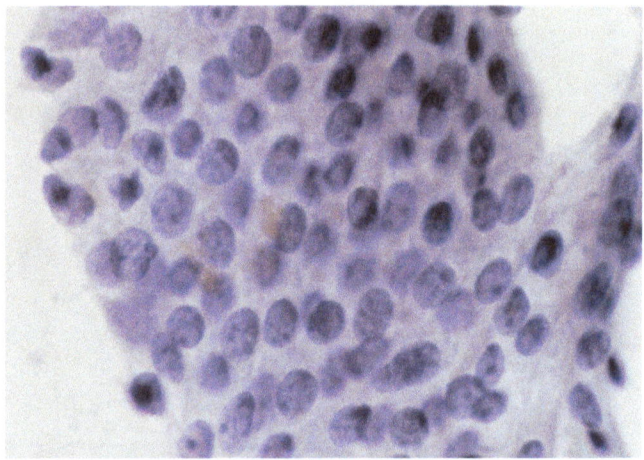

Abb. 37b. Gleicher Verband bei stärkerer Vergrößerung: Deutliche Störung der Kernordnung besser erkennbar. Im unteren Teil des Verbandes mehrere Kerne mit prominenten Nucleolen. Stellenweise unregelmäßige Chromatinverteilung. ×630

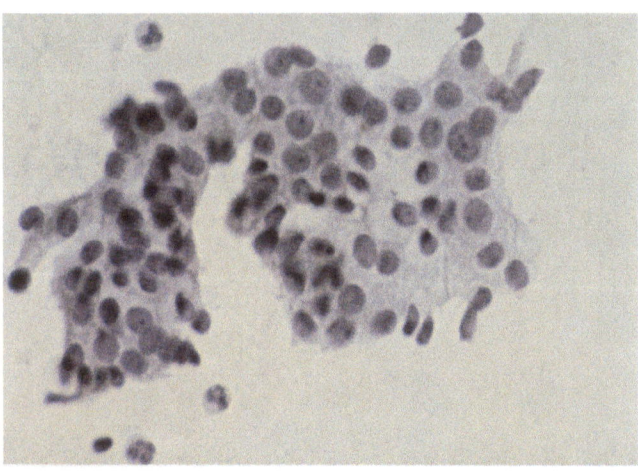

Abb. 38a. Pap IV-Atypien: Deutliche Kerngrößenvariabilität, mäßige Verdichtung des Chromatins und stärkere Störung der Kernordnung. Betonte, herdförmig beginnend prominente Nucleolen. ×400

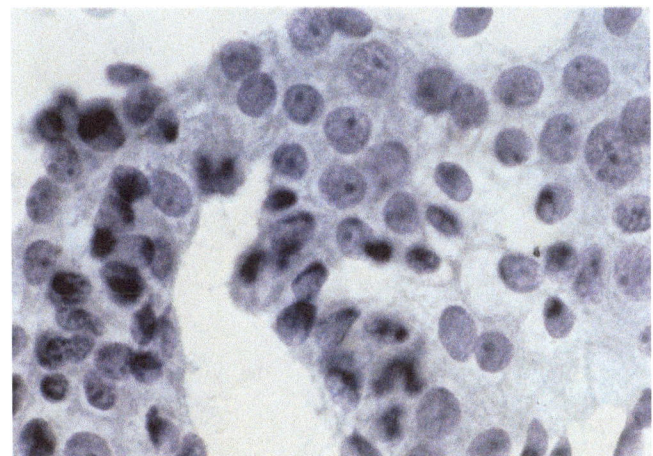

Abb. 38b. Gleicher Verband bei stärkerer Vergrößerung: Chromatinverdichtung und herdförmige Nucleolenprominenz werden nun deutlich erkennbar. ×630

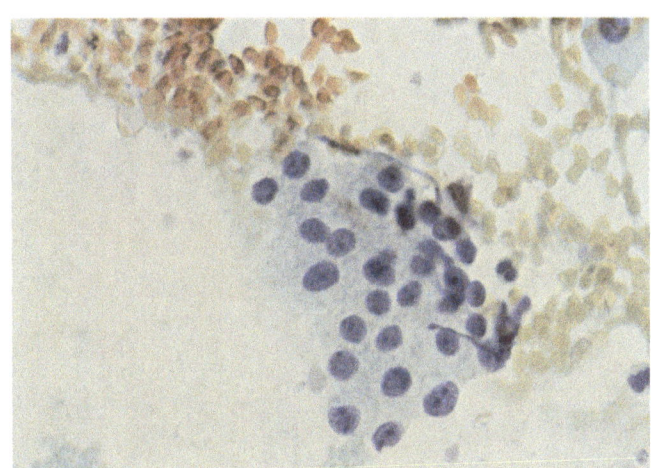

Abb. 39a. Pap IV-Atypien: Deutliche Kerngrößenvariabilität und erhöhte Chromatindichte. Betonte bis prominente Nucleolen. ×400

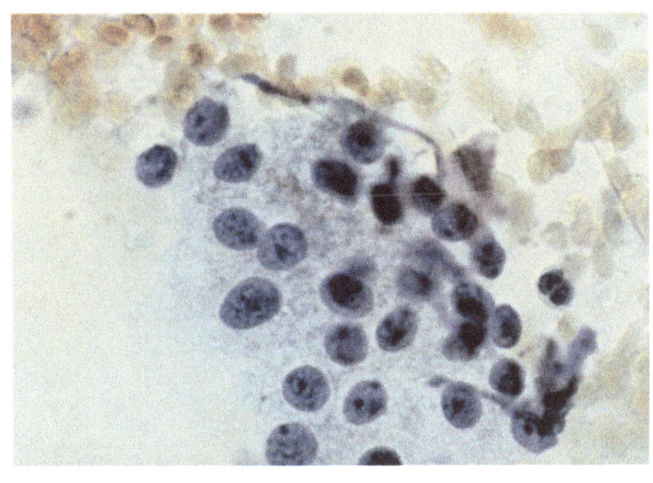

Abb. 39b. Gleicher Verband bei stärkerer Vergrößerung: Nucleolen teilweise entrundet, Chromatin mit stellenweise scholligen Strukturen, Kernformen teils rundovalär. Differentialdiagnose: Atypische Hyperplasie oder Grad-I-Karzinom. ×630

5 Nebenbefunde

Im Ausstrich eines Prostataaspirats befinden sich neben Prostataepithelien häufig auch andere Zellen, wie

Erythrozyten
Samenblasenepithelien
Rektumschleimhautepithelien
Urothelzellen
Plattenepithelmetaplasien
Histiozyten

5.1 Erythrozyten
(Abb. 39–40)

Mäßige Blutbeimengungen im Aspirat finden sich meist am Rande der Epithelverbände oder umgeben sie. Die Erythrozyten sind oft ausgelaugt und erscheinen dann in der Färbung nach Papanicolaou grün-gelblich (Abb. 39) oder leuchtend rot (Abb. 40).

Die Beurteilung der von Erythrozyten umgebenen Epithelverbände wird bei nur mäßiger Blutbeimengung im Aspirat nicht beeinträchtigt. Wurde allerdings überwiegend Blut aspiriert, so ist eine exakte Diagnose auch bei quantitativ ausreichendem Zellmaterial kaum möglich, da die Erythrozyten die Zellverbände dann meist so stark überdecken, daß sich die Epithelien nur noch schlecht fixieren lassen und nach der Färbung deshalb Einzelheiten nicht mehr genau zu erkennen sind. Stark blutige Ausstriche müssen darum bereits zum Zeitpunkt der Aspiration als unbrauchbar verworfen werden.

5.2 Samenblasenepithelien
(Abb. 42–46)

Samenblasenepithelien, die vor allem dann aspiriert werden, wenn der suspekte Bezirk im basalen Bereich der Prostata liegt, müssen wegen der Gefahr einer falsch-positiven Karzinomdiagnose sehr sorgfältig von Prostataepithelien unterschieden werden. Typisch ist die Lagerung von Samenblasenepithelien in gut erhaltenen Verbänden mit gelegentlicher Ablösung (Dissoziation) einzelner Kerne im Randbereich des Verbandes (Abb. 42–44). Ihre *Kerne* sind teils rund, teils ausgesprochen ovalär oder triangulär und stets größer als die Epithelien normaler Prostataverbände (Abb. 41). Darüber hinaus findet sich regelmäßig eine mehr oder weniger deutlich ausgeprägte Kernpolymorphie (Abb. 43, 44).

Die *Kernordnung* ist unregelmäßig, die *Kern-Plasma-Relation* zugunsten der Kerne verschoben, und die *Zellgrenzen* sind gelegentlich als „Wabenstruktur" erkennbar (Abb. 45).

Die *Chromatinstruktur* ist überwiegend dicht und die *Kernmembran*, wenn auch zart ausgebildet, meist noch gut sichtbar (Abb. 44).

Obwohl die beschriebenen zytologischen Merkmale der Samenblasenepithelien auch auf stark atypische oder gar karzinomatöse Prostataepithelien zutreffen, lassen sie sich aufgrund der folgenden Merkmale, die besonders in der Papanicolaou-Färbung gut ausgeprägt sind, sicher zuordnen:

- intrazytoplasmatische gelblich-braune Pigmentgranula und Vakuolen **(Abb. 42–45)**
- relativ kleine Nucleolen **(Abb. 41–45)**
- erkennbare Kernmembranen **(Abb. 43–45)**
- teilweise polygonale Kernformen **(Abb. 42b–44)**

Die *Differentialdiagnose* wird zusätzlich durch Schleim oder vereinzelte Spermien im Ausstrich erleichtert.

5.3 Epithelien der Rektumschleimhaut (Abb. 47–52)

Die Aspiration von Epithelien der Rektumschleimhaut wird meist durch einen technischen Fehler verursacht, wenn nämlich die Franzén-Nadel aus der Prostata *ohne* Druckausgleich, d.h. mit angezogenem Spritzenkolben, entfernt wird. Epithelien aus der Rektumschleimhaut können aber auch direkt aspiriert werden, vor allem, wenn die Aspirationskanüle nicht weit genug in die Prostata vorgeschoben wird, wie dies bei geringer Größe der Prostata oder des suspekten Prostatabezirkes nicht selten der Fall ist.

Stuhlbeimengungen sind selten und nur dann zu erwarten, wenn die Ampulla recti mit Kot gefüllt ist **(Abb. 46)**.

Makroskopisch sind bei einiger Erfahrung reichlich aspirierte Epithelverbände aus der Rektumschleimhaut schon beim frischen Ausstrich daran zu erkennen, daß dieser wie von feinen, kurzen grau-weißlichen Fäden durchzogen scheint.

Zytologisch ist die sichere Erkennung von Epithelien der Rektumschleimhaut unerläßliche Voraussetzung für eine zuverlässige Beurteilung von Prostataaspiraten, weil in der primären Karzinomdiagnostik je nach „Schnittebene" bei der Aspiration Epithelien der Rektumschleimhaut durchaus mit Prostataepithelien verwechselt werden können!

Abhängig von der Abbildungsebene können im zytologischen Ausstrich sehr unterschiedliche Bilder von Epithelien der Rektumschleimhaut entstehen. Die Epithelverbände ähneln dann in ihrer Grundstruktur denen aus der Prostata, unterscheiden sich jedoch u.a. durch herdförmige, ballonartige Vakuolisierungen, die dem Zytoplasmaleib von tangential angestochenen Becherzellen gleichen **(Abb. 47, 51)**. Eine Verwechslung mit Zytoplasmavakuolen ist möglich, läßt sich aber fast immer vermeiden, wenn nach den *klassischen Kriterien* der Zellkerne der Rektumschleimhautepithelien in der Färbung nach PAPANICOLAOU gesucht wird:

- rund-ovaläre Kernform **(Abb. 47–49, 52)**
- dicke, scharf gezeichnete Kernmembran, die gelegentlich eingebuchtet ist („Kaffeebohnenform" des Kerns!) **(Abb. 47b, 49)**
- lockere Chromatinstruktur **(Abb. 47b, 49, 52)**

Am leichtesten sind Epithelverbände der Rektumschleimhaut zu erkennen, wenn ganze Drüsenlumina im Querschnitt getroffen wurden. Hieraus ergibt sich das typische rosettenförmige Bild mit den klassisch basalständigen Zellkernen in den Becherzellen **(Abb. 50)**.

5.4 Urothelzellen (Abb. 53–54)

Urothelzellen finden sich dann im Prostataaspirat, wenn Harnblase oder prostatische Harnröhre direkt punktiert wurden. Durch die Mehrreihigkeit des Urothels kommen unterschiedliche Formen von Urothelzellen zur Darstellung, die entweder aus der Oberfläche (Superfizialzellen) oder aus tiefen Schichten (Intermediär- und Parabasalzellen) stammen.

Am häufigsten werden Urothelzellen aus der tiefen Schicht mitaspiriert. Ihre Zuordnung ist unproblematisch. In vorwiegend kleineren Verbänden fallen die Zellen durch ihren schlanken Zytoplasmaleib auf, der oft schwanzartig endet **(Abb. 53a)**. *Zytoplasma* ist basophil und fein-granulär strukturiert, feine Pigmentgranula kommen vor **(Abb. 53b)**.

Die *Zellkerne* befinden sich im Zentrum oder sind mehr gegen die Peripherie des Zytoplasmas verschoben; sie sind oval, gleichförmig und besitzen eine gut erkennbare Kernmembran.

Nucleolen sind häufig auszumachen; nicht selten sind sie leicht betont. Vereinzelt finden sich 2 Nucleolen pro Zellkern.

Die *Kern-Plasma-Relation ist regelrecht* **(Abb. 53b)** (s. im Gegensatz dazu „Sekundäre Urotheltumoren", S. 153).

Urothelien aus der oberen Schicht sind größer und zum Teil polygonal. Das *Zytoplasma* ist gut entwickelt, die schwanzartige Ausziehung ist seltener **(Abb. 54)**. Im Zytoplasma, das perinukleär aufgehellt ist, sind Vakuolen typisch, ebenso wie *Doppelkernigkeit* oder auch *Mehrkernigkeit*, so daß es im Extremfall zum Bild ausgesprochen *multinukleärer Riesenzellen* kommt.

5.5 Plattenepithelmetaplasien (Abb. 55)

Unter *Metaplasie* versteht man die Umwandlung eines Epitheltyps in einen anderen durch Umdifferenzierung bestimmter Zellen. Sie kann gutartig sein, beispielsweise wenn sich das zylindrische, drüsige Epithel bestimmter Organe in normales Plattenepithel umwandelt (Plattenepithelmetaplasie). Metaplastische Epithelien entwickeln sich aus basal gelegenen Reservezellen eines Epithels und weisen unterschiedliche Ausreifungsgrade auf. Von der Malignität unterscheidet sich die Metaplasie eindeutig durch die Einheitlichkeit der Zellkerne in Größe und Form; zudem ist das Chromatin aufgelockert (TAKAHASHI, 1981).

Von dieser *benignen Metaplasie* differentialdiagnostisch sicher abzugrenzen ist die Metaplasie maligner Epithelien, z.B. von Karzinomzellen des Harnblasenurothels in Plattenepithelkarzinomzellen, die häufig bei zunehmender Entdifferenzierung dieser Tumoren nachgewiesen werden und mit einer schlechten Prognose einhergehen.

Unbehandelte Prostatakarzinome weisen zwar keine Tendenz zur plattenepithelialen Metaplasie auf, doch ist in weniger als 1% – nach DHOM (1980) in 0,21% – mit einem primären Plattenepithelkarzinom der Prostata zu rechnen, das somit eine extrem seltene Karzinomform darstellt.

Die zytologisch in den Epithelverbänden von Prostatakarzinomen nachweisbaren Plattenepithelien stammen stets aus normalen Prostataepithelien oder Adenomzellen, ebenso wie die unter verschiedenen Therapiebedingungen im Ausstrich behandelter Prostatakarzinome vorhandenen Plattenepithelien (s. Therapiekontrolle S. 108).

Es wird angenommen, daß es sich bei den benignen Plattenepithelmetaplasien in der Prostata um echte Plattenepithelien handelt, von denen eine Entwicklung zu Karzinomzellen bisher nicht bekanntgeworden ist (KASTENDIECK u. ALTENÄHR, 1975).

Tierexperimentelle Untersuchungen deuten darauf hin, daß sich die Plattenepithelien offenbar nicht aus den sekretorisch aktiven Prostataepithelien, sondern aus den als ambivalent geltenden basalen Reservezellen, vor allem den urethranahen, dorso-lateralen Lappenanteilen der Prostata, entwickeln (HOHBACH, 1977).

Als Ursache für eine benigne Plattenepithelmetaplasie der Prostata gelten:

- *endokrine Einflüsse* (Östrogene, Gestagene, Antiandrogene, bilaterale Orchiektomie)
- *spezielle Therapieformen bei Karzinom* (Estracyt)
- *Prostatainfarkt*
- *transurethrale Resektion*

Zytologisch sind die Zellkerne von Plattenepithelien stets größer als die des Prostataepithels. Die Kerne sind rundlich bis oval, mit locker-granulärer Chromatinstruktur und kaum „betonten" Nucleolen. Die Kernmembran ist fein gezeichnet **(Abb. 55)**.

Das *Zytoplasma* ist zyanophil oder eosinophil, gelegentlich kann es auch gelblich oder orange dargestellt sein infolge eines stärkeren Gehalts an Keratin oder dessen Vorstufen (SPIELER u.Mitarb., 1976). Das Zytoplasma ist teils fein-homogen, teils feinkörnig strukturiert. Besonders perinukleär erscheint es optisch leer und „wasserklar" aufgrund der durch die Präparierung bewirkten Herauslösung des Glykogens („Glykogenzellen").

5.6 Hornlamellen (Abb. 56)

Benigne Plattenepithelmetaplasien dürfen nicht mit Hornlamellen verwechselt werden, die aus dem perianalen Rektumbereich stammen, gelblich-orange gefärbt und kernlos sind **(Abb. 56)**.

5.7 Histiozytäre Riesenzellen
(Abb. 57–59)

Die oft erhebliche Größe der Histiozyten und ihr Reichtum an Zellkernen kann besonders während der Therapie Ähnlichkeit mit den Epithelverbänden eines Prostatakarzinoms vortäuschen. Isoliert auftretende histiozytäre Riesenzellen in der Prostata sind stets Ausdruck einer starken resorptiven Reaktion auf Entzündungen oder Eingriffe an der Prostata.

5.7.1 Zytoplasma

Das Zytoplasma histiozytärer Riesenzellen ist übermäßig ausgebildet, die Zellgrenzen lassen sich gelegentlich nur schwer erkennen **(Abb. 57–59)**. Fremdkörper im Zytoplasma, wie Kerntrümmer von Prostataepithelien oder Entzündungszellen, Sekrettröpfchen und Granula, führen zu einem schaumig-granulären Bild, sog. „Schaumzellen", besonders bei den verschiedenen Prostatitisformen (s. Zytologie der Prostatitis, S. 165).

5.7.2 Zellkern

Auffallend ist der Kernreichtum der Riesenzellen, der zwischen 10 und 100 Kernen betragen kann. Nicht selten kommt es zur Ausbildung von Langhans'schen Riesenzellen **(Abb. 57)**.

Enthält eine Riesenzelle eine besonders große Zahl von Kernen **(Abb. 58)**, so kann dies bei nur geringer Vergrößerung zu differentialdiagnostischen Schwierigkeiten in der Abgrenzung gegenüber einem Prostataepithelverband führen.

Entscheidend bei der Identifizierung der vielkernigen histiozytären Riesenzelle ist die Kernstruktur:

- Die *Zellkerne* sind oval und liegen exzentrisch im Zytoplasma **(Abb. 57, 58)**.
- Das *Chromatin* ist sehr locker und sieht daher ausgesprochen „hell" aus, nur gelegentlich finden sich kleine Chromatinschollen **(Abb. 58)**.
- Die *Kernmembran* zeichnet sich stets scharf ab **(Abb. 57, 58)**.
- Die *Nucleolen* sind meist betont, in einzelnen Kernen sogar leicht prominent **(Abb. 58)**.

Atypie und Malignität lassen sich dementsprechend anhand der typischen Kernchromatinstruktur und der sehr deutlichen Kernmembran der Histiozyten differenzieren.

5.8 Intrazytoplasmatische Granula

Das Zytoplasma von Prostataepithelien enthält Granula verschiedener Anfärbbarkeit sowie Lipoidkörperchen. Ihre genaue Zusammensetzung ist bisher nicht geklärt. Diese Granula finden sich manchmal reichlich, allerdings nur in normalen Epithelverbänden, und haben nach Papanicolaou-Färbung eine bräunliche Farbe **(Abb. 67)**. In der MGG-Färbung erscheinen sie bläulich-violett, während die Alcian-Blau-Färbung eine leuchtend blaue Darstellung der Granula ergibt (STAEHLER u. Mitarb., 1975).

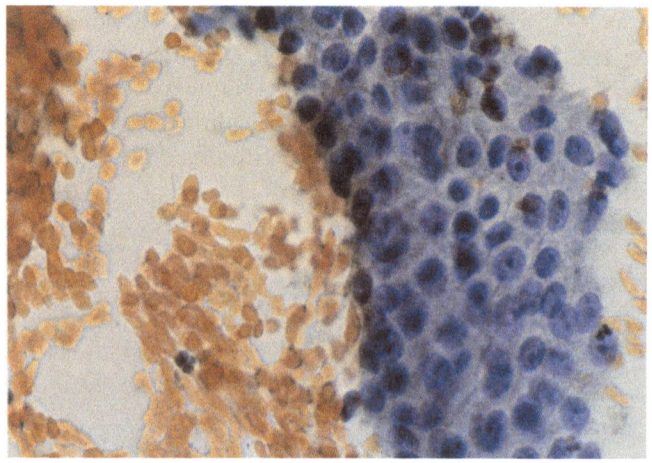

Abb. 40. Zahlreiche, teils ausgelaugte Erythrozyten neben einem Verband eines Grad-I-Karzinoms. ×400

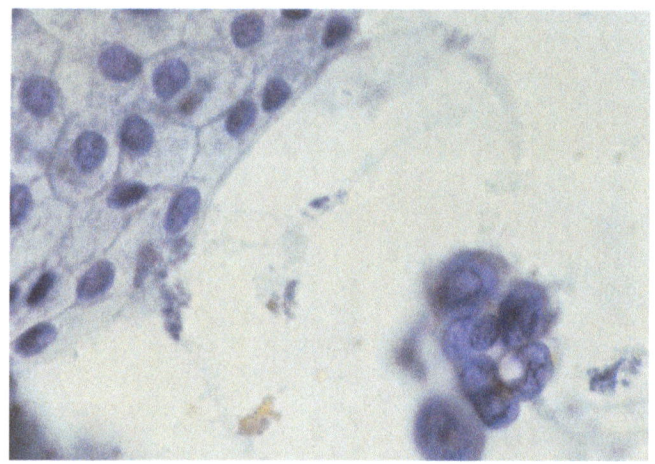

Abb. 41. Verband von Samenblasenepithelien in der rechten Bildhälfte, links normale Prostataepithelien zum Vergleich. Trotz Polymorphie zeigen die Zellkerne der Samenblasenepithelien keine prominenten Nucleolen. ×630

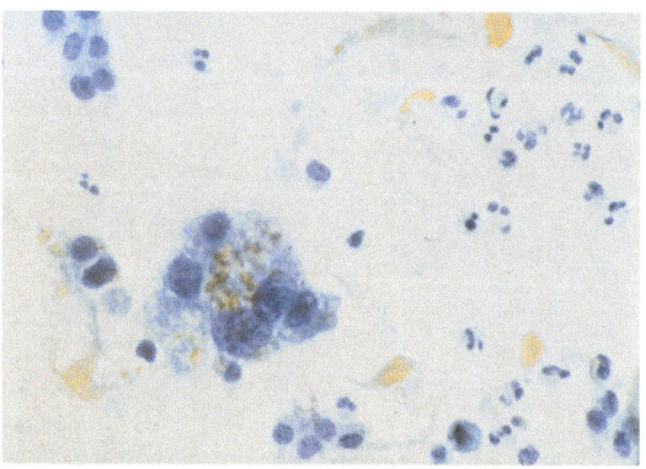

Abb. 42a. Verband von Samenblasenepithelien mit zahlreichen Pigmentgranula im Zytoplasma. *Rechte Bildhälfte*, Leukozyten. *Links oben*, Normale Prostataepithelien. ×400

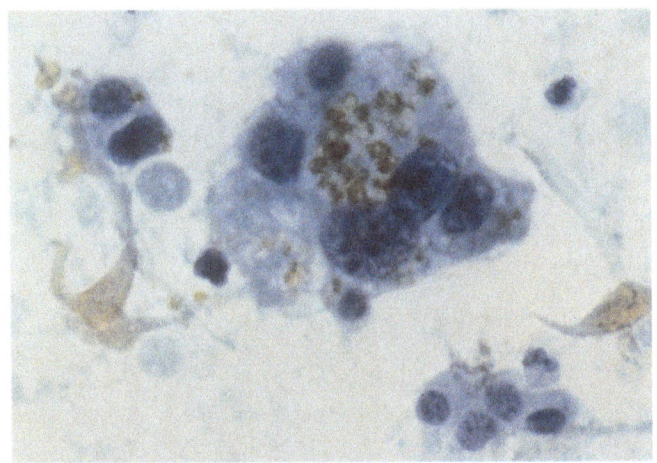

Abb. 42b. Gleicher Fall bei stärkerer Vergrößerung: Trotz erheblicher Kernpolymorphie auch jetzt nur Betonung, jedoch keine Prominenz der Nucleolen im Samenblasenepithelverband. ×630

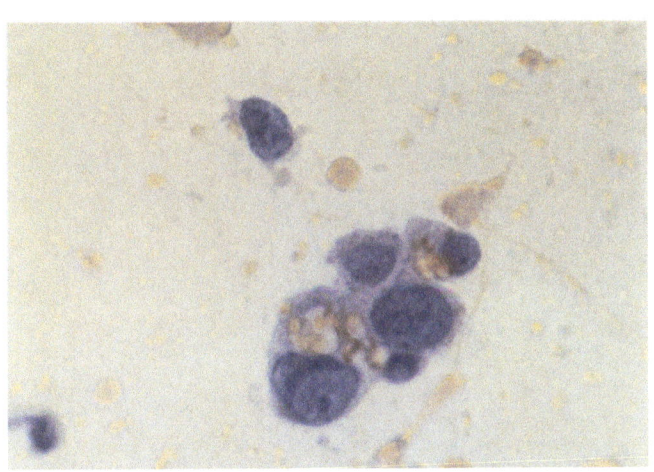

Abb. 43. Kleiner Samenblasenepithelverband mit typischen Kriterien und gut erkennbaren Kernmembranen. Teils polygonale Kernformen. ×630

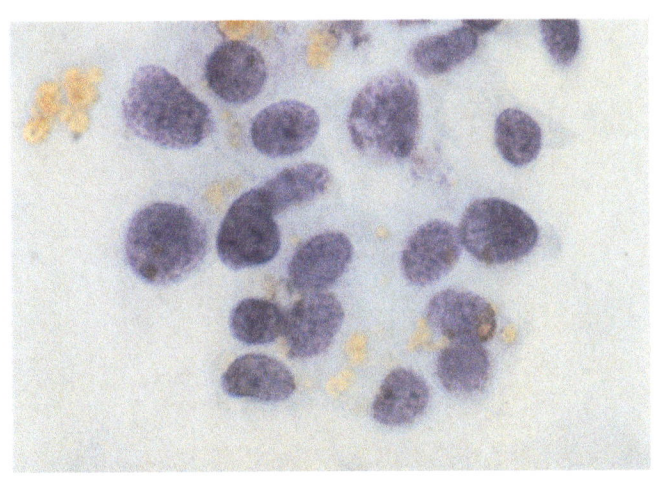

Abb. 44. Großer Samenblasenepithelverband bei stärkerer Vergrößerung: Gut erkennbare erhebliche Chromatindichte, Nucleolen jedoch nicht prominent, nur herdförmig betont. Kernmembranen meist gut erkennbar. Ölimm., ×1000

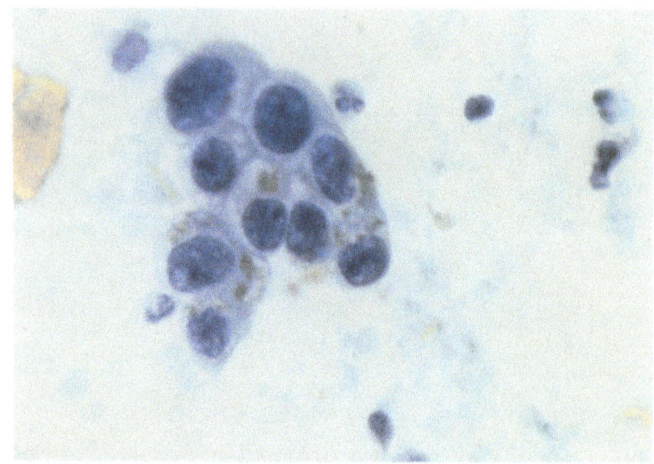

Abb. 45. Samenblasenepithelverband mit nur mäßiger Kernpolymorphie und „pflastersteinartigem" Aussehen der Kerne. Keine prominenten Nucleolen. Typische Pigmentgranula. ×630

Abb. 46. Aspirat mit Stuhlbeimengung. Kleiner Prostataepithelverband im rechten oberen Bildteil. ×400

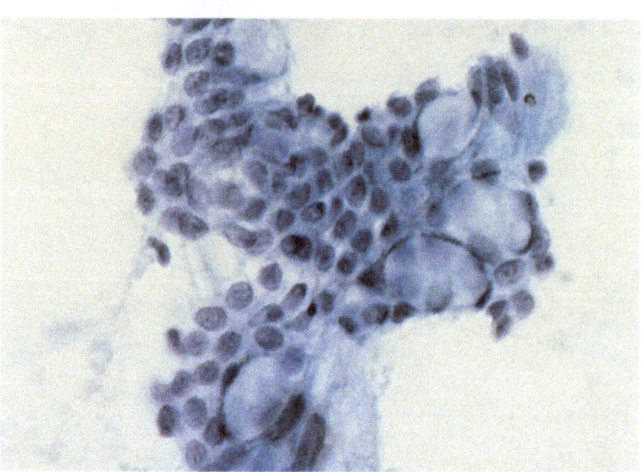

Abb. 47a. Tangential ausgestrichener Verband von Rektumschleimhautepithelien. Herdförmig ballonartige Vakuolisierungen des Zytoplasmas der Becherzellen. Kleine, rund-ovaläre Kerne mit deutlich gezeichneten Kernmembranen. ×400

Abb. 47b. Gleicher Verband bei stärkerer Vergrößerung: Die ausgesprochen dicken Kernmembranen sind gut erkennbar. Lockere Chromatinstruktur, teils typische „Kaffeebohnenform" der Kerne. ×630

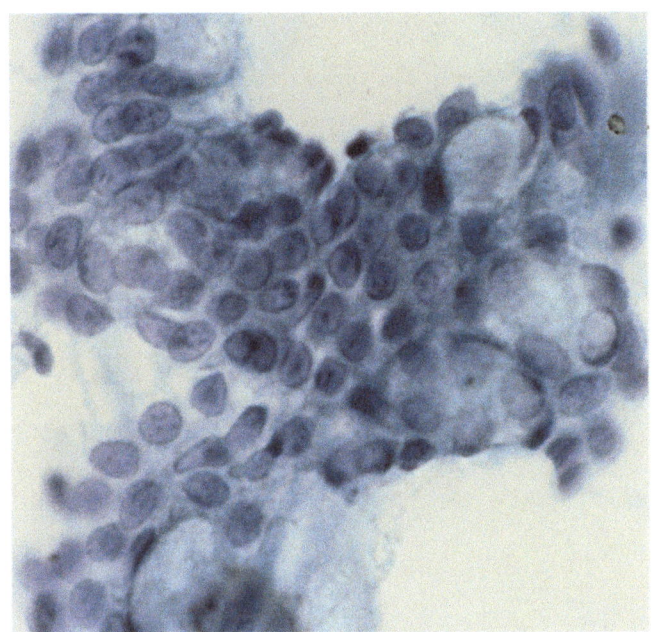

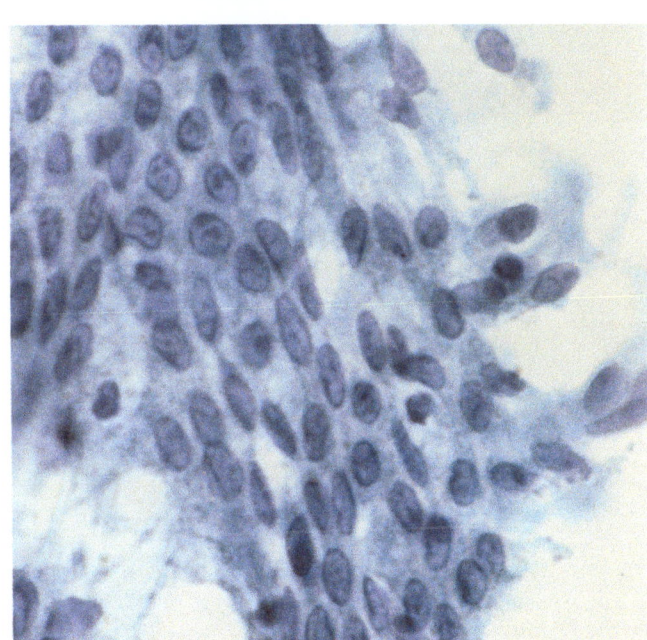

Abb. 48. Verband von Rektumschleimhautepithelien ohne typische Vakuolisierungen des Zytoplasmas, jedoch mit klassischen Kriterien der Zellkerne. ×630

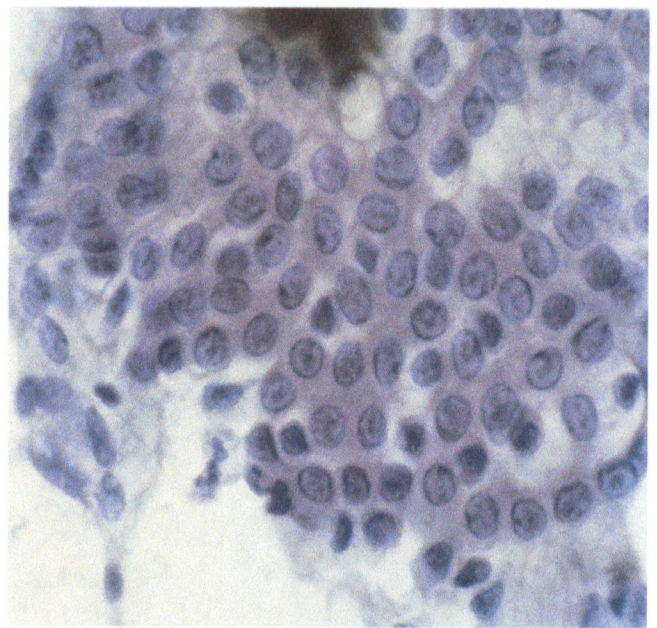

Abb. 49. Verband von Rektumschleimhautepithelien mit zahlreichen typischen kleinen Einbuchtungen der dick gezeichneten Kernmembranen („Kaffeebohnenform"!) und lockerer Chromatinstruktur. ×630

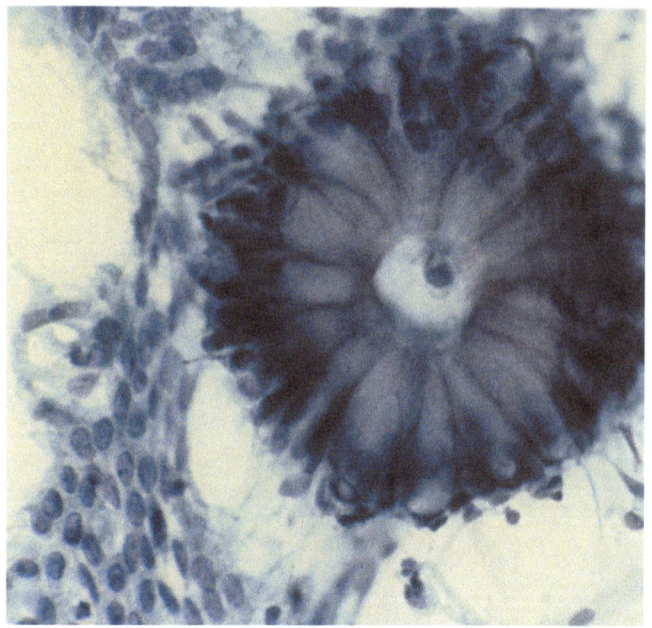

Abb. 50. Großer Rektumschleimhautverband mit einem quer getroffenen Drüsengang in typischer Rosettenform. Kerne basalständig, länglicher großer Zytoplasmaleib der Becherzellen. ×630

Abb. 51. Verband von Rektumschleimhautepithelien mit teils starker Überlagerung der Kerne, anhand der typischen Kriterien jedoch eindeutig identifizierbar. ×400

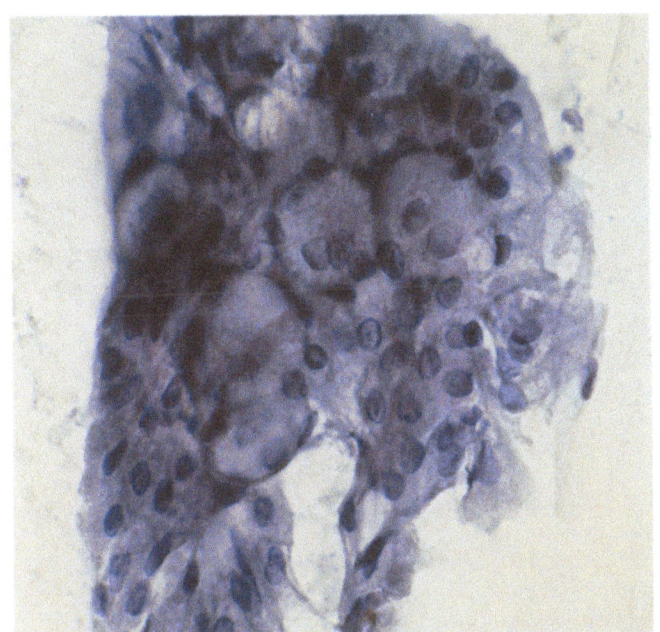

Abb. 52. Großer Verband von Rektumschleimhautepithelien, teilweise mit „Wabenstruktur" wie bei Prostataepithelien. Die dick gezeichneten Kernmembranen, die lockere Chromatinstruktur und die überwiegend rund-ovalären Kernformen weisen jedoch eindeutig auf Rektumschleimhautepithelien hin. ×400

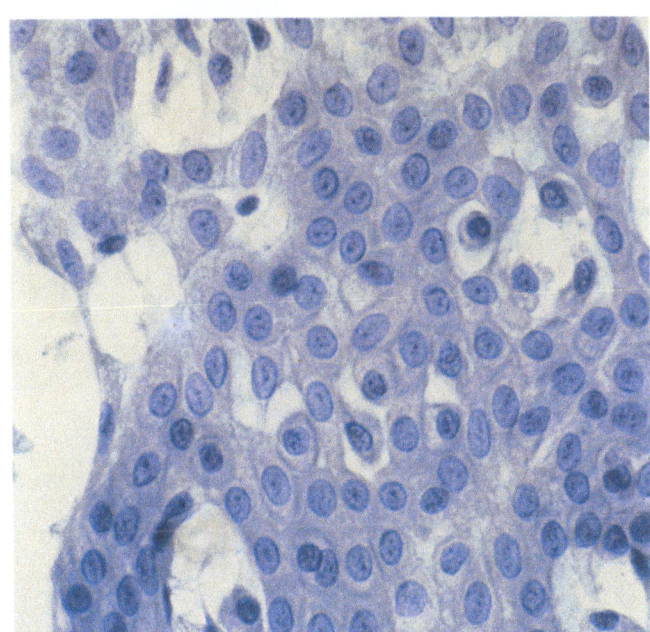

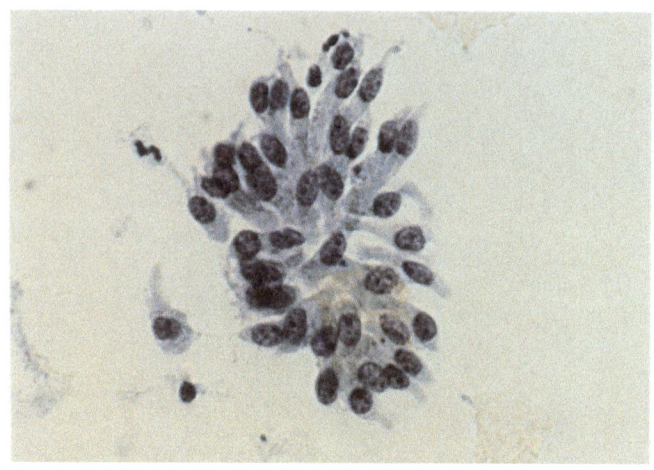

Abb. 53a. Verband von Urothelzellen aus der tiefen Schicht (Parabasalzellen) mit typischen geschwänzten Zytoplasmaausläufern und rund-ovalären, basalständigen Zellkernen. ×400

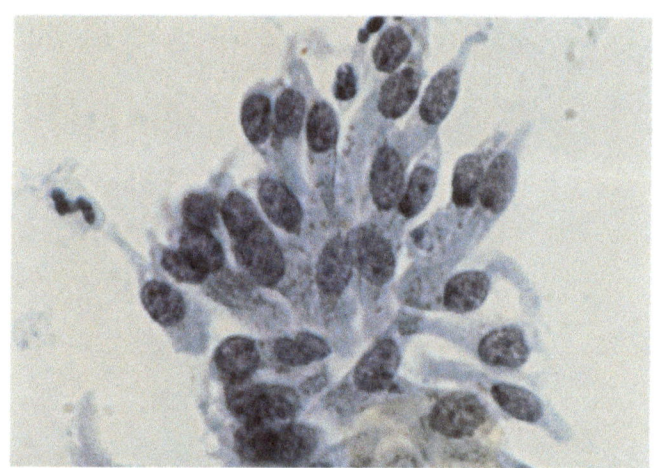

Abb. 53b. Gleicher Fall bei stärkerer Vergrößerung: Mittelgradige Chromatinverdichtung und betonte Nucleolen, kein Anhalt für Malignität. ×630

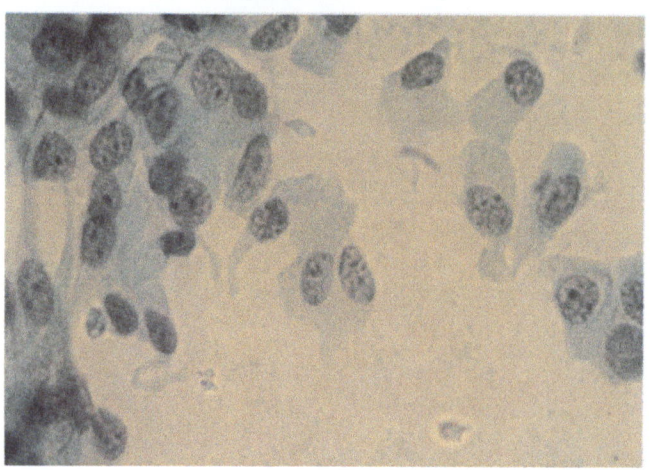

Abb. 54. Lockerer Zellverband von Urothelien aus der oberen Schicht (Superfizialzellen): Reichlich entwickeltes Zytoplasma mit teilweise 2 Zellkernen, lockeres Chromatin, betonte, aber nicht prominente Nucleolen. ×400

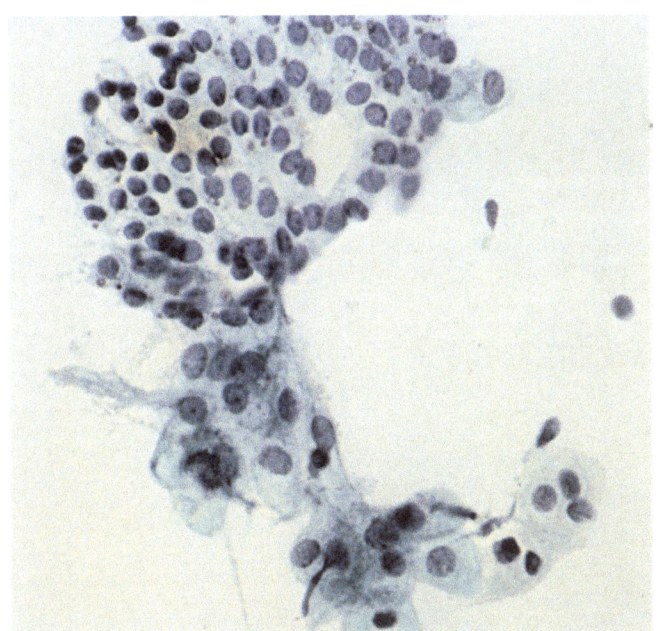

Abb. 55a. Prostataepithelverband mit plattenepithelialer Metaplasie in der unteren Hälfte. ×400

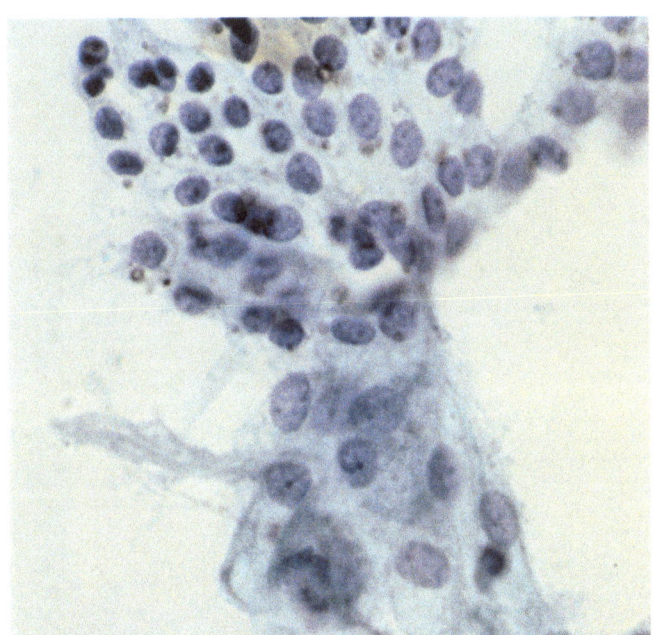

Abb. 55b. Gleicher Fall bei stärkerer Vergrößerung: Die Zellkerne der metaplastischen Epithelien sind größer als die Prostatazellkerne. Gering betonte Nucleolen, Zyanophilie des Zytoplasmas. ×630

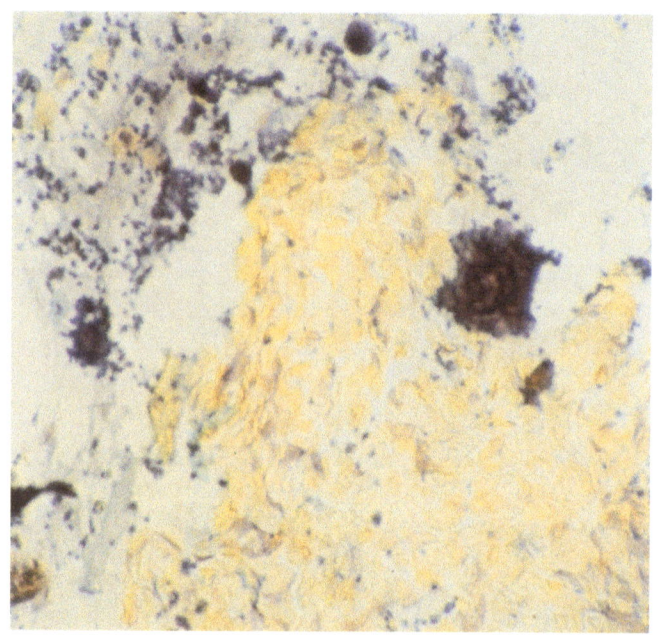

Abb. 56a. Massive Ansammlung von Hornlamellen. ×100

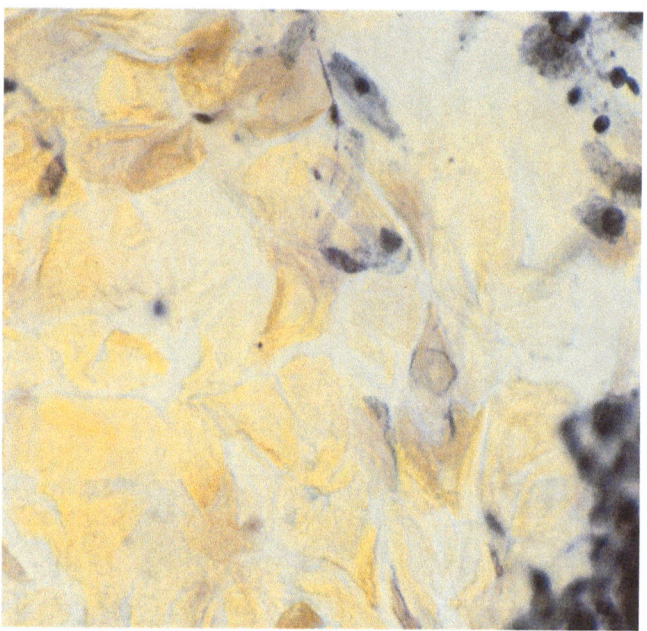

Abb. 56b. Gleicher Fall bei stärkerer Vergrößerung. ×400

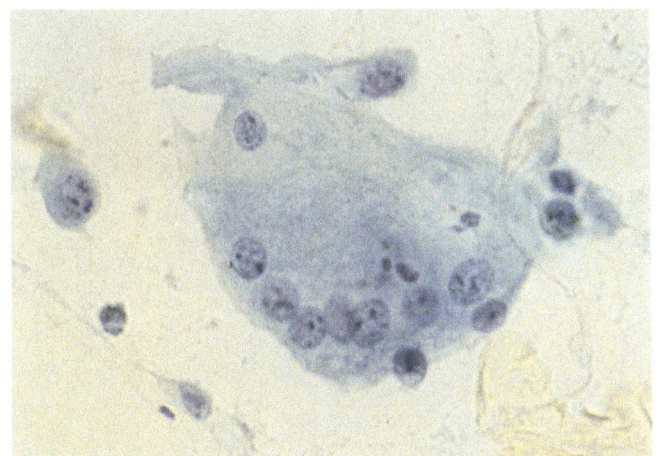

Abb. 57. Großer, mehrkerniger Histiozyt vom Langhans-Typ mit phagozytierten Kerntrümmern. ×400

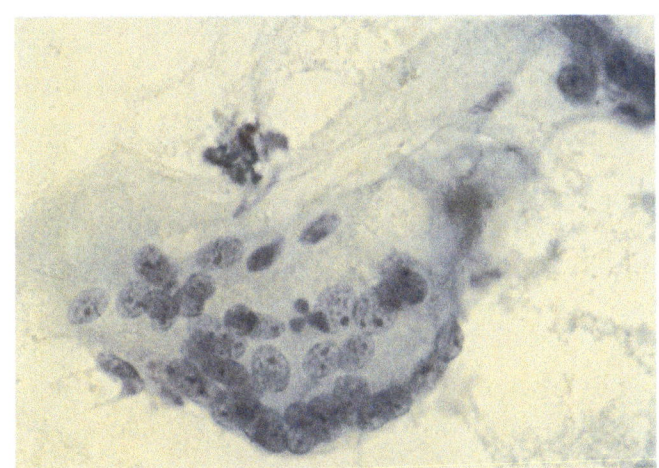

Abb. 58. Großer, vielkerniger Histiozyt. Zellkerne mit auffällig betonten bis gering prominenten Nucleolen, jedoch locker-granulärem Chromatin und stets scharf gezeichneten Kernmembranen (vergl. Abb. 57). ×400

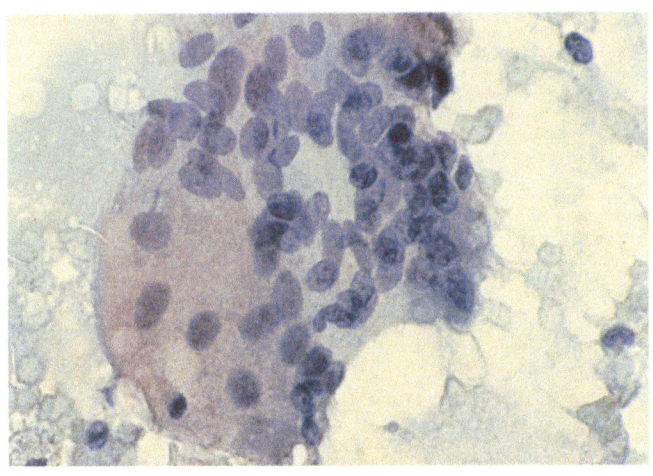

Abb. 59. Vielkerniger, teils autolytisch veränderter Histiozyt, erkennbar an den sehr deutlich abgezeichneten Kernmembranen und dem reichlich entwickelten Zytoplasma. ×400

6 Artefakte

Häufigster Artefakt ist die *Autolyse des Zellmaterials*. Bei der Spray- bzw. Naßfixierung für die anschließende Färbung des Präparats nach Papanicolaou ist die Fixierung innerhalb von wenigen Sekunden (!) nach dem Ausstreichen des Aspirats zur Vermeidung auch geringster autolytischer Veränderungen entscheidend (s. Kap. 1.8, S. 12).

Folgen schlechter Fixierung:

- Das *Zytoplasma* verblaßt erheblich und wird schlierig-wäßrig, die Zellgrenzen sind verwaschen oder nicht mehr nachweisbar (**Abb. 60**). Bei völligem Zytoplasmaschwund sind nur noch die nackten Kerne dargestellt (**Abb. 61**).
- Die *Zellkerne* quellen infolge der Autolyse und werden entsprechend größer; die Kernformen werden irregulär, teils polygonal (**Abb. 60, 61**). Das Chromatin erscheint homogen, strukturlos; es kann sogar zu regelrechten Chromatinaggregaten kommen (**Abb. 60b**).
- Die *Nucleolen* sind nicht mehr beurteilbar (**Abb. 60b**). Bei ausgeprägter Autolyse ist wegen der starken Veränderungen des Zellkernes eine auch nur annähernd tragfähige Diagnose nicht mehr möglich. Lediglich die Art der *Kernlagerung* und ihre *Dichte* können Anhaltspunkte dafür geben, daß der Zellverband zumindest nicht aus normalen Epithelien besteht.

Bei der Befundung autolytisch erheblich veränderter Präparate ist unbedingt zu vermerken, daß infolge der Autolyse eine sichere Beurteilung des Zellmaterials nicht möglich und deshalb eine erneute Aspirationsbiopsie zu empfehlen ist!

Bei nur mäßigen autolytischen Veränderungen dagegen sind Differenzierungen durchaus möglich, wie etwa bei der klassischen Struktur der vielkernigen histiozytären Riesenzelle (Makrophage, **Abb. 59**) oder Epithelien der Rektumschleimhaut, die aufgrund ihrer Form und der basalständigen Kerne (**Abb. 62**) teils noch gut, teils jedoch nur schwer der Rektumschleimhaut zuzuordnen sind (**Abb. 63**).

Die Beurteilung von Zellkernen behandelter Karzinome sowie deren Abgrenzung von Histiozyten ist allerdings selbst bei nur mäßiger Autolyse *nicht zuverlässig* möglich (**Abb. 64, 65**).

Urothelien aus der tiefen Schicht lassen sich bei geringer Autolyse, auch wenn sie nicht optimal erhalten sind, anhand ihrer charakteristischen Zytoplasmafigur und den basal- oder mittelständigen Zellkernen gut identifizieren (**Abb. 67**).

Wird beim *Ausstreichen des Prostataexprimats* zu starker Druck auf die beiden Objektträger ausgeübt, können die Zellkerne der Prostataepithelien nicht nur deformiert, sondern regelrecht in die Länge gezogen werden, so daß linien- oder fadenartige Gebilde innerhalb der Verbände entstehen (**Abb. 68, 69**). Diese Artefakte sind umso stärker ausgeprägt, je atypischer die Prostataepithelien sind, und finden sich daher vorwiegend beim Prostatakarzinom. Je höher der Malignitätsgrad ist, desto empfindlicher sind die Zellkerne für Beschädigungen etwa durch den Ausstrich (**Abb. 69**). Da solche Artefakte aber fast ausschließlich herdförmig vorkommen, wird die Diagnostik kaum beeinflußt.

Differentialdiagnostisch müssen Spermien in Erwägung gezogen werden, die jedoch anhand des gut erkennbaren Spermienkopfes und meist zusätzlich nachweisbarer Verbände von Samenblasenepithel einwandfrei differenziert werden können.

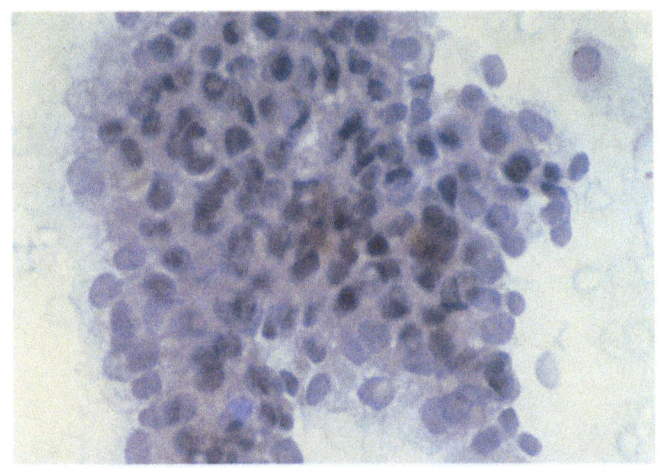

Abb. 60a. Infolge unzureichender Fixierung autolytischer Prostataepithelverband. Die Kernstrukturen können nicht mehr zuverlässig beurteilt werden. ×400

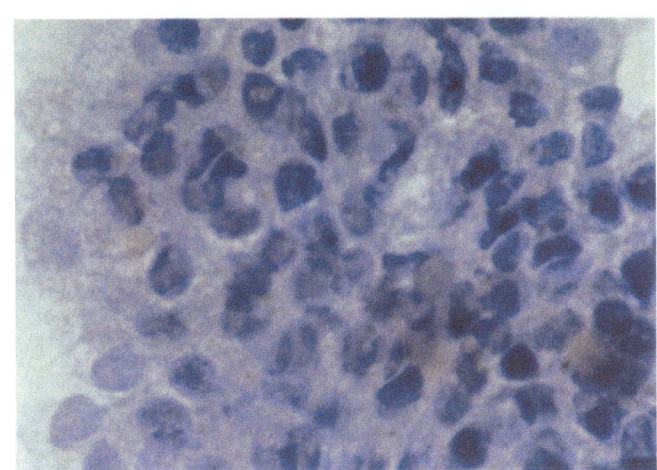

Abb. 60b. Gleicher Fall bei stärkerer Vergrößerung. ×630

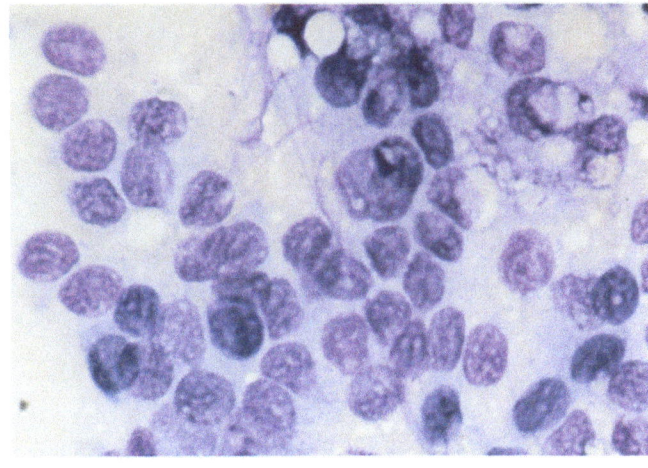

Abb. 61. MGG-gefärbter Prostataepithelverband nach zu kurzer Lufttrocknung: Die Kerne teils ohne Zytoplasma und mit Schrumpfungserscheinungen der Chromatinstruktur. ×630

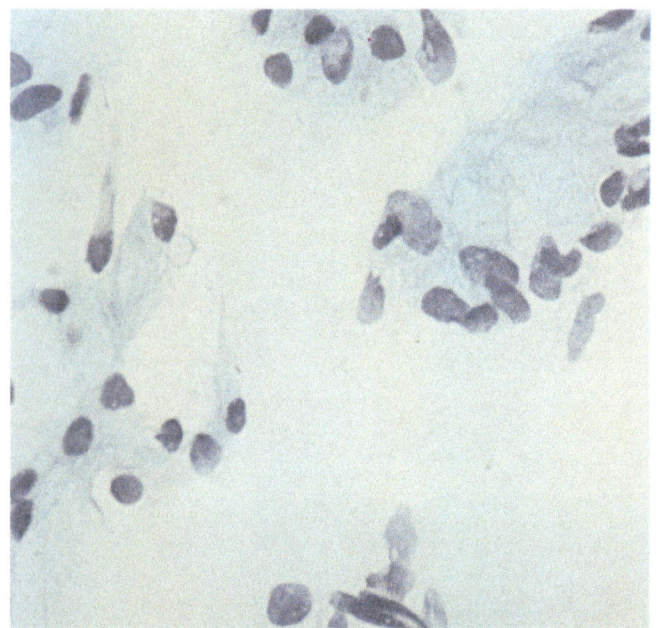

Abb. 62. Kleinere Komplexe partiell autolytischer Rektumschleimhautepithelien mit rund-ovalären, basalständigen Zellkernen und balloniertem Zytoplasma. ×400

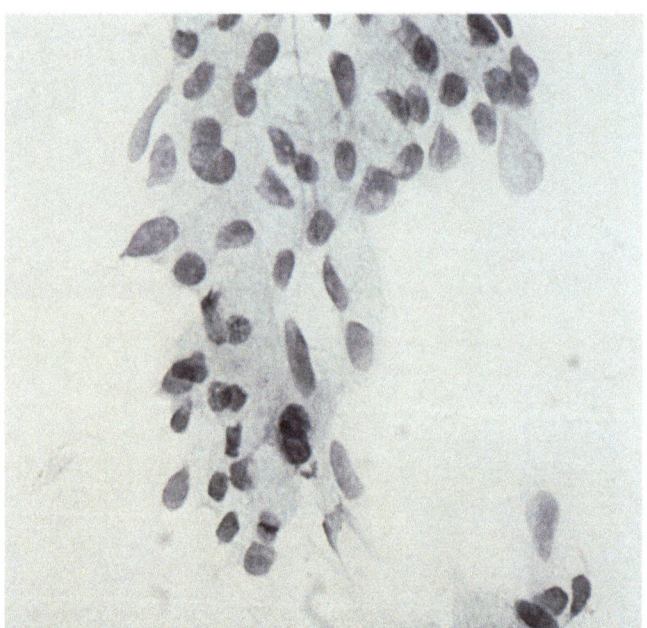

Abb. 63. Verband teils autolytischer Rektumschleimhautepithelien, deren Zuordnung nur noch sehr schwer möglich ist. ×400

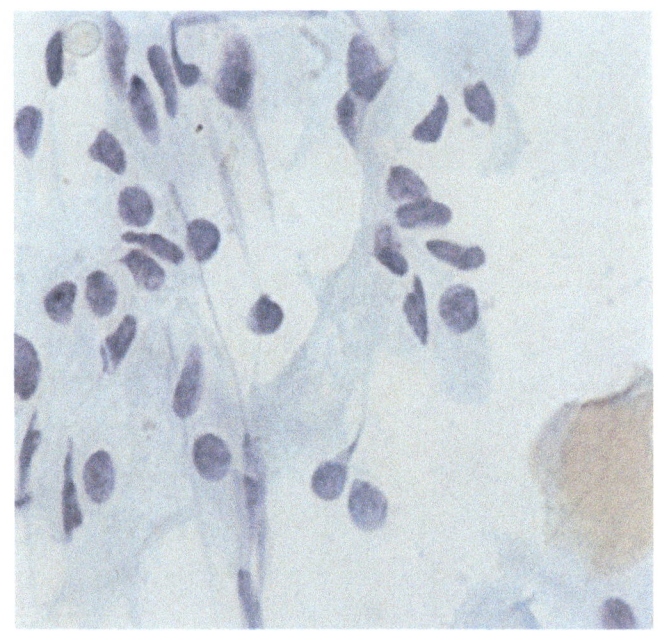

Abb. 64. Partiell autolytischer Prostataepithelverband nach Hormontherapie. Wegen der nicht beurteilbaren Kernstrukturen ist eine Bestimmung des Regressionsgrades nicht möglich. ×400

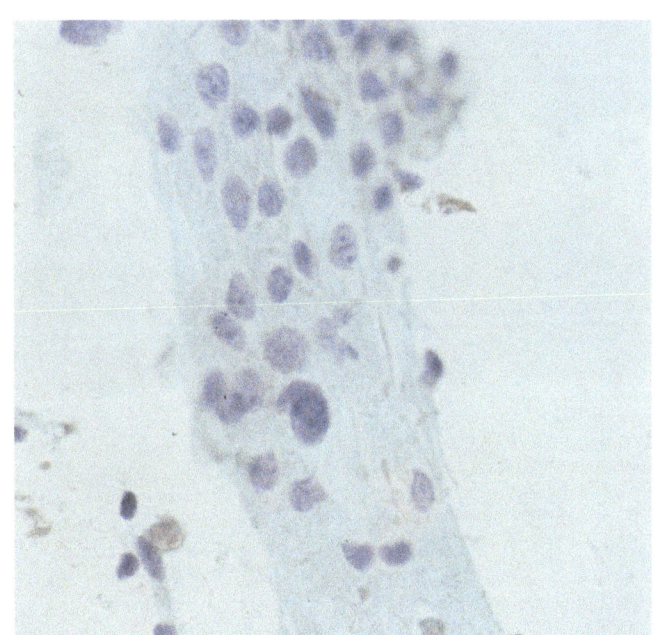

Abb. 65. Partiell autolytischer Zellverband bei hormonell behandeltem Prostatakarzinom: Differentialdiagnostisch kann nicht sicher zwischen einem regressiv veränderten Karzinomverband mit deutlicher Rarefizierung der Kerne und einer vielkernigen histiozytären Riesenzelle unterschieden werden. ×400

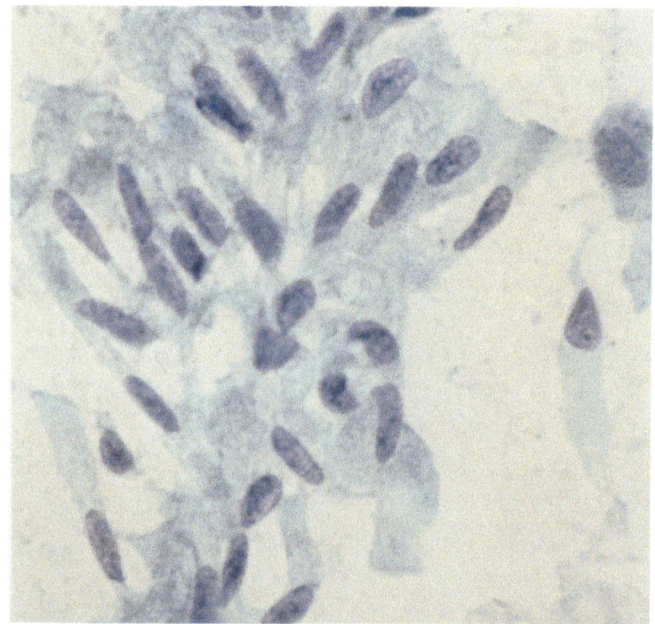

Abb. 66. Oberflächlich autolytisch veränderter Verband von Urothelien aus der tiefen Schicht: Rund-ovaläre Kernform, Basalständigkeit der Kerne, schwanzartige Zytoplasmaausläufer. ×400

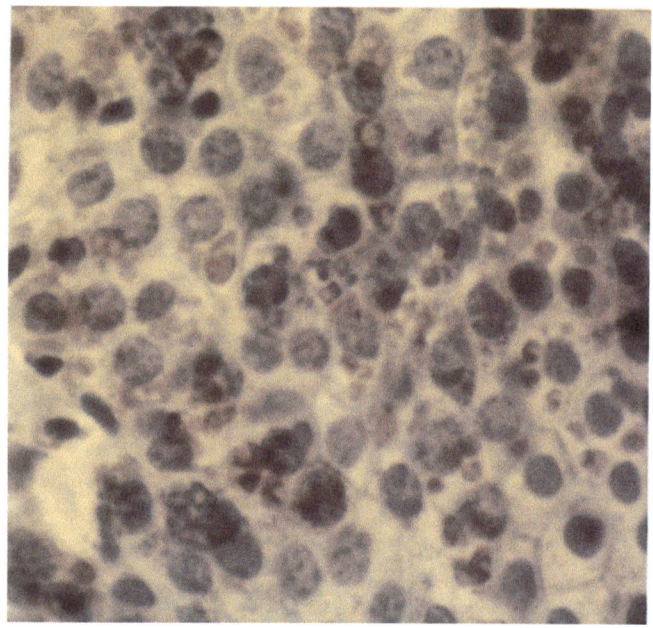

Abb. 67. Reichlich vorhandene intrazytoplasmatische Granula der Prostataepithelien. ×630

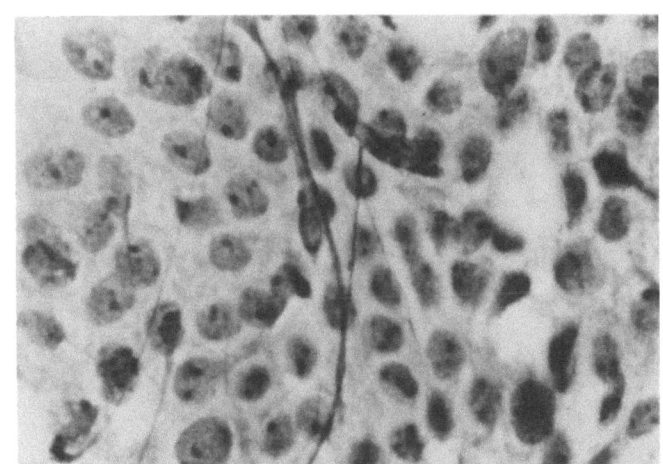

Abb. 68. Quetschartefakte: Lange, fadenförmige Kernauszüge bei Grad-III-Prostatakarzinom, die die Diagnose jedoch nicht beeinträchtigen. × 400

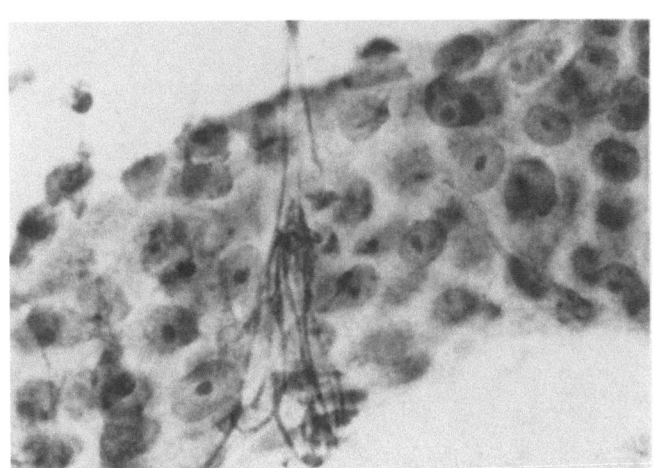

Abb. 69. Quetschartefakte: Grad-III-Karzinom mit zahlreichen kurzen, fadenförmigen Kernauszügen. Die Diagnose ist nicht beeinträchtigt. Ölimm., × 540

7 Primäre Karzinomdiagnostik

Die Zytologie hat in der Primärdiagnostik des Prostatakarzinoms zwei Forderungen zu erfüllen:

- *Sicherung der Diagnose,*
- *Festlegung des Malignitätsgrades (Grading).*

7.1 Methodische Zuverlässigkeit

Ob ein Prostatakarzinom bei suspektem Tastbefund zytologisch tatsächlich bestätigt werden kann, hängt von der Erfahrung des Klinikers mit der palpatorischen Beurteilung der Prostata und von der Beherrschung der Aspirationstechnik durch den Untersuchenden ab.

Dies wird durch die in jüngster Zeit von ESPOSTI (1982) in Zusammenarbeit mit Zytologen und erfahrenen Urologen erzielten Ergebnisse illustriert:

- Bei *„karzinomtypischem" Tastbefund* wurde die klinische Diagnose auch zytologisch in *98%* der Fälle bestätigt;
- bei *„suspektem" Tastbefund* wurde noch in *68%* der Fälle ein Karzinom nachgewiesen;
- bei *„atypischem" Tastbefund* konnte nur bei *17%* ein Karzinom gesichert werden.

Dieser unter optimalen Bedingungen erzielten Übereinstimmung von Tastbefund und zytologisch nachweisbarem Karzinom stehen die Zahlen großer Serien gegenüber, in denen bei klinisch suspektem oder palpatorisch scheinbar karzinomtypischem Tastbefund zytologisch nur in durchschnittlich 27% (17,4–44,9%) der Aspirate ein Karzinom gesichert werden konnte. Daneben fanden sich 54% (29–62%) *Normalbefunde* und 6% (3,7–10%) *karzinomverdächtige Befunde* (**Tabelle 7**).

Bei den in diesen Serien nicht gesondert aufgeführten Befunden der restlichen Biopsien handelt es sich vor allem um eine nicht unerhebliche Zahl (20%) von entzündlichen Veränderungen und um nicht auswertbare Präparate infolge unzureichenden oder schlecht verarbeiteten Materials (0,7–60%) (**Tabelle 1**, S. 3).

Durch *Stanzbiopsie* dagegen wurde in den in **Tabelle 8** dargestellten Serien bei klinisch „suspektem" Tastbefund in durchschnittlich 39,6% (25–52%) der Fälle in der histologischen Untersuchung ein Karzinom nachgewiesen. In diesen Serien wird allerdings die Zahl histologisch „verdächtiger" oder „entzündlicher" Befunde meist nicht vermerkt. Daraus ergibt sich eine scheinbare Überlegenheit der Stanzbiopsie gegenüber der Aspirationsbiopsie, die auf mehreren Faktoren beruht:

- Wegen der niedrigen Komplikationsrate und der geringeren Belastung des Patienten wird die Aspirationsbiopsie zweifellos bei nur sehr bedingt suspekten Tastbefunden häufiger durchgeführt. Das erklärt den ungewöhnlich hohen Anteil der verschiedenen Prostatitisformen (S. 165).
- Die Aspirationsbiopsie ist nicht nur technisch schwieriger, sondern die zytologische Beurteilung kann auch durch die fehler-

Tabelle 7. Ergebnisse der zytologischen Primärdiagnostik karzinomverdächtiger Tastbefunde der Prostata in repräsentativen Serien

Autoren	Jahr	n	Zytologie					
			Normalbefund		Karzinomsuspekt		Karzinom	
			n	(%)	n	(%)	n	(%)
FAUL	1975	1382	401	(29,0)	138	(10,0)	358	(26,0)
DROESE u. Mitarb.	1976	288	200	(69,4)	19	(6,6)	50	(17,4)
EPSTEIN	1976	118	62	(52,5)	3	(2,6)	53	(44,9)
ACKERMANN u. MÜLLER	1977	645	386	(59,8)	36	(5,6)	179	(27,7)
BISHOP u. OLIVER	1977	182	113	(62,1)	–	–	37	(19,7)
MELOGRANA u. Mitarb.	1982	87	49	(56,3)	–	–	19	(21,8)
ESPOSTI	1982	4630	2780	(60,0)	325	(7,0)	1410	(30,5)
Eigenes Material	1982	1086	499	(46,0)	40	(3,7)	315	(29,0)

hafte Bearbeitung (Ausstrich und Fixierung) des Präparats durch den Untersuchenden vereitelt werden **(Tabelle 1)**. Diese Fehlerquelle entfällt bei technisch gelungener Stanzbiopsie, da das Präparat keiner weiteren Bearbeitung bedarf.

- Da die Stanzbiopsie für den Patienten wesentlich unangenehmer ist und eine weitaus höhere Komplikationsrate als die Aspirationsbiopsie hat, wird sie zumindest in der Praxis nur bei begründetem Verdacht auf ein Prostatakarzinom durchgeführt.

- Wird die Indikation für die Stanzbiopsie auf wenig suspekte Befunde erweitert, so *entspricht die Rate positiver Karzinombefunde* mit 22% (33/149) – bei einer hohen Komplikationsrate von 35% (101/306) – derjenigen der Aspirationsbiopsie oder *liegt sogar darunter* (BISSADA u. Mitarb., 1977).

Die *Zuverlässigkeit der Aspirationsbiopsie* in der zytologischen Primärdiagnostik des Prostatakarzinoms beträgt, gemessen am histologischen Ergebnis von Stanzbiopsien, durchschnittlich 82% (47,4–96%) **(Tabelle 9)**, während die *der Stanzbiopsie* mit

Tabelle 8. Häufigkeit histologisch nachgewiesener Karzinome bei suspektem Tastbefund in großen Serien transrektaler und transperinealer Stanzbiopsien

Autoren	Jahr	n	Positive Histologie	
			n	(%)
KAUFMAN u. SCHULTZ[a]	1962	656	250	38
FORTUNOFF[a]	1962	286	75	26
SIKA u. LINDQUIST[a]	1963	300	129	43
BARNES u. NINAN	1972	217	78	36
ZINCKE u. Mitarb.	1973	342	177	52
ACKERMANN u. MÜLLER[a]	1977	642	235	37
BISSADA	1977	306	151	49
LEISTENSCHNEIDER u. NAGEL	1978	977	351	36

[a] Transperineale Stanzbiopsien

80–90% angegeben wird (BISSADA u. Mitarb., 1977).

Da eine zytologisch oder histologisch negative Biopsie ein Karzinom *nicht* ausschließt, muß bei klinisch weiterhin bestehendem Karzinomverdacht die Biopsie wiederholt werden. Mit einer erneuten Aspirationsbiopsie kann das klinisch vermutete Karzi-

Tabelle 9. Sensitivität der Prostatazytologie in der primären Karzinomdiagnostik bei histologisch gesichertem Karzinom

Autoren	Jahr	Sensitivität (%)
ESPOSTI	1966	89,6
EKMAN u. Mitarb.	1967	90,2
KAULEN u. Mitarb.	1973	96,2
FAUL	1975	93,0
DROESE u. Mitarb.	1976	47,4
EGLE u. Mitarb.	1976	97,5
BISHOP u. OLIVER	1977	74,0
ACKERMANN u. MÜLLER	1977	68,9
LEISTENSCHNEIDER	1981	85,6
MELOGRANA u. Mitarb.	1982	80,0
ESPOSTI	1982	94,0

Tabelle 10. Zunahme der Sensitivität der Prostatazytologie durch Wiederholungsbiopsie

Autoren	Jahr	Positiv bei Zweitbiopsie
FAUL	1975	14 %
DROESE u. Mitarb.	1976	6,4%
ACKERMANN u. MÜLLER	1977	2,0%
ESPOSTI	1982	9,1%

nom zytologisch in durchschnittlich 7,8% (2–14%) gesichert werden **(Tabelle 10)**, während die entsprechende Diagnosesicherung durch eine zweite Stanzbiopsie mit durchschnittlich 6,3% angegeben wird (GRAYHACK u. BOCKRATH, 1981).

Nicht selten ist die zytologische Sicherung eines Karzinoms bereits bei der *Primäraspiration* möglich, wie in der Literatur und durch eigene Beobachtungen belegt wird, während das Karzinom bei demselben Patienten erst durch eine *2. oder 3. Stanzbiopsie* festgestellt wird (DROESE u. Mitarb., 1967; EKMAN u. Mitarb., 1967).

Bei 140 zytologisch und histologisch nachgewiesenen Karzinomen konnte FAUL (1975) die Diagnose bei der Erstuntersuchung *zytologisch* in 83% sichern, wogegen dies *histologisch* durch Stanzbiopsie nur in 70% möglich war. Wir selbst konnten in 11 von 12 Fällen das Karzinom *zytologisch* durch die Primäraspiration nachweisen, es *histologisch* jedoch bei den 11 Patienten erst in der 2. bzw. 3. Stanzbiopsie sichern.

Für die Klinik von weitaus größerer Bedeutung als ein primär nicht gelungener Karzinomnachweis durch die Biopsie ist die Rate falsch-positiver zytologischer Diagnosen.

Die *Rate falsch-positiver Befunde* ist mit 0,8% (1/113; BISHOP u. OLIVER, 1977), 2% (5/210; ESPOSTI, 1982) und 0,18% (2/1086 im eigenen Untersuchungsmaterial) sehr gering, bedarf aber näherer Differenzierung.

Die von ESPOSTI (1982) publizierten, zytologisch scheinbar falsch-positiven Befunde (5/210) ergaben sich aus dem Vergleich mit der histologischen Untersuchung von Prostataresektaten (4 ×) bzw. der perinealen Stanzbiopsie (1 ×).

In keinem der 5 Fälle aber widersprach die klinische Verlaufsbeobachtung der primären, zytologisch positiven Karzinomdiagnose!

Eine zuverlässige Aussage über die Gefahr falsch-positiver zytologischer Befunde ist nur im Vergleich mit Präparaten möglich, die durch radikale Prostatektomie gewonnen wurden. Hierzu gibt es bisher allerdings kaum Vergleichsuntersuchungen.

ESPOSTI (1982) berichtete über 18 Patienten mit lokal begrenztem, *ausschließlich* zytologisch gesichertem Karzinom, das nach radikaler Prostatektomie auch histologisch in allen Fällen bestätigt wurde. KAUFMAN u. Mitarb. (1982) haben bei 2 Patienten mit präoperativ positiver Aspirationsbiopsie, jedoch negativer Stanzbiopsie (!) nach radikaler Prostatektomie die zytologische Diagnose histologisch bestätigt.

Zusammenfassend läßt sich aufgrund der bislang publizierten Ergebnisse die Zuverlässigkeit der Aspirationsbiopsie für die Primärdiagnostik des Prostatakarzinoms wie folgt definieren:

- Ein eindeutig positiver zytologischer Befund bei gleichzeitig negativem histologischem Ergebnis der Stanzbiopsie kann bei korrekter Gewinnung und Verarbeitung des Aspirats und bei Beurteilung durch einen in der Zytodiagnostik der Prostata Erfahrenen nicht mehr als falsch-positive zytologische Diagnose „verworfen" werden.

- Ein zytologisch suspekter oder negativer Befund erfordert bei klinisch weiterhin bestehendem Karzinomverdacht ebenso eine erneute Biopsie, wie dies unter entsprechenden Voraussetzungen für eine primär negative Stanzbiopsie gilt!

7.2 Zytologische Kriterien des Prostatakarzinoms

Die zytologische Diagnose eines Prostatakarzinoms basiert auf der Beurteilung von spezifischen Veränderungen an der *Zelle* selbst und am *Zellkern*, wobei den Veränderungen des Zellkernes die entscheidende Bedeutung zukommt.

Die wichtigsten Parameter für die Diagnose und das Malignitätsgrading sind:

Struktur der Zellverbände
Lagerung der Zellkerne
Größe und Form der Zellkerne
Größe und Form der Nucleolen
Chromatinstruktur
Struktur der Kernmembran

7.2.1 Struktur der Zellverbände

Veränderungen in der Struktur der Zellverbände sind bereits bei Durchmusterung des Präparats mit geringer Vergrößerung (100fach) zu erkennen. Die Zellverbände sind in den Randgebieten meist nicht mehr glatt begrenzt, sondern weisen gegenüber Normalbefunden oder geringen bis mittelgradigen Atypien eine unterschiedlich starke Ablösung von Zellen auf. Dementsprechend sind die Zellgrenzen nur noch zum Teil oder gar nicht mehr erkennbar, und das Zytoplasma wird basophiler **(Abb. 71)**.

7.2.2 Veränderungen des Zellkernes

7.2.2.1 Lagerung

Auch die Lagerung der Zellkerne läßt sich bereits in der Übersichtsmusterung des Aspirats beurteilen. Charakteristisch für ein Karzinom ist die unterschiedlich stark ausgeprägte Störung der Kernordnung; die Kerne liegen, zumindest in Teilen der Karzinomverbände, nicht mehr geordnet nebeneinander **(Abb. 71, 75, 81, 82)**.

Gegenüber der *Einschichtigkeit* und *regelhaften Lage* eines Normalverbandes führt die Störung der Struktur maligner Zellverbände häufiger zu einer *Übereinanderschichtung der Zellkerne*. Je höher der Malignitätsgrad, desto stärker nimmt auch die Ordnung des Zellverbandes und der Kerne ab **(Abb. 84, 85, 104)**.

Eine pseudoacinöse Anordnung der Zellkerne kann zum Bild der sog. „Mikroadenome" führen, die zwar typisch, jedoch nicht spezifisch für das hochdifferenzierte Karzinom (ESPOSTI, 1966, 1982; FAUL, 1975; STAEHLER u. Mitarb., 1975) und nach unserer Erfahrung häufiger in MGG-gefärbten Präparaten nach vorangegangener Lufttrocknung als in spray-fixierten, nach Papanicolaou gefärbten Präparaten zu beobachten sind **(Abb. 73, 74)**.

Diese bereits in der Übersichtsbeurteilung des Präparats offensichtlichen Strukturstörungen machen eine genaue Durchmusterung des gesamten Präparats mit 400- oder 500facher Vergrößerung zwingend erforderlich, da in einem nach Papanicolaou gefärbten Präparat nur bei dieser Vergrößerung die für die Karzinomdiagnose entscheidenden Kernstrukturen sicher beurteilt werden können.

Aufgrund der hohen Transparenz der Papanicolaou-Färbung ist eine optimale Differenzierung gerade der zytologisch bedeutsamen Parameter des Zellkernes möglich.

7.2.2.2 Größe und Form

Die Zellkerne sind stets größer als in normalen (Abb. 29a) oder gering bis mittelgradig atypischen Zellen (Abb. 70, 71a). Da bei weniger ausgedehnten Karzinomen immer auch normale Epithelverbände sichtbar sind, wird die Diagnose durch einen Vergleich der unterschiedlichen Kerngrößen erleichtert.

Die *Kerngröße* variiert in den meisten Fällen verschieden stark (Abb. 71a, 72, 82). Mit zunehmendem Malignitätsgrad kommt es zu einer echten *Kernpolymorphie* mit Lobulierung der Kerne, die zudem leichter lädierbar werden, so daß Quetschartefakte häufiger zu beobachten sind (Abb. 105, 109).

Die normale *runde Kernform* verändert sich ebenfalls mit steigender Entdifferenzierung über *ovaläre* und *trianguläre* bis hin zu *polygonalen* Formen (Abb. 105b, 108, 110).

Mitosen sind selten, jedoch beim behandelten Prostatakarzinom mit zunehmender Therapieresistenz öfter nachzuweisen. Sie sind *kein* Kriterium für die Primärdiagnose (Abb. 107).

7.2.2.3 Nucleolus

Die Nucleolen sind immer *prominent!* Mit steigendem Malignitätsgrad ändert sich jedoch ihre Form und Zahl. Während sie bei gut differenzierten Karzinomen im wesentlichen *rund* sind und sich nur 1–2 Nucleolen pro Kern finden (Abb. 70, 71), deutet eine *Entrundung* (Abb. 86b, 87) (keilförmig, triangulär, stiftförmig) und eine *Zunahme pro Zellkern* (Abb. 105b, 107) auf einen höheren bis hohen Malignitätsgrad hin.

7.2.2.4 Chromatin

Das Kernchromatin ist stets verdichtet und weist bei zunehmender Entdifferenzierung eine unregelmäßige Verteilung auf, so daß es oft schollig erscheint. Infolge der erhöhten Chromatindichte ist die für Normalbefunde nach Papanicolaou-Färbung charakteristische Transparenz der Zellkerne beim Karzinom *nicht* mehr zu erkennen (Abb. 71b, 89b).

7.2.2.5 Kernmembran

Die Kernmembran läßt sich bei 500facher Vergrößerung oft nur unvollständig und bei hohem Malignitätsgrad in der Regel überhaupt nicht nachweisen. Lediglich bei Grad-I-Karzinomen kann sie noch größtenteils intakt sein (Abb. 81, 82).

Entscheidend für die Diagnose eines Prostatakarzinoms ist der Nachweis aller aufgeführten Parameter innerhalb der pathologischen Zellverbände. Herdförmig prominente Nucleolen, Kerngrößenvariationen und Chromatinverdichtungen innerhalb von sonst normalen Prostataepithelverbänden allein sind kein Beweis für ein Karzinom.

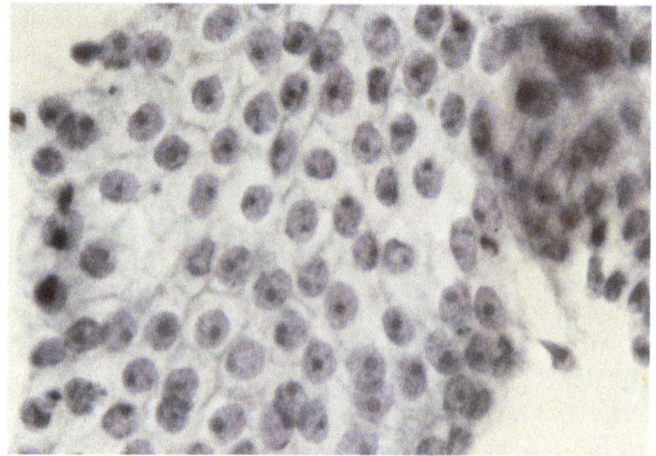

Abb. 70. Prostatakarzinom mit den typischen Kriterien: Verdichtetes Kernchromatin, prominente Nucleolen, vergrößerte Zellkerne. Kernpolymorphie und Störung der Kernordnung noch gering. ×400

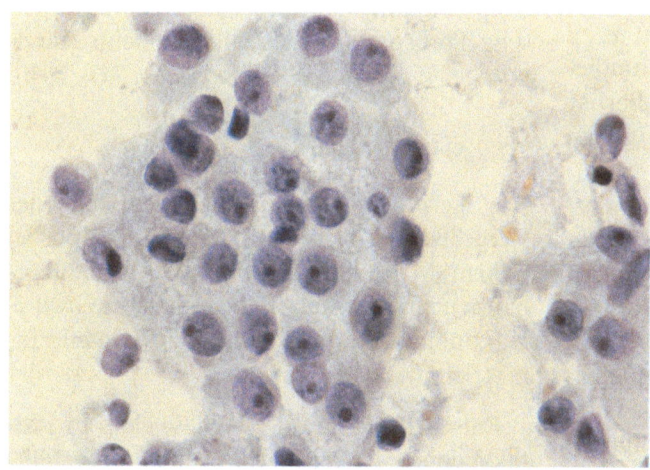

Abb. 71a. Zwei herdförmig gering dissoziierte Verbände eines Prostatakarzinoms mit etwas stärker ausgeprägter Kernpolymorphie und Störung der Kernordnung. Kernmembranen teils noch erkennbar. ×400

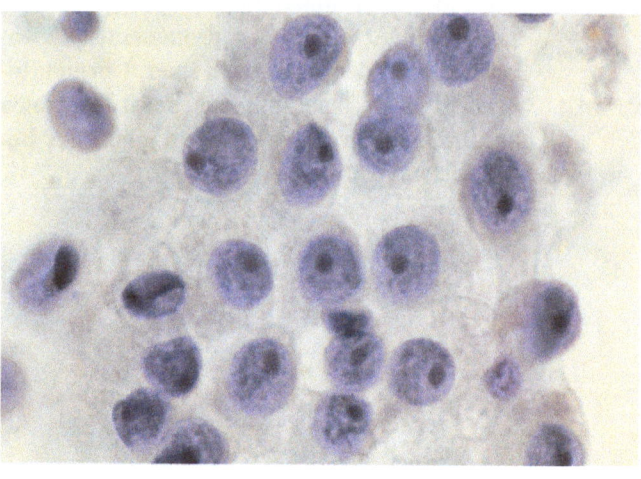

Abb. 71b. Gleicher Fall bei starker Vergrößerung: Starke Chromatinverdichtung und teils etwas schollige Chromatinstruktur sowie herdförmig beginnende Entrundung der stark prominenten Nucleolen. Ölimm., ×1000

Abb. 72. Verband eines Prostatakarzinoms neben ausgelaugten Erythrozyten: Deutliche Kernpolymorphie, Verdichtung des Chromatins und Prominenz der Nucleolen. Stellenweise mehr als 1 Nucleolus pro Kern. Deutliche Störung der Kernordnung. ×630

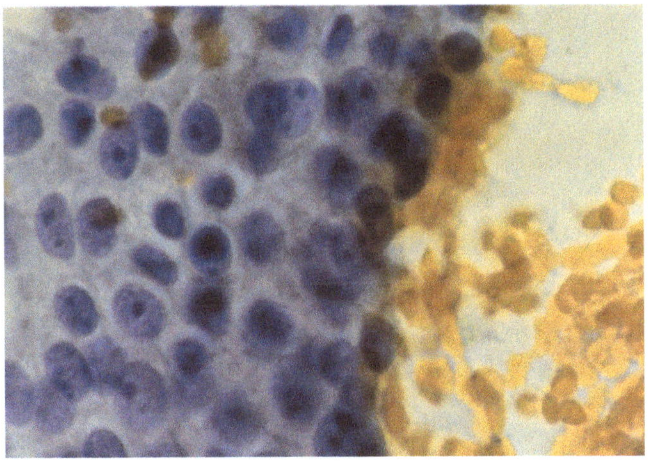

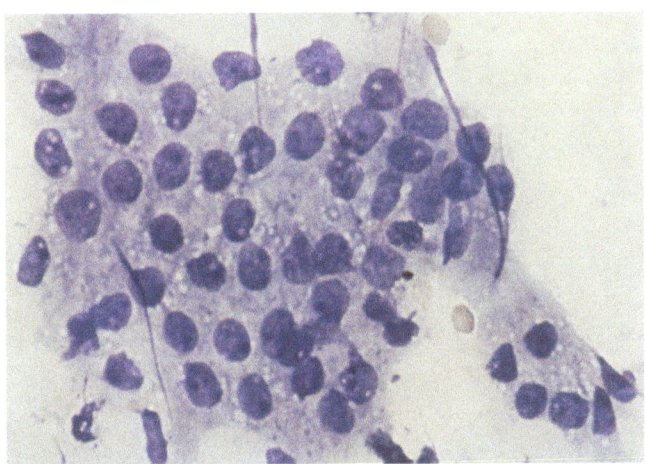

Abb. 73. Verband eines Prostatakarzinoms, gefärbt nach May-Grünwald-Giemsa: Mäßige Kernpolymorphie und Störung der Kernordnung sowie durchwegs prominente Nucleolen. Zentral sog. mikroadenomatöse Struktur. ×400

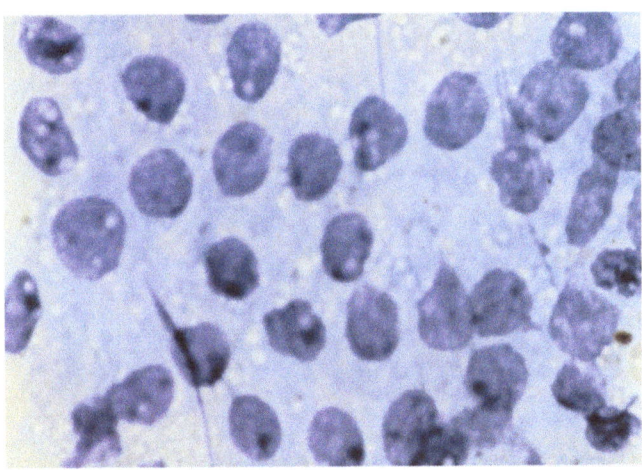

Abb. 74. Gleicher Verband bei stärkerer Vergrößerung. ×630

8 Grading des Prostatakarzinoms

8.1 Histologie

Die Klassifizierung des Prostatakarzinoms nach den von DHOM (1980) angegebenen Kriterien erfolgt unter Berücksichtigung struktureller Merkmale und wird weitgehend von der Architektur des Geschwulstwachstums (Drüsen, Stroma) bestimmt. Prinzipiell ist zwischen *uniform* und *pluriform* aufgebauten Prostatakarzinomen zu unterscheiden. Dabei überwiegen mit 54% die pluriformen Karzinome, während Sonderformen mit 2,3% sehr selten sind **(Tabelle 11)**.

Die Kombination dieser morphologisch-strukturellen Kriterien mit den Kriterien der Anaplasie ermöglicht ein reproduzierbares und prognostisch zuverlässiges histologisches Grading.

Definitionsgemäß bedeutet „Grading" die Einteilung von Tumoren aufgrund histologischer bzw. zytologischer Kriterien in Gruppen mit unterschiedlichem Malignitätspotential.

Ein allein auf der Beurteilung der *drüsigen Strukturen* des Karzinoms beruhendes Grading ist zwar möglich (GLEASON, 1966), seine interindividuelle Reproduzierbarkeit ist mit nur 67% jedoch unbefriedigend (HARADA u. Mitarb., 1977).

Auch beim *histologischen Grading* hat die Mitbeurteilung des Zellkerns eine entscheidende Bedeutung für die Prognose und damit für die Validität des Gradings (MOSTOFI, 1966; HARADA u. Mitarb., 1977; DHOM, 1980; BÖCKING, 1980, 1982; GAETA, 1981).

Die meisten Autoren ordnen die Prostatakarzinome 3 verschiedenen Graden der Malignität zu, die als G I bis G III bezeichnet werden.

Die von BÖCKING (1981) für das histologische Grading mit 3 Malignitätsgraden angegebenen Parameter wurden vom *„Pathologisch-Urologischen Arbeitskreis ‚Prostatakarzinom'"* im wesentlichen übernommen (MÜLLER u. Mitarb., 1980). Seine interindivi-

Tabelle 11. Histologische Klassifizierung des Prostatakarzinoms (DHOM, 1980)

		(%)
I. Gewöhnliches Prostatakarzinom		
A. Uniformes Muster		
1. Hochdifferenziertes Adeno-Ca	924	13,67
2. Niedrigdifferenziertes Adeno-Ca	1057	15,64
3. Kribriformes Ca	470	6,95
4. Undifferenziertes, solides Ca	526	7,78
B. Pluriformes Muster		
1. Hoch- und niedrigdifferenziertes Adeno-Ca	463	6,85
2. Kribriformes und solides Ca	408	6,04
3. Kribriformes Muster in anderen Typen	1707	25,26
4. Andere Kombinationen	1046	15,48
II. Sonderformen		
1. Endometrioides Ca	8	0,12
2. Urotheliales (Transitionalzell-) Ca	126	1,86
3. Plattenepithel-Ca	14	0,21
4. Schleimbildendes Ca	9	0,13
	6758	100,00

Tabelle 12. Histologisches Grading des Prostatakarzinoms (Pathologisch-Urologischer Arbeitskreis „Prostatakarzinom", 1980; Böcking, 1980)

Grad der Differenzierung		Grad der Kernanaplasie		Definition der Grade nach dem Score	
Hochdifferenziert	0	gering	0	Grad I	Score 0–1
Wenig differenziert	1	mäßig	1	Grad II	Score 2–3
Kribriform	2	stark	2	Grad III	Score 4–5
Solide	3				

duelle Reproduzierbarkeit beträgt 91% (Böcking u. Mitarb., 1982).

In **Tabelle 12** sind die diesem Grading zugrundeliegenden Parameter aufgeführt. In diesem System wird die entsprechend der drüsigen Differenzierung ermittelte Zahl mit der für den jeweiligen Grad der Kernanaplasie geltenden Zahl addiert. Aus der Summe (Score) ergibt sich dann der Malignitätsgrad (G I bis G III).

8.2 Zytologie

Das *zytologische Grading* kann wegen des vorgegebenen Materials nicht nach den Kriterien von Drüsenstruktur und Stroma, sondern ausschließlich aufgrund bestimmter Veränderungen von Zelle und Zellkern durchgeführt werden.

Wie für die Klassifizierung der Atypien gibt es auch hier verschiedene Grading-Systeme (Faul, 1975; Voeth u. Mitarb., 1978; Spieler u. Mitarb., 1976), von denen das Klassifizierungsschema von Esposti (1966, 1971, 1982) mit 3 Differenzierungsgraden zwar eine gute prognostische Validität, aber mit 61% bzw. 56% eine unzureichende interindividuelle Reproduzierbarkeit aufweist (Voeth u. Mitarb., 1978; Böcking, 1980).

Faul u. Mitarb. (1974, 1975, 1978) unterscheiden 4 Malignitätsgrade, fanden jedoch hinsichtlich der 3-Jahres-Überlebensrate lediglich zwischen Grad-I- und Grad-III- bzw. Grad-IV-Karzinomen wesentliche Unterschiede.

8.3 Zytologisches Grading ›des Pathologisch-Urologischen Arbeitskreises „Prostatakarzinom"‹

Dieses Grading besitzt die bisher höchste Validität und Reproduzierbarkeit (Müller u. Mitarb., 1980). Es lehnt sich eng an die 6 für das histologische Grading angegebenen Parameter an (Böcking, 1980, 1981). Diese Parameter haben sich durch Korrelation mit den prognostisch relevanten Kriterien des DNS-Verteilungsmusters der Tumorzellkerne bei verschiedenen Karzinomtypen als entscheidend für die Prognose von Prostatakarzinomen erwiesen.

Hierbei handelt es sich um folgende Merkmale:

mittlere Kerngröße
Kerngrößenvariabilität
mittlere Nucleolengröße
Nucleolenvariabilität (Größe, Form, Zahl)
Störung der Kernordnung
Zell- und Kerndissoziation

Kernpolymorphie, Kern-Plasma-Relation, Kernhyperchromasie bzw. Kernheterochromasie werden bei diesem Grading nicht berücksichtigt, da sie nicht mit der Prognose korrelieren (Böcking, 1981).

In **Tabelle 13** ist dieses Grading-System, das aufgrund seiner Standardisierung leicht erlernbar ist, dargestellt und mit den entsprechenden Malignitätsgraden G I bis G III versehen.

Tabelle 13. Zytologisches Grading des Prostatakarzinoms. (Pathologisch-Urologischer Arbeitskreis „Prostatakarzinom", 1980; BÖCKING, 1980, 1981)

	gering (1)	mittel (2)	stark (3)
1. Mittlere Kerngröße	(1)	(2)	(3)
2. Kerngrößenvariabilität	(1)	(2)	(3)
3. Mittlere Nucleolengröße	(1)	(2)	(3)
4. Nucleolenvariabilität (Größe, Form, Zahl)	(1)	(2)	(3)
5. Störung der Kernordnung	(1)	(2)	(3)
6. Zell- und Kerndissoziation	(1)	(2)	(3)

In einem Zellkomplex wird jeweils die Ausprägung der 6 Kriterien bewertet.
Die 6 Bewertungsziffern werden addiert.
Eine Summe (Score)
    von   6–10 entspricht Grad I
    größer 10–14 entspricht Grad II
    größer 14–18 entspricht Grad III

Die interindividuelle Reproduzierbarkeit beträgt 86% (MÜLLER u. Mitarb.).

Da über 50% der Prostatakarzinome pluriform aufgebaut sind (**s. Tabelle 11**), d.h. Abschnitte mit unterschiedlichen Differenzierungsgraden aufweisen, werden beim zytologischen Grading grundsätzlich die Zellkomplexe mit dem höchsten Malignitätsgrad ausgewertet und als endgültige Klassifizierung angegeben, da sie prognostisch entscheidend sind.

Entsprechend der Vereinbarung des „Pathologisch-Urologischen Arbeitskreises ‚Prostatakarzinom'" muß ein zytologischer Ausstrich, der sowohl G-III- als auch G-I-Anteile enthält, als „Prostatakarzinom, Grad III" eingestuft werden. Dieser Diagnose kann hinzugefügt werden, daß auch Anteile eines Grad-I-Karzinoms nachzuweisen waren. Die klinische Relevanz einer solchen Zusatzinformation ist jedoch gegenwärtig noch nicht zu beurteilen.

Bei elektronischer Datenverarbeitung der Befunde sollte die dem Malignitätsgrad zugrundeliegende Summe (Score) stets miterfaßt werden, da bisher noch nicht geklärt ist, ob und inwieweit sich Prostatakarzinome innerhalb eines Malignitätsgrades mit unterschiedlichem Score prognostisch unterscheiden; z.B. Grad I (Score 10) versus Grad I (Score 6).

Die Hinzufügung des Score zum Malignitätsgrad bei der zytologischen Diagnose kann dem Kliniker in Grenzfällen einen therapeutisch und prognostisch wesentlichen Hinweis geben. So wird etwa ein Prostatakarzinom Grad II mit Score 14 dem Kliniker aufgrund dieses Scores an der Grenze zu Malignitätsgrad III einen genaueren Eindruck des Karzinoms und seines möglichen Verlaufs vermitteln als die *alleinige* Angabe „Grad-II-Karzinom", das bei einem Score 11 prognostisch wahrscheinlich günstiger ist.

Wir selbst haben, bei zwei langjährig erfahrenen Untersuchern, mit diesem zytologischen Grading bei 50 Karzinomen mit verschiedenen Differenzierungsgraden eine *intraindividuelle Reproduzierbarkeit* von 92% und bei 42 Prostatakarzinomen eine *interindividuelle Reproduzierbarkeit* von 83% erreichen können.

Die meisten der nicht reproduzierbaren Grading-Zuordnungen waren Grenzbefunde zwischen Grad-I- und Grad-II- bzw. Grad-III-Karzinomen.

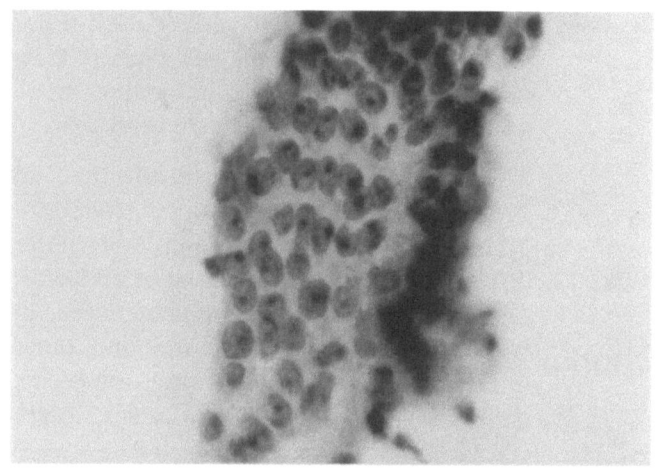

Abb. 75. Grad-I-Karzinom mit folgender Bewertung der 6 für das zytologische Grading entscheidenden Parameter: Mittlere Kerngröße 1; Kerngrößenvariabilität 1; mittlere Nucleolengröße 1; Nucleolenvariabilität 1; Störung der Kernordnung 2; Kerndissoziation 1. Score: 7, ×400

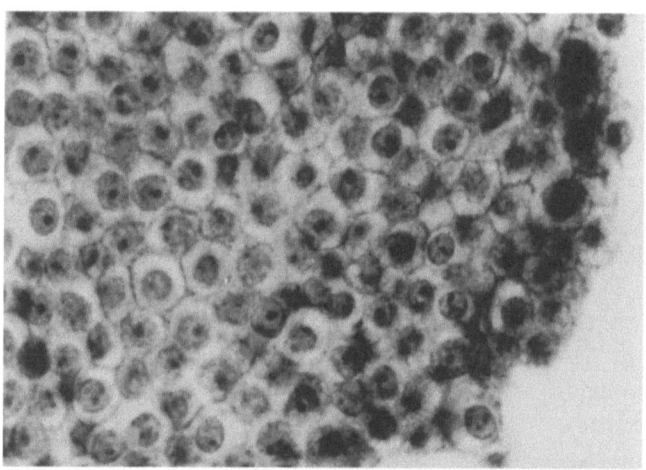

Abb. 76. Grad-I-Karzinom: Mittlere Kerngröße 2; Kerngrößenvariabilität 2; mittlere Nucleolengröße 1; Nucleolenvariabilität 2; Störung der Kernordnung 2; Kerndissoziation 1. Score: 10, ×400

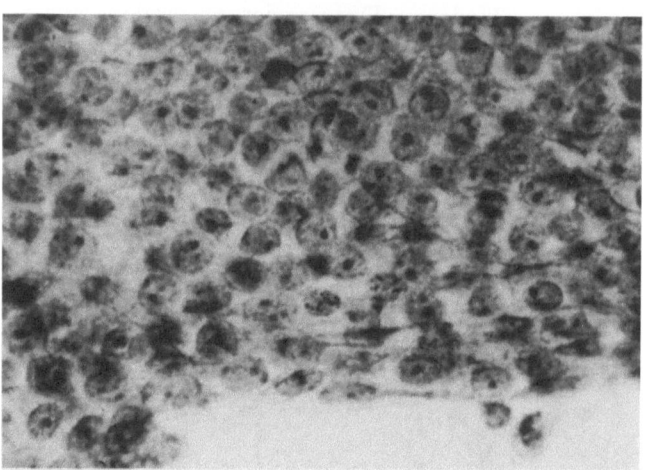

Abb. 77. Grad-I-Karzinom: Mittlere Kerngröße 2; Kerngrößenvariabilität 2; mittlere Nucleolengröße 1; Nucleolenvariabilität 2; Störung der Kernordnung 2; Kerndissoziation 1. Score: 10, ×400

Abb. 78. Grad-I-Karzinom: Mittlere Kerngröße 1; Kerngrößenvariabilität 1; mittlere Nucleolengröße 1; Nucleolenvariabilität 2; Störung der Kernordnung 2; Kerndissoziation 1. Score: 8, ×400

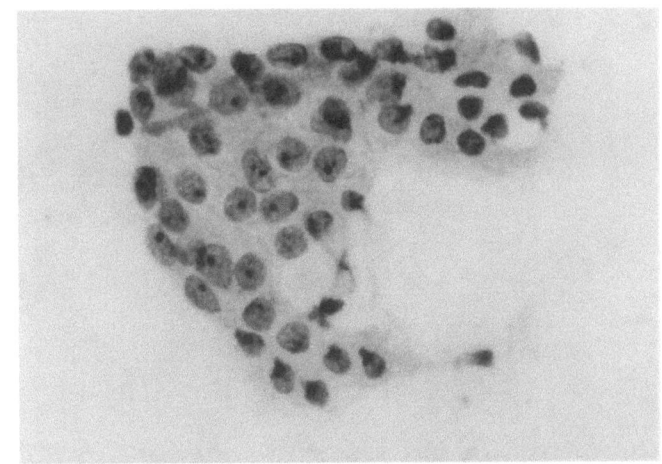

Abb. 79. Grad-I-Karzinom: Mittlere Kerngröße 1; Kerngrößenvariabilität 1; mittlere Nucleolengröße 1; Nucleolenvariabilität 3; Störung der Kernordnung 2; Kerndissoziation 1. Score: 9, ×400

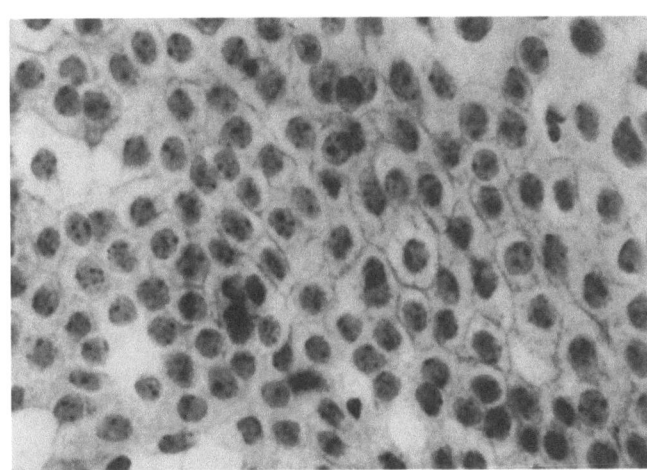

Abb. 80. Grad-I-Karzinom: Mittlere Kerngröße 2; Kerngrößenvariabilität 2; mittlere Nucleolengröße 1; Nucleolenvariabilität 1; Störung der Kernordnung 2; Kerndissoziation 1. Score: 9, ×400

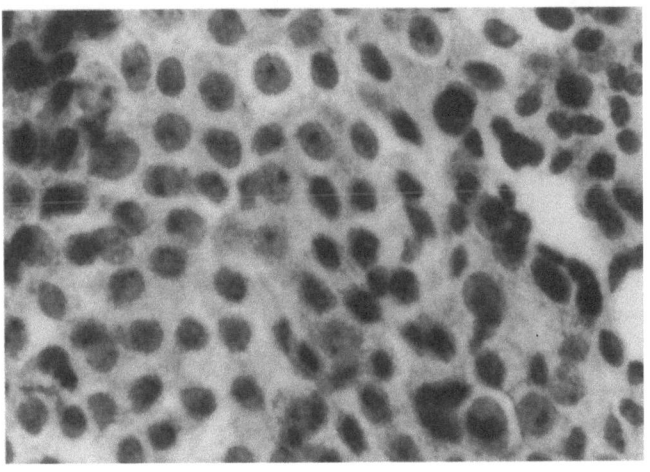

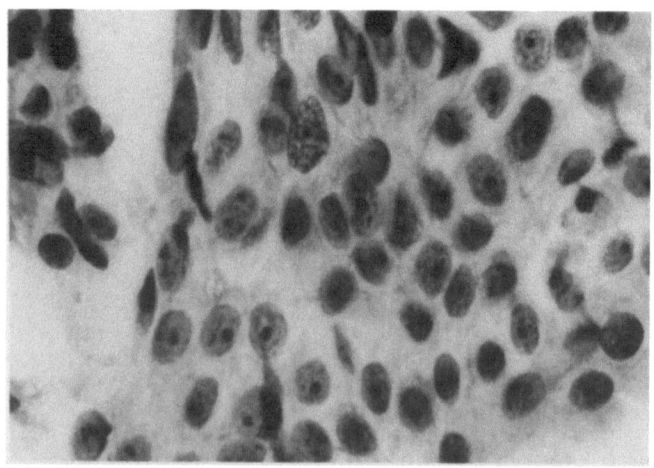

Abb. 81. Grad-II-Karzinom mit folgender Bewertung der 6 für das Grading entscheidenden Parameter: Mittlere Kerngröße 2; Kerngrößenvariabilität 2; mittlere Nucleolengröße 2; Nucleolenvariabilität 2; Störung der Kernordnung 2; Kerndissoziation 2. Score: 12, ×400

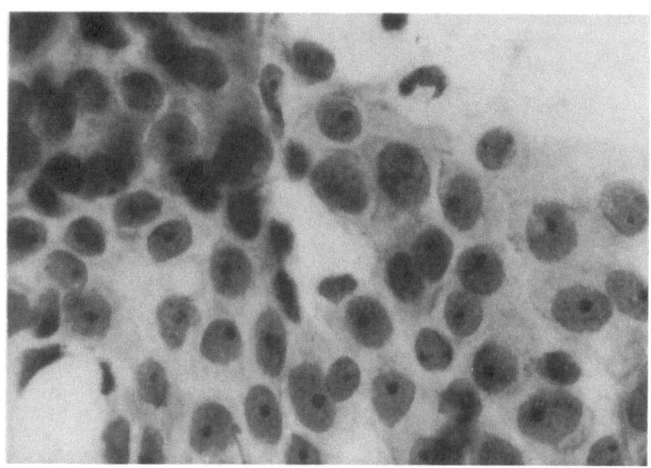

Abb. 82. Grad-II-Karzinom: Mittlere Kerngröße 3; Kerngrößenvariabilität 3; mittlere Nucleolengröße 2; Nucleolenvariabilität 2; Störung der Kernordnung 2; Kerndissoziation 2. Score: 14, ×400

Abb. 83. Grad-II-Karzinom: Mittlere Kerngröße 2; Kerngrößenvariabilität 2; mittlere Nucleolengröße 2; Nucleolenvariabilität 3; Störung der Kernordnung 2; Kerndissoziation 2. Score: 13, ×400

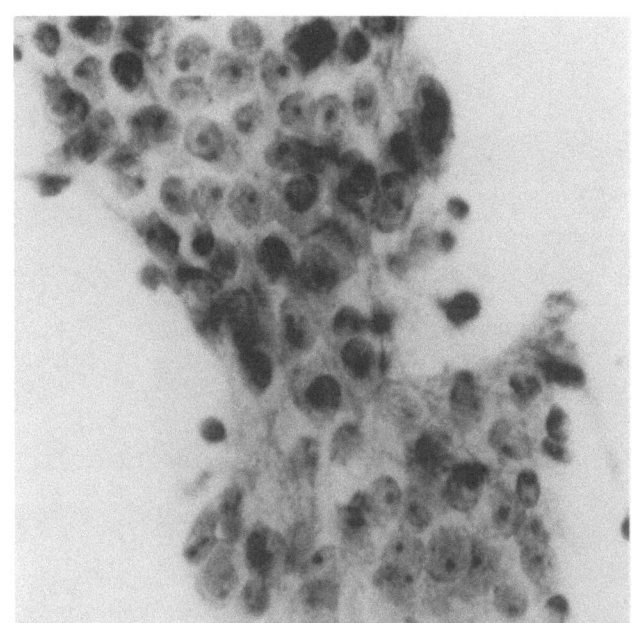

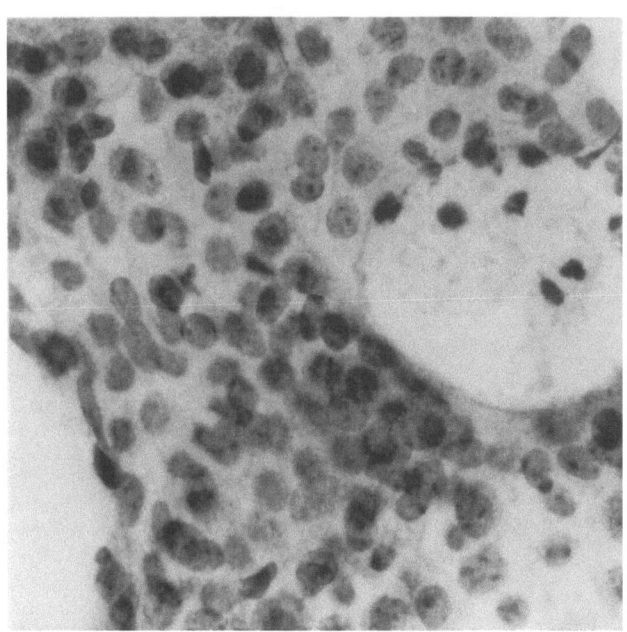

Abb. 84. Grad-II-Karzinom: Mittlere Kerngröße 2; Kerngrößenvariabilität 2; mittlere Nucleolengröße 1; Nucleolenvariabilität 3; Störung der Kernordnung 2; Kerndissoziation 1. Score: 11, ×400

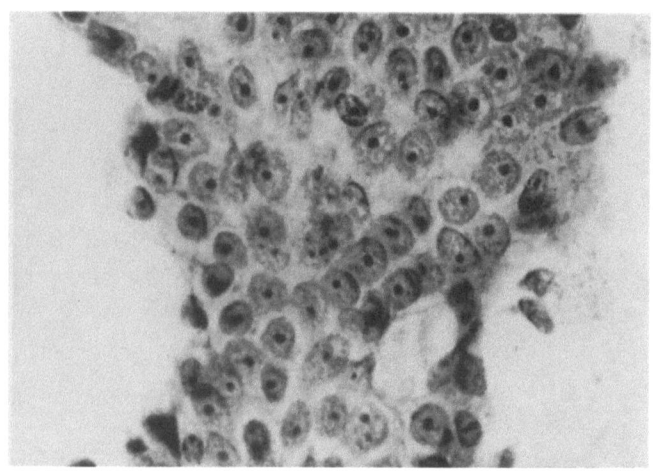

Abb. 85. Grad-II-Karzinom: Mittlere Kerngröße 2; Kerngrößenvariabilität 2; mittlere Nucleolengröße 2; Nucleolenvariabilität 2; Störung der Kernordnung 2; Kerndissoziation 2. Score: 12, ×400

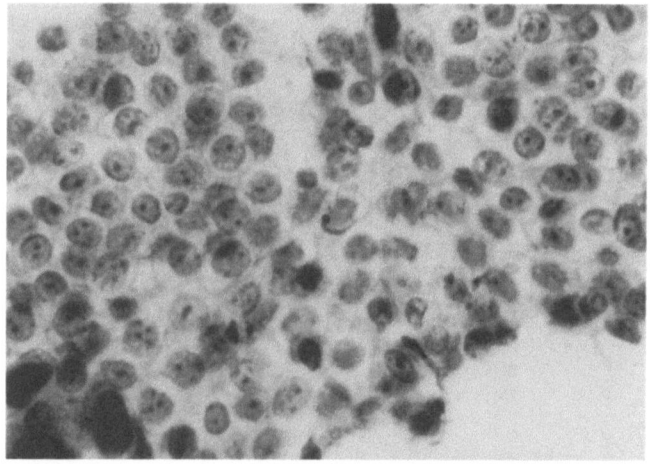

Abb. 86a. Grad-II-Karzinom: Mittlere Kerngröße 1; Kerngrößenvariabilität 2; mittlere Nucleolengröße 2; Nucleolenvariabilität 3; Störung der Kernordnung 2; Kerndissoziation 1. Score: 11, ×400

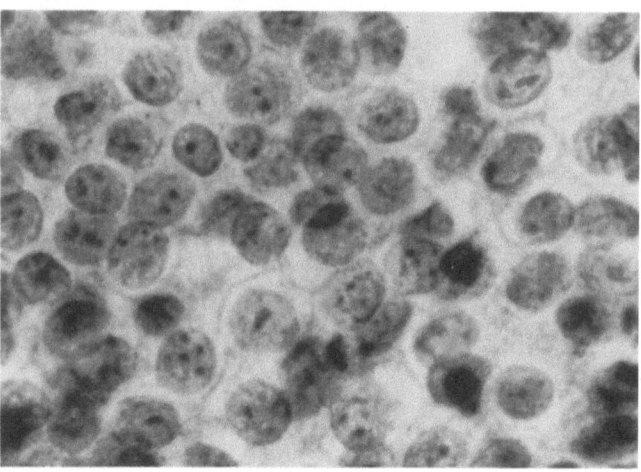

Abb. 86b. Gleicher Fall bei stärkerer Vergrößerung. Die erhebliche Nucleolenvariabilität wird eindrucksvoll erkennbar. ×630

Abb. 87. Grad-II-Karzinom bei stärkerer Vergrößerung mit den gleichen Parametern wie in Abb. 86 beschrieben. Score: 11, ×630

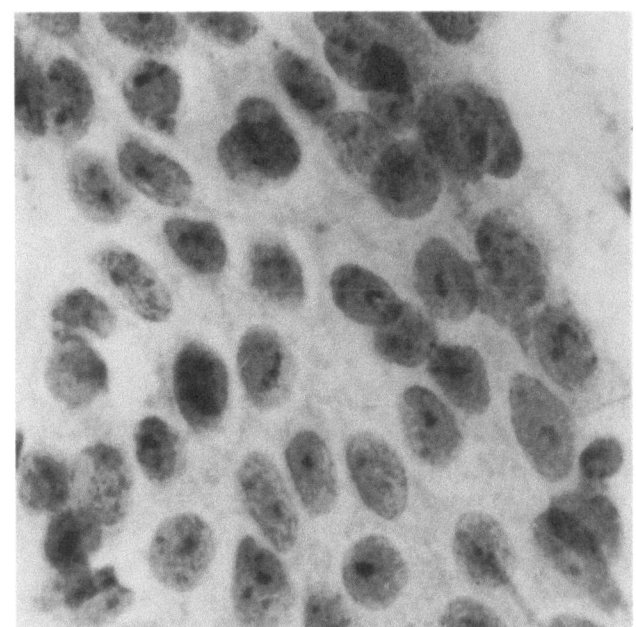

Abb. 88. Grad-II-Karzinom: Mittlere Kerngröße 2; Kerngrößenvariabilität 3; mittlere Nucleolengröße 2; Nucleolenvariabilität 3; Störung der Kernordnung 2; Kerndissoziation 2. Score 14, ×400

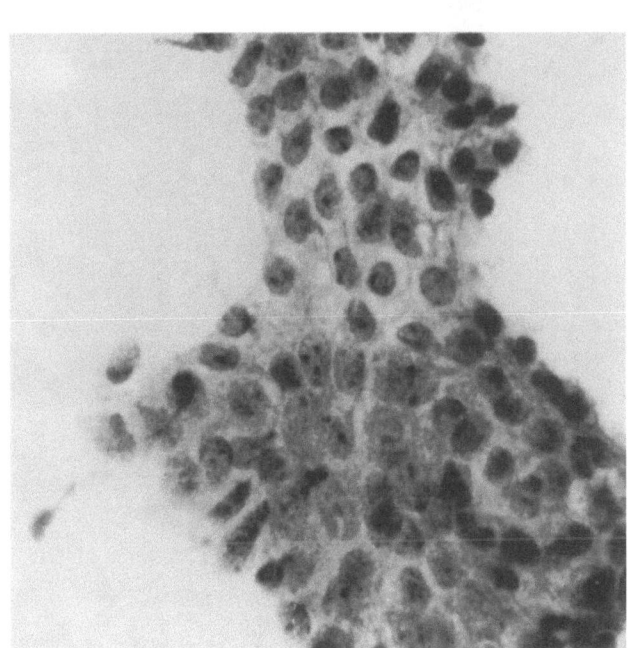

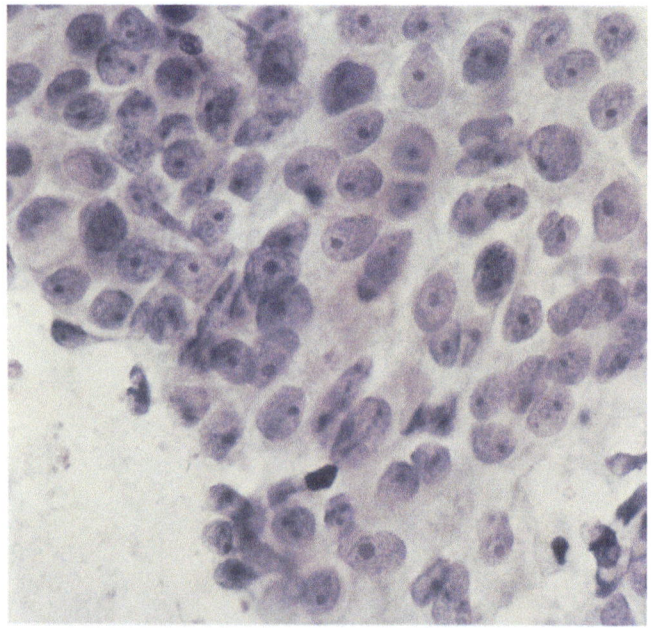

Abb. 89a. Grad-II-Karzinom: Mittlere Kerngröße 3; Kerngrößenvariabilität 2; mittlere Nucleolengröße 2; Nucleolenvariabilität 2; Störung der Kernordnung 2; Kerndissoziation 1. Score: 12, ×400

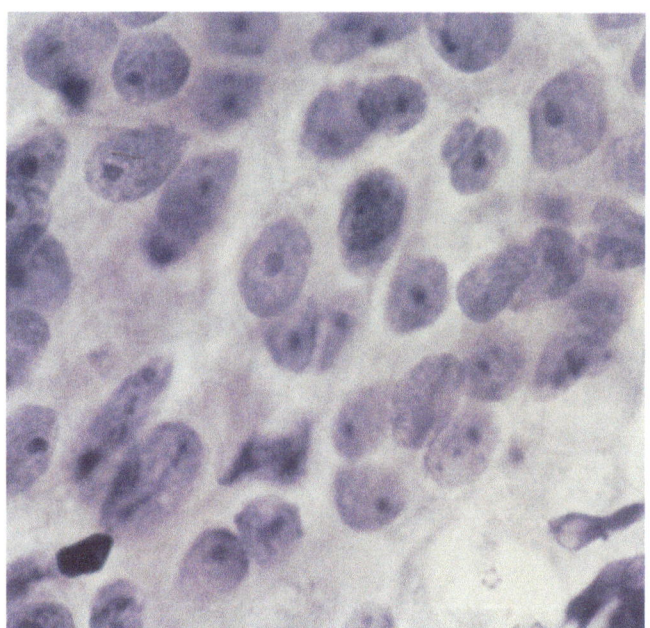

Abb. 89b. Gleicher Fall bei stärkerer Vergrößerung. Trotz der erheblichen Kerngröße ist die mittlere Nucleolengröße und Nucleolenvariabilität nur mittelgradig. ×630

Abb. 90a. Grad-II-Karzinom: Mittlere Kerngröße 3; Kerngrößenvariabilität 2; mittlere Nucleolengröße 1; Nucleolenvariabilität 2; Störung der Kernordnung 3; Kerndissoziation 2. Score: 13, ×400

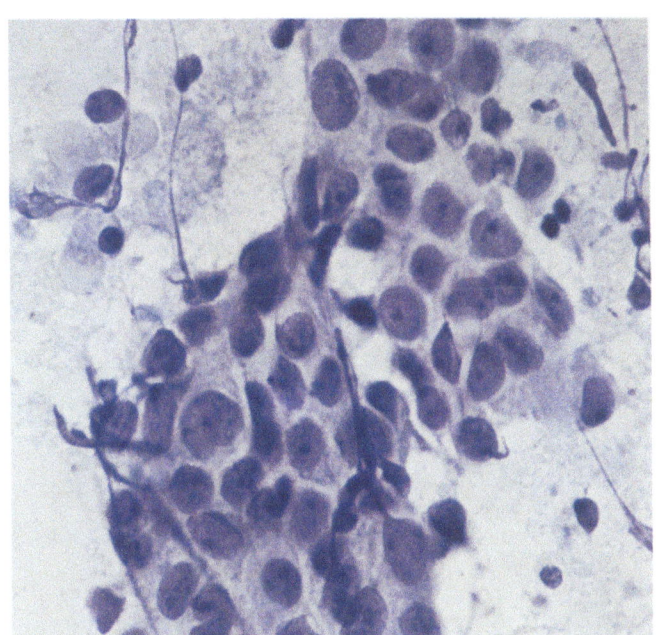

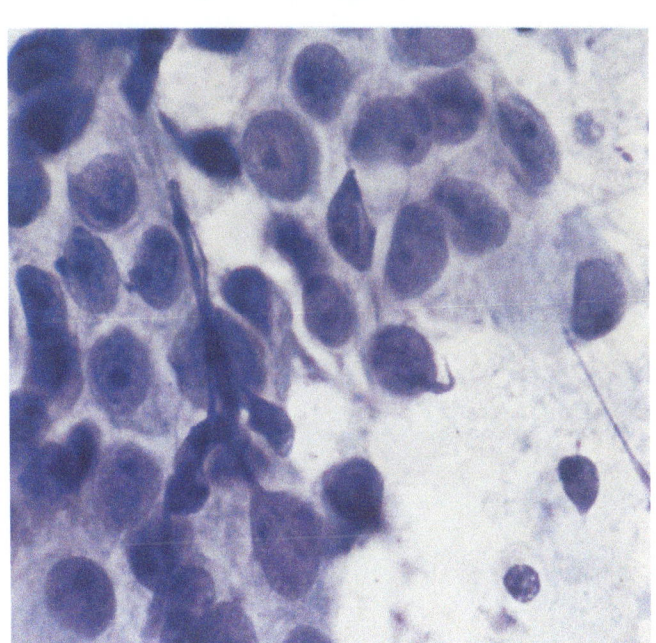

Abb. 90b. Gleicher Fall bei stärkerer Vergrößerung. ×630

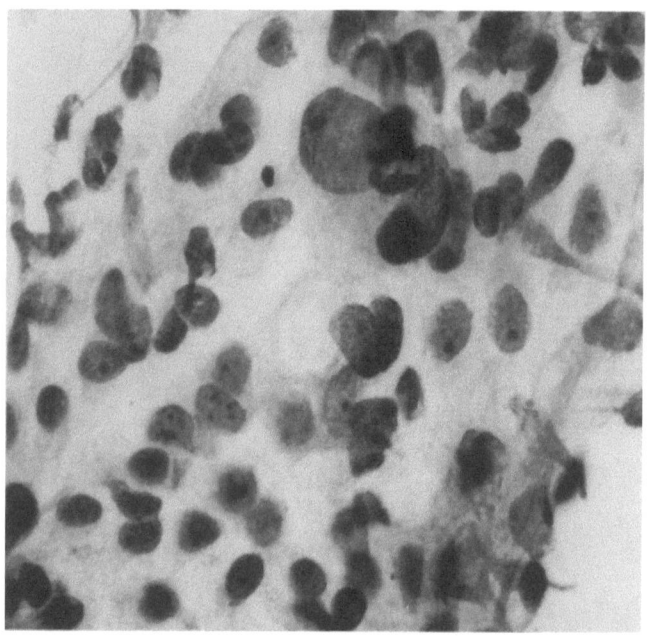

Abb. 91. Grad-II-Karzinom: Mittlere Kerngröße 2; Kerngrößenvariabilität 3; mittlere Nucleolengröße 1; Nucleolenvariabilität 2; Störung der Kernordnung 3; Kerndissoziation 2. Score: 13, ×400

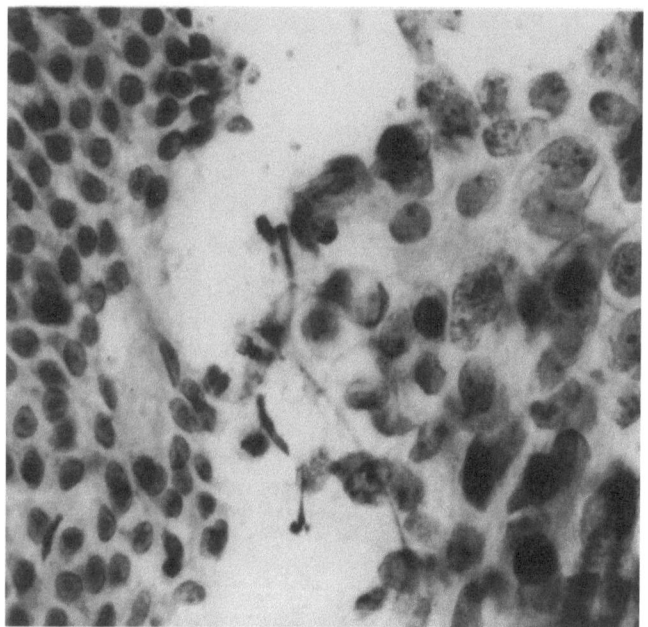

Abb. 92. Grad-II-Karzinom (*rechts*) und ein Verband von Rektumschleimhautepithelien (*links*): Mittlere Kerngröße 2; Kerngrößenvariabilität 2; mittlere Nucleolengröße 1; Nucleolenvariabilität 3; Störung der Kernordnung 3; Kerndissoziation 2. Score: 13, ×400

Abb. 93a. Grad-II-Karzinom: Mittlere Kerngröße 2; Kerngrößenvariabilität 2; mittlere Nucleolengröße 2; Nucleolenvariabilität 2; Störung der Kernordnung 2; Kerndissoziation 2. Score: 12, ×400

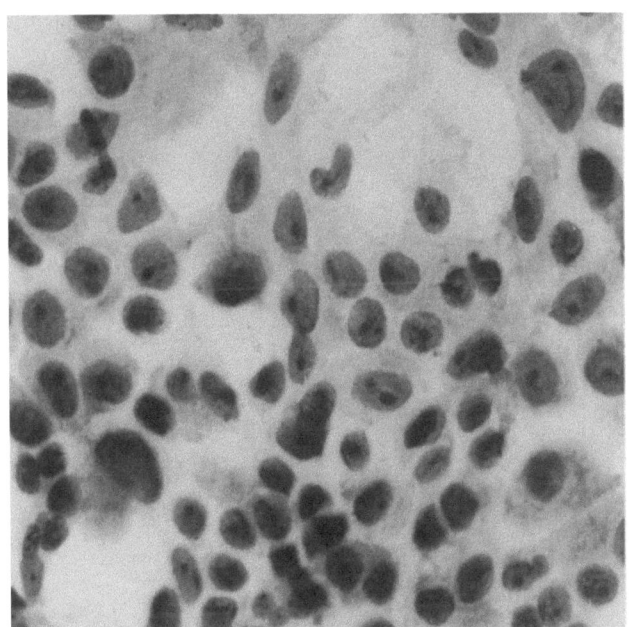

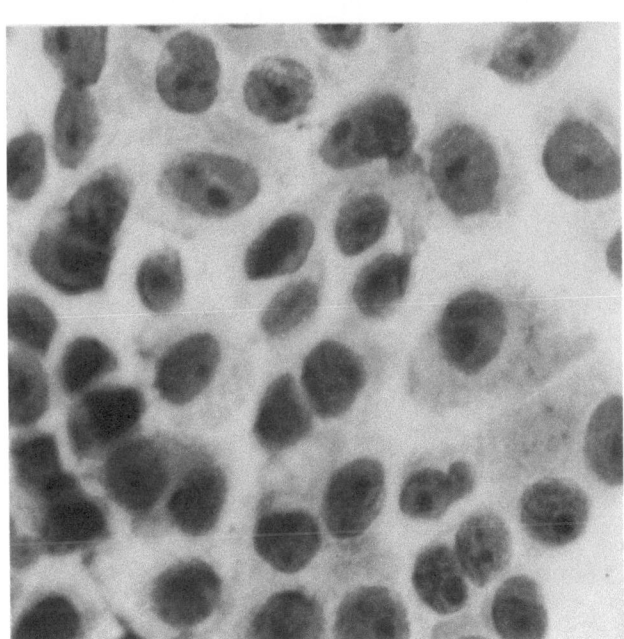

Abb. 93b. Gleicher Fall bei stärkerer Vergrößerung: Besonders deutliche Darstellung des Parameters „Nucleolenvariabilität. ×630

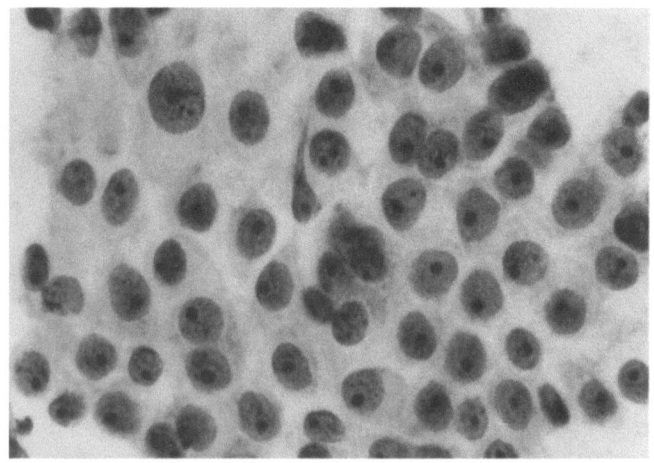

Abb. 94a. Grad-II-Karzinom: Mittlere Kerngröße 2; Kerngrößenvariabilität 2; mittlere Nucleolengröße 2; Nucleolenvariabilität 2; Störung der Kernordnung 2; Kerndissoziation 1. Score: 11, ×400

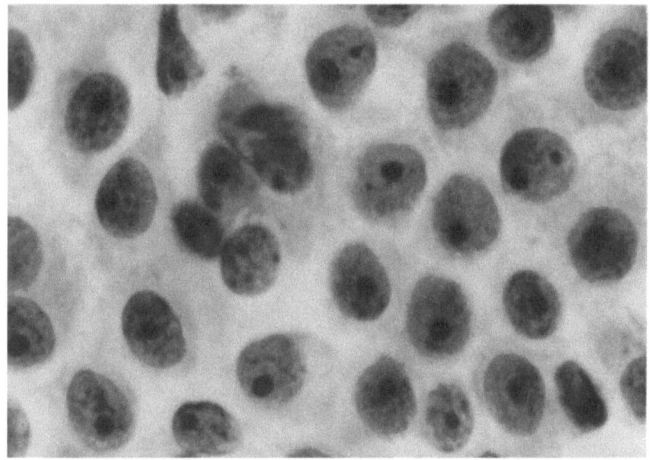

Abb. 94b. Gleicher Fall bei stärkerer Vergrößerung: Der Parameter „Nucleolenvariabilität" ist erst bei dieser Vergrößerung optimal erkennbar. ×630

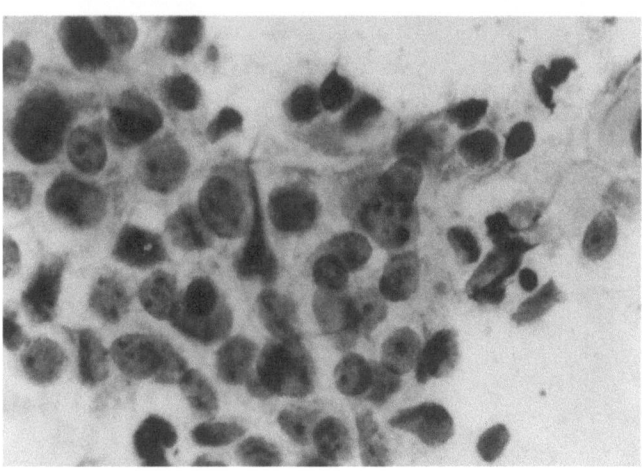

Abb. 95. Grad-II-Karzinom: Mittlere Kerngröße 2; Kerngrößenvariabilität 3; mittlere Nucleolengröße 2; Nucleolenvariabilität 3; Störung der Kernordnung 2; Kerndissoziation 2. Score: 14, ×400

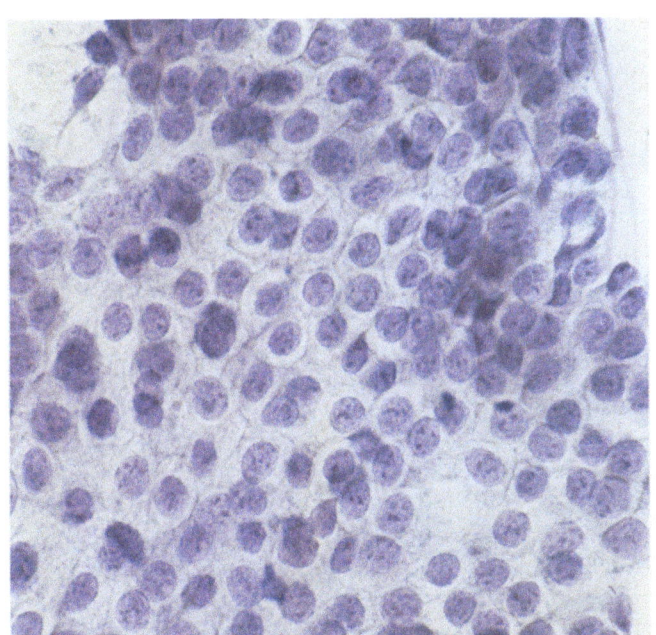

Abb. 96. Grad-II-Karzinom: Mittlere Kerngröße 2; Kerngrößenvariabilität 1; mittlere Nucleolengröße 1; Nucleolenvariabilität 3; Störung der Kernordnung 2; Kerndissoziation 2. Score: 11, ×400

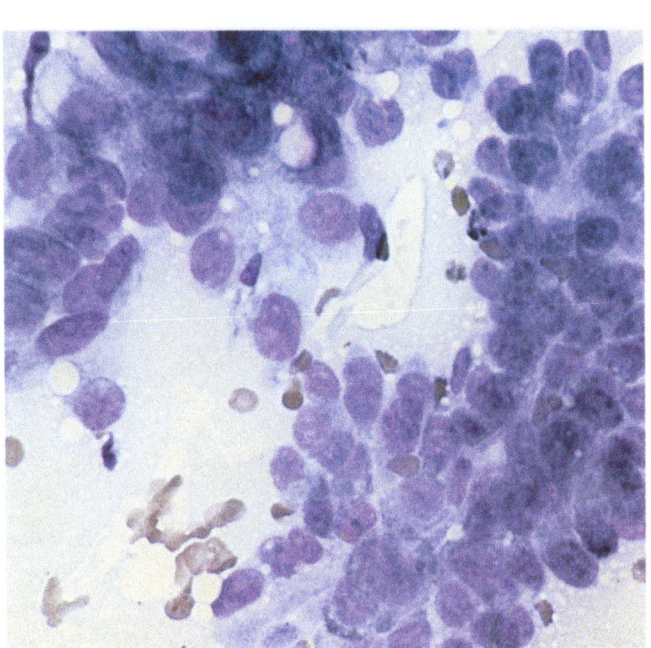

Abb. 97a. Grad-II-Karzinom, gefärbt nach May-Grünwald-Giemsa. ×400

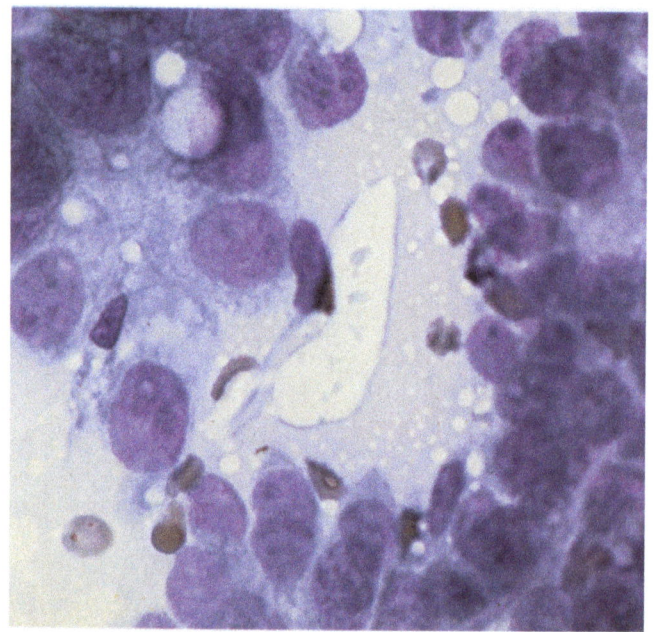

Abb. 97 b. Gleicher Fall bei stärkerer Vergrößerung. Abb. 97a und b zeigen eindrucksvoll, daß bei vergleichbarem Malignitätsgrad die Zellkerne nach MGG-Färbung wesentlich größer und polymorpher als nach Pap-Färbung erscheinen. ×630

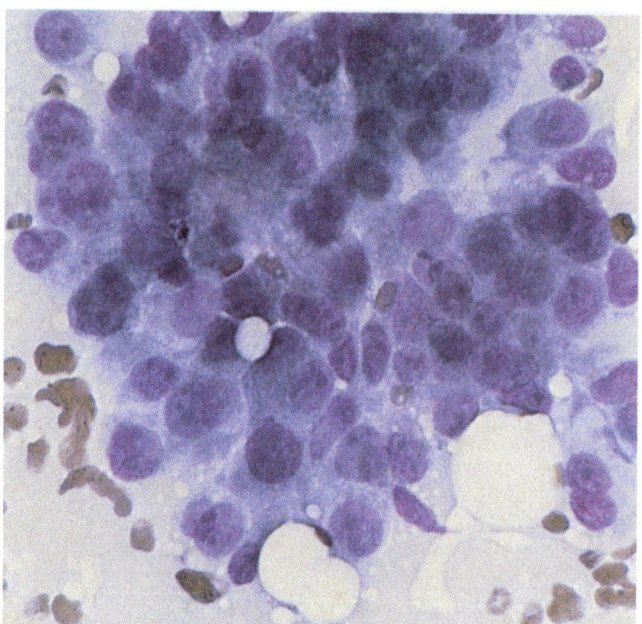

Abb. 98. Grad-II-Karzinom, MGG-gefärbt. ×400

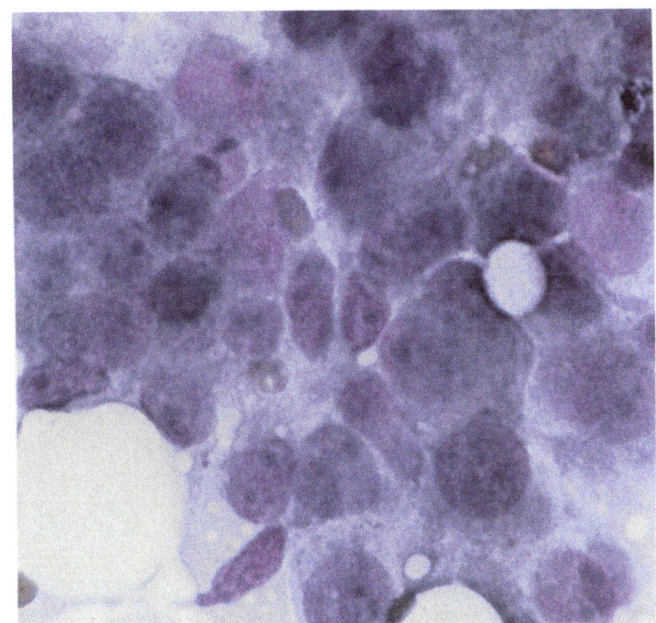

Abb. 99. Grad-II-Karzinom, MGG-gefärbt. ×630

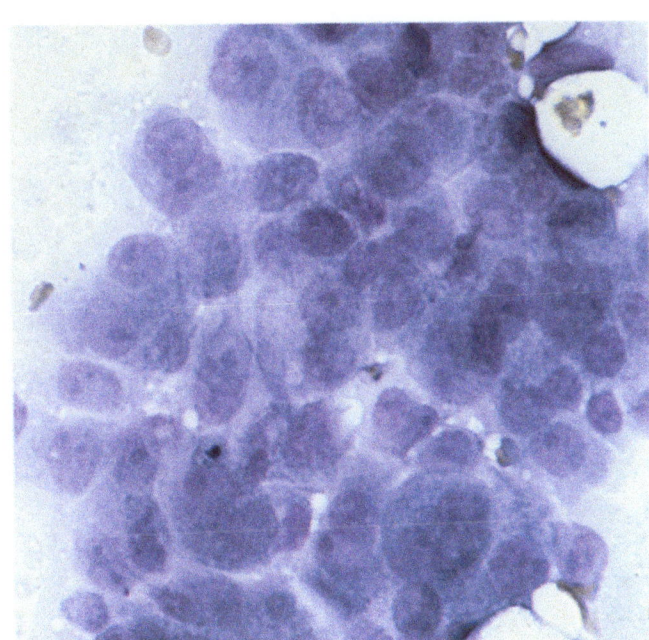

Abb. 100a. Grad-II-Karzinom, MGG-gefärbt. ×630

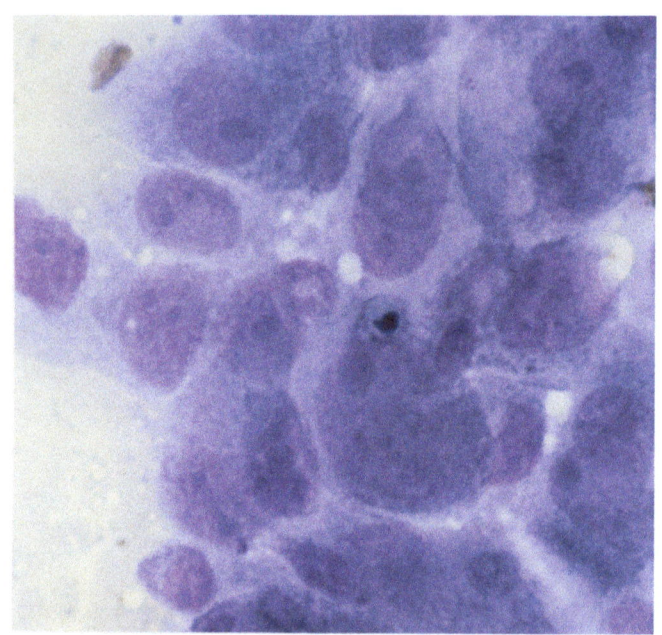

Abb. 100b. Gleicher Fall bei starker Vergrößerung. Ölimm., × 1000

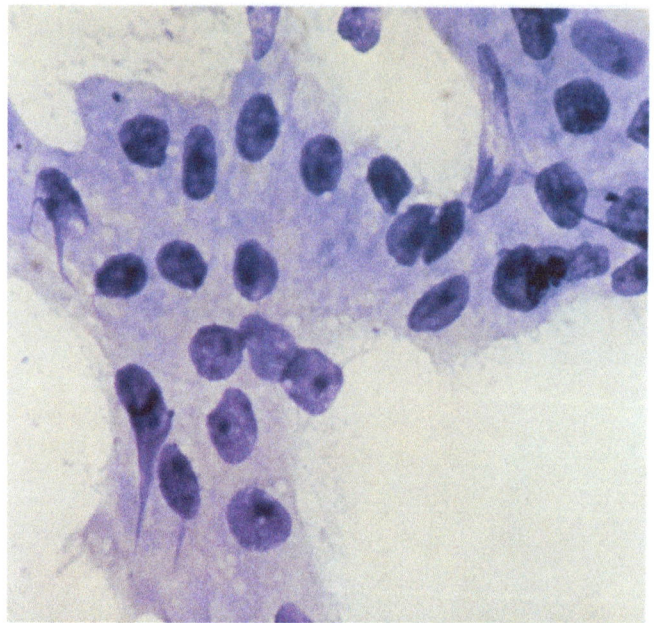

Abb. 101. Grad-II-Karzinom, MGG-gefärbt. × 400

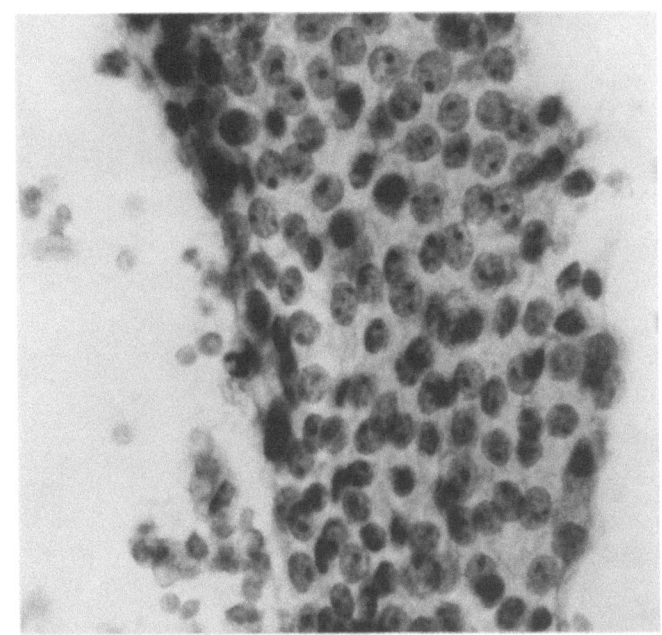

Abb. 102. Grad-II-Karzinom, Pap-gefärbt. Gleicher Fall wie Abb. 98. Die Zellkerne erscheinen in der Pap-Färbung deutlich kleiner als in der MGG-Färbung. ×400

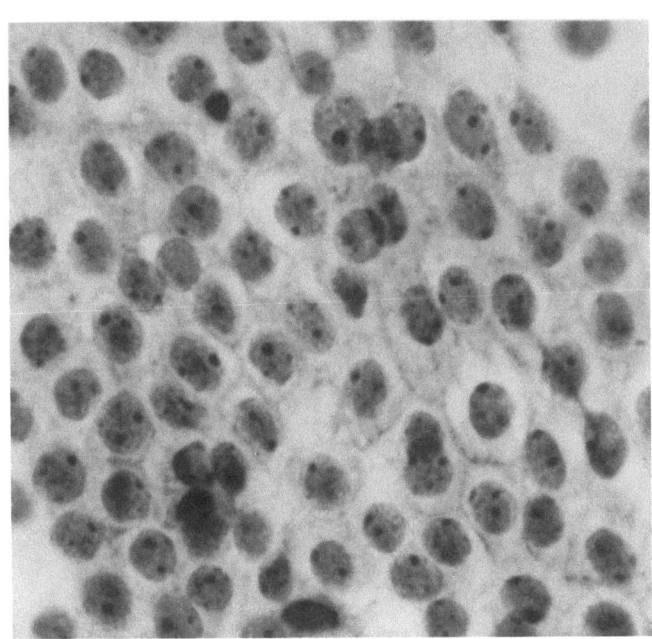

Abb. 103. Grad-II-Karzinom, Pap-gefärbt. Gleicher Fall wie Abb. 101. Die Kerne sind hier kleiner als in der MGG-Färbung, und die Nucleolenvariabilität ist wesentlich besser zu beurteilen. ×400

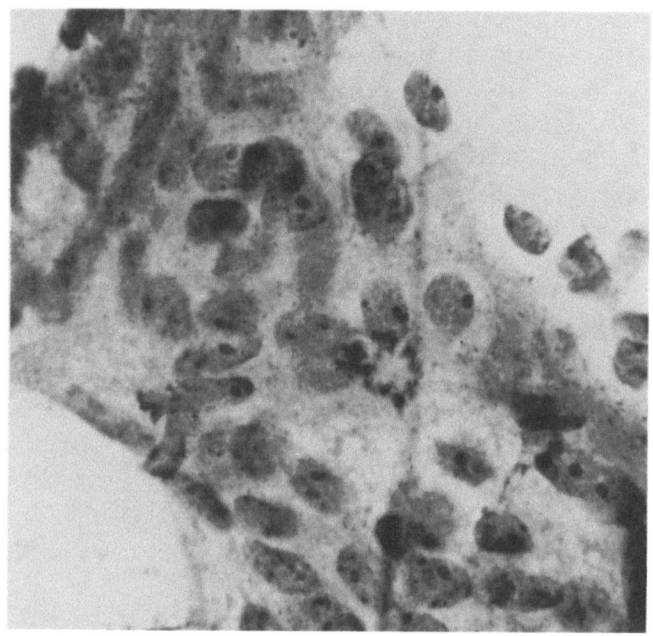

Abb. 104. Grad-III-Karzinom mit folgender Bewertung der 6 für das Grading entscheidenden Parameter: Mittlere Kerngröße 3; Kerngrößenvariabilität 3; mittlere Nucleolengröße 2; Nucleolenvariabilität 3; Störung der Kernordnung 3; Kerndissoziation 2. Score: 16, ×400

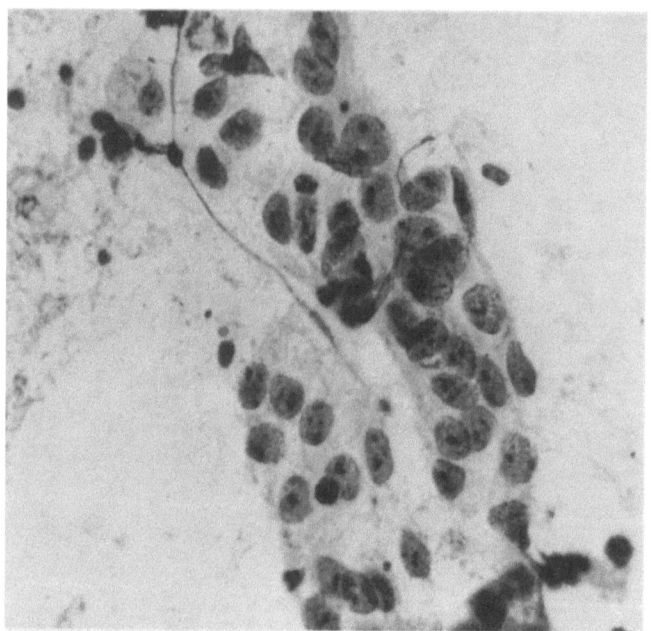

Abb. 105a. Grad-III-Karzinom: Mittlere Kerngröße 2; Kerngrößenvariabilität 3; mittlere Nucleolengröße 2; Nucleolenvariabilität 3; Störung der Kernordnung 3; Kerndissoziation 2. Score: 15, ×400

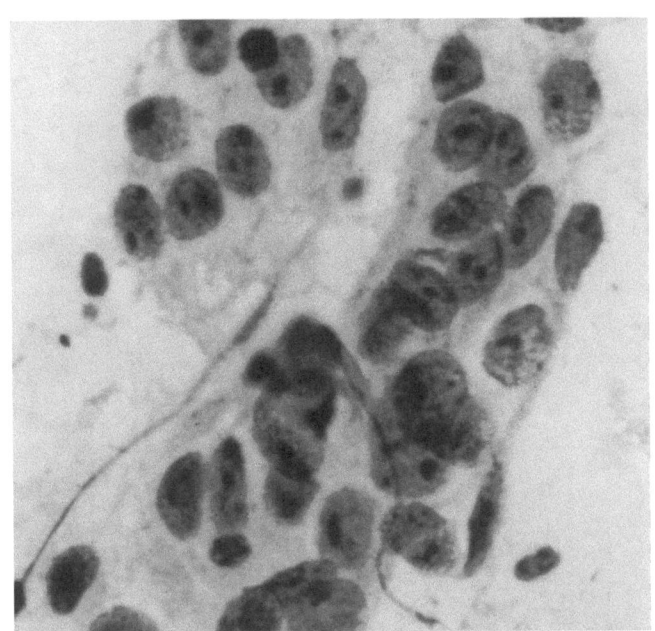

Abb. 105b. Gleicher Fall bei stärkerer Vergrößerung. ×630

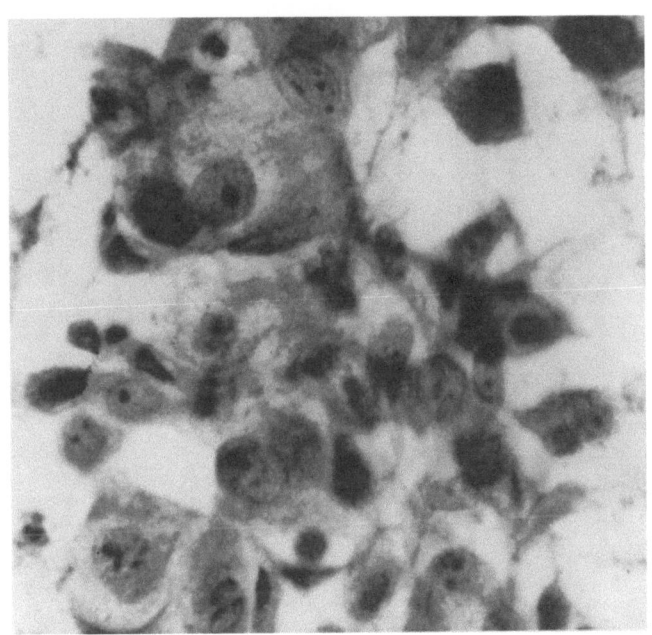

Abb. 106. Grad-III-Karzinom: Mittlere Kerngröße 3; Kerngrößenvariabilität 3; mittlere Nucleolengröße 3; Nucleolenvariabilität 2; Störung der Kernordnung 3; Kerndissoziation 2. Score: 16, ×400

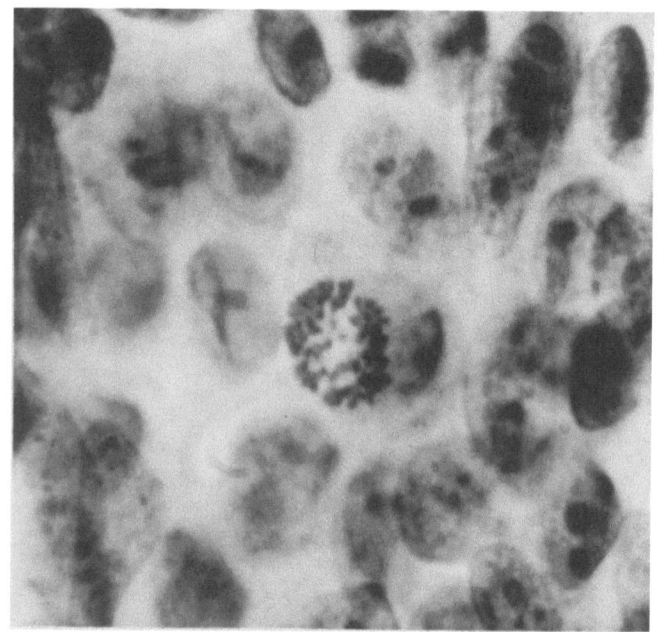

Abb. 107. Grad-III-Karzinom: Alle 6 Parameter erhalten die Bewertung „3". Zentral zusätzlich eine Mitose. ×630

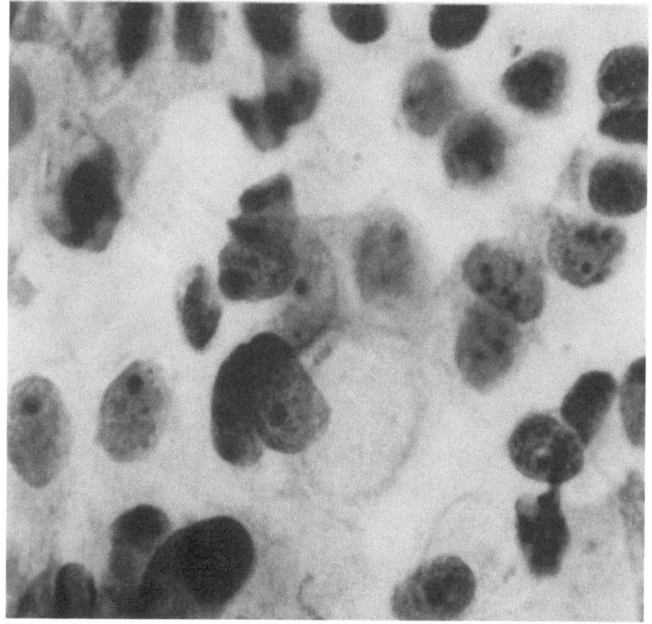

Abb. 108. Grad-III-Karzinom: Mittlere Kerngröße 3; Kerngrößenvariabilität 3; mittlere Nucleolengröße 3; Nucleolenvariabilität 2; Störung der Kernordnung 2; Kerndissoziation 2. Score: 15, ×400

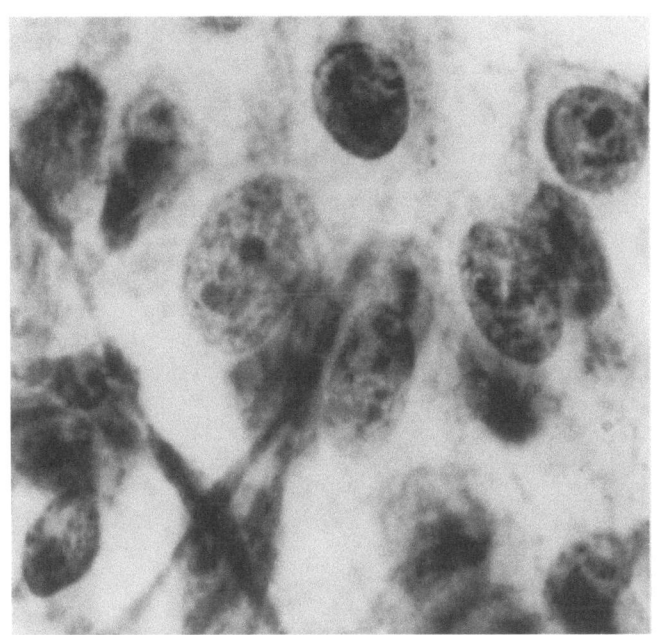

Abb. 109. Grad-III-Karzinom: Alle 6 Grading-Parameter werden mit „3" bewertet. Zusätzlich ist die Chromatinstruktur auffallend grobschollig. ×630

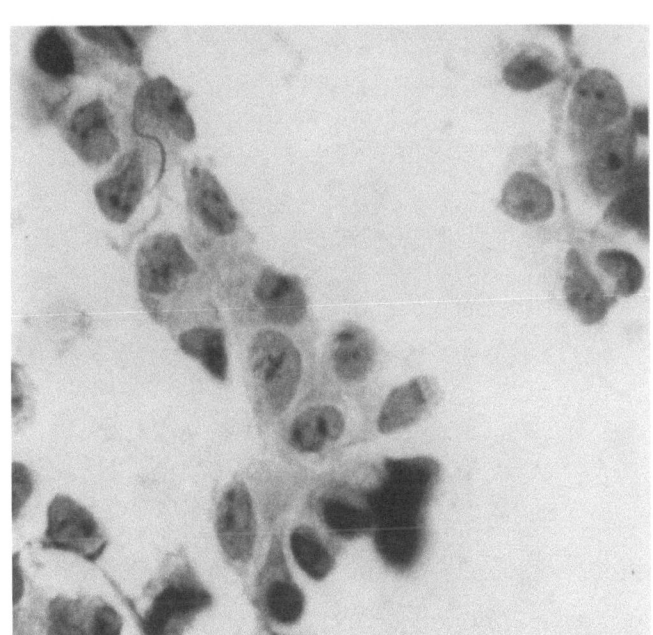

Abb. 110. Grad-III-Karzinom: Mittlere Kerngröße 3; Kerngrößenvariabilität 3; Nucleolengröße 2; Nucleolenvariabilität 3; Störung der Kernordnung 2; Kerndissoziation 2. Score: 15, ×400

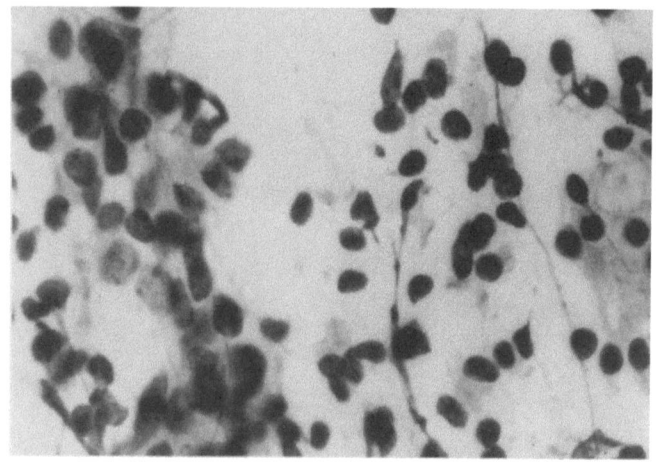

Abb. 111. Grad-III-Karzinom mit massiver Kerndissoziation. ×100

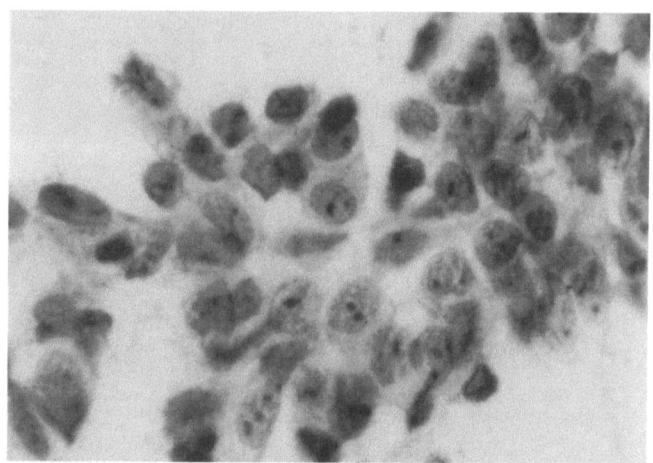

Abb. 112. Grad-III-Karzinom: Mittlere Kerngröße 3; Kerngrößenvariabilität 3; mittlere Nucleolengröße 2; Nucleolenvariabilität 2; Störung der Kernordnung 3; Kerndissoziation 2. Score: 15, ×400

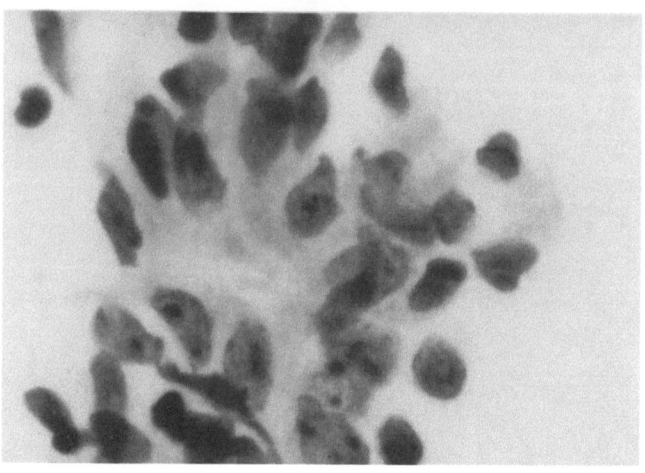

Abb. 113. Anderer Verband des in Abb. 112 dargestellten Grad-III-Karzinoms. ×400

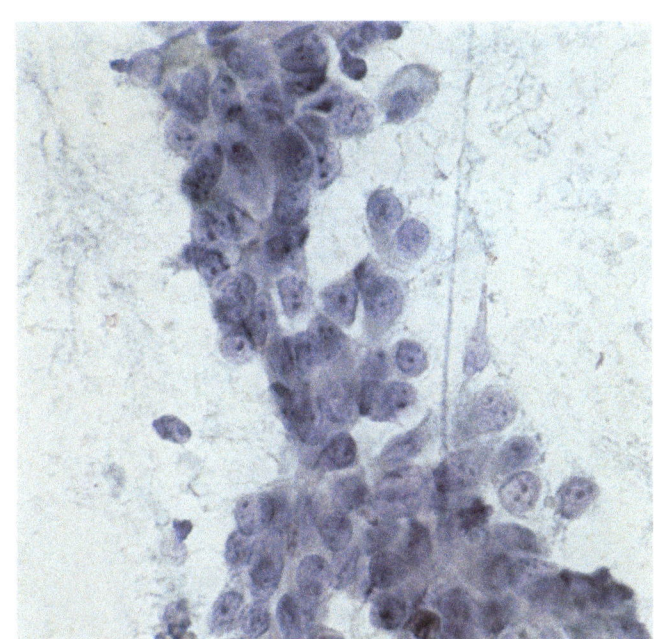

Abb. 114. Grad-III-Karzinom: Mittlere Kerngröße 2; Kerngrößenvariabilität 2; mittlere Nucleolengröße 2; Nucleolenvariabilität 3; Störung der Kernordnung 3; Kerndissoziation 2. Score: 14, ×400

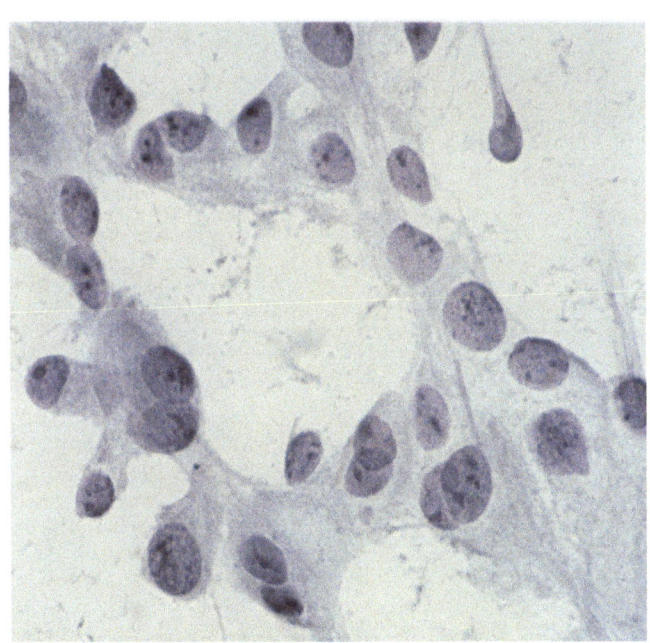

Abb. 115. Grad-III-Karzinom: Mittlere Kerngröße 3; Kerngrößenvariabilität 3; mittlere Nucleolengröße 2; Nucleolenvariabilität 3; Störung der Kernordnung 2; Kerndissoziation 2. Score: 15, ×400

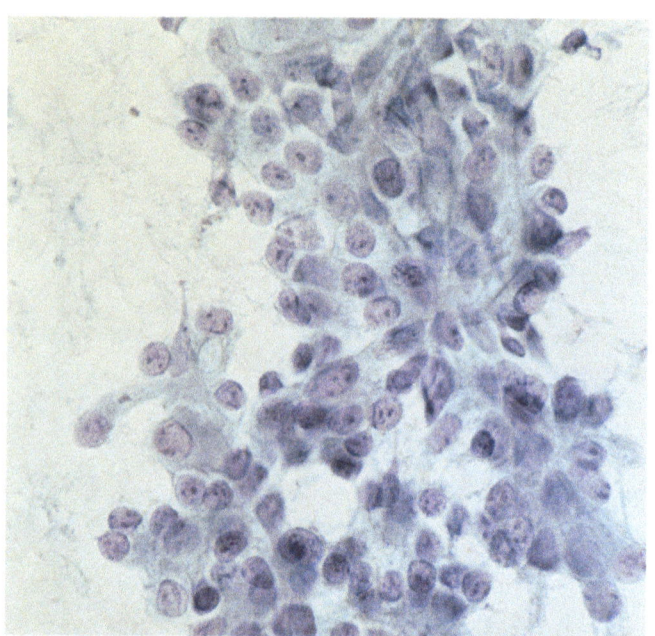

Abb. 116a. Grad-III-Karzinom bei schwacher Vergrößerung: Schon in der Übersicht fallen die erheblich ausgeprägten Malignitätskriterien auf. ×100

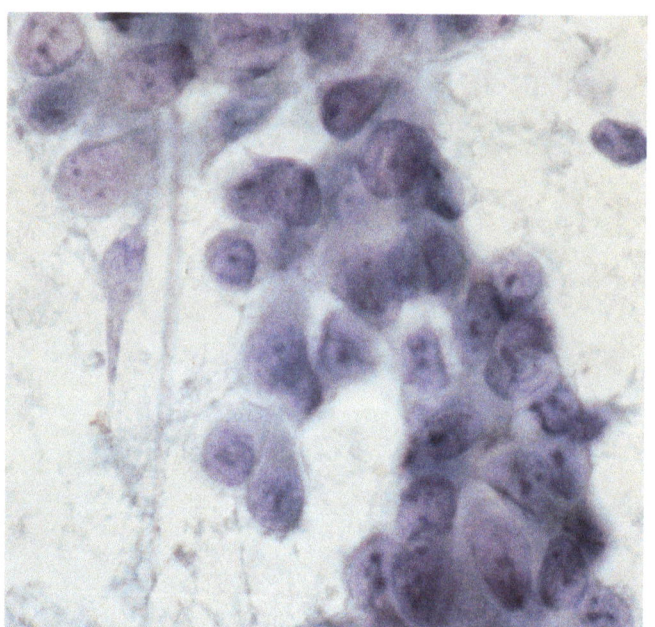

Abb. 116b. Gleicher Fall, anderer Verband in mittlerer Vergrößerung: Mittlere Kerngröße 3; Kerngrößenvariabilität 3; mittlere Nucleolengröße 2; Nucleolenvariabilität 3; Störung der Kernordnung 3; Kerndissoziation 3. Score: 17, ×400

9 Therapiekontrolle durch Regressionsgrading

Die histologische oder zytologische Untersuchung eines bioptischen Präparats aus dem Primärtumor ist bisher das einzige objektive und reproduzierbare Verfahren, beim lokal fortgeschrittenen, inoperablen Prostatakarzinom die Wirkung der jeweiligen Therapie auf den Primärtumor zu bestimmen (COSGROVE u. Mitarb., 1973; SEWELL u. Mitarb., 1975). Durch die Biopsie während der Behandlung kann gleichzeitig in einzigartiger Weise Aufschluß über die biologische Aktivität, d.h. die neoplastische Potenz des Tumors gewonnen werden, vor allem, wenn klinisch noch keine Zeichen eines weit fortgeschrittenen Tumorstadiums (Harnstauungsniere, Metastasen) nachzuweisen sind.

Das lokal fortgeschrittene, asymptomatische Prostatakarzinom (Stadium $T_3/T_4N_0M_0$) ist praktisch der einzige Tumor, dessen Progredienz sich durch verschiedene Therapiemodalitäten bremsen läßt; darum werden Patienten in diesen Stadien nach zytologischer oder histologischer Sicherung der Diagnose in der Regel sofort – meist antiandrogen (Kastration, Östrogene, Antiandrogene) – behandelt, sofern nicht eine Strahlentherapie angezeigt erscheint.

Da bekanntlich etwa 20% der Tumoren primär nicht auf antiandrogene Behandlung ansprechen, ist die Aspirationsbiopsie von überragender Bedeutung für die Kontrolle der Therapiewirkung auf den Primärtumor; zudem ist sie als Methode geradezu ideal, weil sie sich wegen der kaum nennenswerten Belastung des Patienten und der *minimalen Komplikationsrate* in regelmäßigen Abständen von etwa 3 bis 6 Monaten durchführen läßt.

Aus diesen Gründen ist die Aspirationsbiopsie bislang das einzige objektive, dem Patienten zumutbare Verfahren, anhand entsprechender Regressionszeichen eine ausreichende oder gute Therapiewirkung nachzuweisen oder bei fehlenden regressiven Veränderungen die mangelnde Wirksamkeit der Behandlung aufzuzeigen.

Vor allem der Nachweis einer ungenügenden oder gar fehlenden Therapiewirkung am Primärtumor ist der *früheste Hinweis auf eine drohende Progression*, und zwar meist Monate *vor* den ersten Anzeichen einer klinisch fortschreitenden Tumorerkrankung (Harnstauung, Metastasen). Dies eröffnet die Möglichkeit, noch *vor* Eintreten der klinisch nachweisbaren Progression eine Umstellung der Behandlung auf eine Sekundär- bzw. Tertiärbehandlung vorzunehmen (LEISTENSCHNEIDER u. NAGEL, 1980).

Die Beurteilung therapiebedingter Regressionszeichen ist sowohl *histologisch* als auch *zytologisch* möglich. Die zwei Verfahren sind einander gleichwertig.

Die *histologischen Regressionszeichen* ergeben sich aus der Beurteilung von Drüsenstruktur, Stroma und Veränderungen in den Tumorzellen selbst (SCHENKEN u. Mitarb., 1942; ALKEN u. Mitarb., 1975; SPIELER u. Mitarb., 1976; KASTENDIECK u. Mitarb., 1980).

Die *zytologischen Regressionszeichen* bestehen in den während der Therapie nachgewiesenen Veränderungen am Zellkern und am Zytoplasma (ESPOSTI, 1971; FAUL, 1975; SPIELER u. Mitarb., 1976; LEISTENSCHNEIDER u. NAGEL, 1980).

Weder die histologischen noch die zytologischen Regressionszeichen im behandelten Prostatakarzinom sind therapiespezifisch. Sie gelten für alle heute angewandten therapeutischen Verfahren gleichermaßen!

Zytologische Therapiekontrollen wurden bisher vor allem durchgeführt nach:

- *Östrogenbehandlung* (ESPOSTI, 1971; FAUL, 1975; ROST u. Mitarb., 1976; KELLER u. Mitarb., 1981)
- *Lokaler Strahlentherapie* (SPIELER u. Mitarb., 1976; KURTH u. Mitarb., 1977).

Wir selbst haben anhand von 600 Aspirationsbiopsien bei 260 Patienten für 6 verschiedene, zum Teil nacheinander eingesetzte Therapieformen eine Korrelation zwischen zytologischem Regressionsgrad und klinischem Verlauf unternommen **(Tabelle 14)**.

Das Aspirat war in durchschnittlich 5,2% (2,5–12%) unzureichend; ein Zusammenhang zwischen Therapieform und mangelhaftem Material war nicht zu erkennen **(Tabelle 15)**.

Insgesamt entspricht die Häufigkeit nicht zu beurteilender Aspirate annähernd derjenigen von anderen in der Primärdiagnostik erfahrenen Zentren **(Tabelle 1**, S. 3).

Tabelle 14. Übersicht über die verschiedenen Therapieformen sowie die Zahl ihrer Anwendungen (*n*) und der Kontroll-Aspirationsbiopsien (LEISTENSCHNEIDER u. NAGEL, 1983)

Therapieform	n	Biopsien
Östrogene ± bilat. Orchiektomie	138 (53,1%)	312 (52%)
Antiandrogen	4 (1,5%)	15 (2,5%)
Estracyt	61 (23,5%)	120 (20%)
Bestrahlung	31 (11,9%)	105 (17,5%)
Bestrahlung + Hormontherapie	12 (4,6%)	25 (4,2%)
Endoxan/5-FU	14 (5,4%)	23 (3,8%)
	260 (100%)	600 (100%)

Tabelle 15. Häufigkeit unzureichenden Zellmaterials bei Kontroll-Aspirationsbiopsien in bezug auf die verschiedenen Therapieformen

Therapieform	Biopsien	Unzureichendes Zellmaterial
Östrogene ± bilat. Orchiektomie	312	18 (5,8%)
Antiandrogen	15	1 (6,7%)
Estracyt	120	3 (2,5%)
Bestrahlung	105	4 (3,8%)
Bestrahlung + Hormontherapie	25	3 (12,0%)
Endoxan/5-FU	23	2 (8,7%)
	600	31 (5,2%)

9.1 Zytologische Regressionszeichen

Die zytologischen Regressionsmerkmale lassen sich nach der Papanicolaou-Färbung an naßfixierten Präparaten optimal beurteilen.

Regressionszeichen sind zytologisch sowohl am *Zellkern* als auch am *Zytoplasma* nachzuweisen **(Tabelle 16)**.

Neben den entscheidenden Regressionszeichen am Zellkern finden sich, vor allem bei bestrahlten Patienten, auch *Megakaryosen* (SPIELER u. Mitarb., 1976; LEISTENSCHNEIDER u. NAGEL, 1980). *Vakuolisierungen des Zellkerns* sind mit weniger als 10% recht selten.

Die gleichzeitig oft nachweisbare *Plattenepithelmetaplasie* **(Abb. 123, 124)** stellt *kein* echtes Regressionsmerkmal dar. Sie weist lediglich auf eine mögliche Östrogenwirkung auf die Prostata hin, ist aber nicht einmal für diese spezifisch (SPIELER u. Mitarb., 1976; LEISTENSCHNEIDER u. NAGEL, 1983).

Plattenepithelmetaplasien kommen überwiegend bei behandelten Karzinomen mit den Differenzierungsgraden G I–G II, d.h. ganz allgemein bei guter Therapiewirkung vor.

Tabelle 16. Zytologische Therapiekontrolle des Prostatakarzinoms: Regressionszeichen an Zellkern und Zytoplasma

Zellkern	Verkleinerung
	Pyknose
	Nucleolus verkleinert
	Nucleolus nicht erkennbar
	Auflockerung des Chromatins
	regelrechte Chromatinverteilung
	Kernmembran deutlich
	Vakuolisierung
	Megakaryose
Zytoplasma	Vakuolisierung
	Schrumpfung
	Seenbildung

Nach Art und Ausprägung unterscheidet man 2 Gruppen von therapiebedingten Regressionszeichen (Tabelle 17):

deutliche Regressionszeichen,
geringe Regressionszeichen.

9.1.1 Deutliche Regressionszeichen (Tabelle 17)

Unabhängig von Tumorstadium, Differenzierungsgrad und Therapieform finden sich bei deutlicher Tumorregression *immer* folgende Regressionsmerkmale:

- Abnahme der Kerngröße (**Abb. 117b, 118b**)
- Pyknosen (**Abb. 118b, 118c**)
- Verkleinerung oder Schwund der Nucleolen (**Abb. 117b, 118b, 119**)
- Aufgelockertes oder regelrecht verteiltes Chromatin (**Abb. 118b, 119, 120a**)
- Deutlich erkennbare Kernmembran (**Abb. 118b, 119, 120a**)
- Rarefizierung (**Abb. 117b, 118c, 119, 121a**)
- Zytoplasmaseen infolge starker Rarefizierung der Kerne (**Abb. 119, 138a**)

Bei starker Tumorregression lassen sich stets auch unterschiedlich dichte Ansammlungen phagozytierender, teils multinucleärer *Histiozyten* nachweisen (**Abb. 127b–131**).

9.1.2 Geringe Regressionszeichen (Tabelle 17)

Charakteristisch für eine geringe Regression ist das *Fehlen* folgender Merkmale bei der überwiegenden Zahl der Zellverbände:

- Abnahme der Zellkerngröße (**Abb. 145b, 146b**)
- Verkleinerung oder Schwund der Nucleolen (**Abb. 145b, 146b, 148**)

Bei geringer Regression sind aber immerhin noch folgende Regressionszeichen anzutreffen:

- Zytoplasmavakuolen (**Abb. 122, 148, 154**)
- Zytoplasmaschrumpfung (**Abb. 146c**)

Tabelle 17. Klassifizierung der zytologisch erkennbaren Regressionszeichen

deutliche Regressionszeichen:	Pyknosen
	Nucleolen verkleinert oder nicht erkennbar
	Chromatin aufgelockert
	Chromatinverteilung regelrecht
	Kernmembran deutlich
	Verkleinerung der Zellkerne
	Rarefizierung der Zellkerne
	Zytoplasmaseen
geringe Regressionszeichen:	Kernvakuolen
	Zytoplasmavakuolen
	Zytoplasmaschrumpfung

9.2 Zytologisches Regressionsgrading (Tabelle 18)

Das zytologische Regressionsgrading wurde in enger Anlehnung an das histologische Regressionsgrading (ALKEN, DHOM u. Mitarb.,

Tabelle 18. Zytologisches Regressionsgrading

Regressionsgrad	Zytomorphologischer Befund	Therapieeffekt
0	Normale Zellverbände, vereinzelt geringgradige Atypien (Pap. II). Keine Tumorzellen, viele Makrophagen	sehr gut
II	Mittelgradige Atypien (maximal Pap. III). Viele normale Zellverbände. Zuordnung zu Karzinom nicht mehr sicher möglich. Viele Makrophagen	gut
IV	Einzelne, kleine Karzinomverbände. Deutliche Regressionszeichen. Viele normale Zellverbände („Restkarzinom")	befriedigend
VI	Reichlich Karzinomverbände, deutliche Regressionszeichen	ausreichend
VIII	Reichlich Karzinomverbände, geringe Regressionszeichen	schlecht
X	Karzinomverbände ohne Regressionszeichen	kein Effekt

1975) erstellt. Es bildet die Grundlage für die zytologische Beurteilung der Therapiewirkung an Zellmaterial aus dem Primärtumor und unterscheidet 6 Regressionsgrade (0, II, IV, VI, VIII und X), wobei die Einstufung von „sehr guter" über „ausreichende" bis hin zu „fehlender" Therapiewirkung reicht (**Tabelle 18**).

9.2.1 Zytomorphologische Kriterien des Regressionsgradings

9.2.1.1 Regressionsgrad 0

Neben unauffälligen Prostataepithelien sind lediglich geringfügig atypische Prostataepithelverbände (Pap. II) erkennbar. In zahlreichen Prostataepithelverbänden kommen regressive Veränderungen besonders am Zytoplasma in Form von Vakuolisierungen und Schrumpfung vor. Oft lassen sich reichlich Plattenepithelien – einzeln oder in kleineren Verbänden über den gesamten Ausstrich verstreut – nachweisen (wie bei Regressionsgrad II) (**Abb. 132b, 132c**).

Auffallend häufig sind phagozytierende, mehr- oder vielkernige Histiozyten (Makrophagen) mit schaumig-granulärem Inhalt sowie phagozytierten Kerntrümmern und Plattenepithelien (**Abb. 127b–131**). Nicht selten ist das Zytoplasma dieser Makrophagen von ausgesprochen großen Vakuolen durchsetzt (**Abb. 128b, 128c**).

Die zytologische Diagnose eines Regressionsgrades 0 kann nur dann zuverlässig gestellt werden, wenn mindestens 20 mittelgroße und größere Zellverbände aus jedem Prostatalappen zur Beurteilung vorliegen!

9.2.1.2 Regressionsgrad II

Neben überwiegend unverdächtigen Prostataepithelverbänden finden sich vereinzelt Zellverbände mit mäßigen Atypien (Pap. III), hauptsächlich in Form von Verdichtungen des Kernchromatins, mittelgradigen Kerngrößenvariationen und verwaschenen Zellgrenzen (**Abb. 132b**). Die Zuordnung solcher Verbände zu einem Karzinom ist zytologisch *nicht* möglich. Sehr häufig treten auch bei Regressionsgrad II zahlreiche Plattenepithelien und Makrophagen, einzeln oder in Verbänden über den Ausstrich verteilt, auf (**Abb. 132b, 132c**).

9.2.1.3 Regressionsgrad IV

Im zytologischen Ausstrich herrschen unverdächtige Prostataepithelverbände vor. Daneben werden jedoch regelmäßig kleinere und mittelgroße Zellverbände mit wenigen typischen Karzinomzellkernen demonstriert, die außer der Verdichtung und unregelmäßigen Verteilung des Kernchromatins gelegentlich prominente Nucleolen aufweisen. Die Kernordnung ist meist gestört (**Abb. 133b, 133c**).

Diese Merkmale treten jedoch quantitativ in den Hintergrund gegenüber den in denselben Verbänden vorliegenden, lediglich mäßig atypischen Zellkernen mit höchstens kleinen oder betonten, nie aber prominenten Nucleolen. Die *Kernmembranen* sind meist gut sichtbar **(Abb. 133c, 135)**. Im Gegensatz zu den Befunden *vor* einer Therapie **(Abb. 133a)** fällt besonders die deutliche *Rarefizierung der Zellkerne* auf **(Abb. 133c, 134b, 135)**. Das *Chromatin* ist überwiegend locker-granulär strukturiert, das Zytoplasma eindeutig aufgelockert oder vakuolisiert. Ferner dominiert in solchen Ausstrichen stets der Anteil normaler oder nur geringfügig atypischer Prostataepithelverbände. Ebenso wie bei Regressionsgrad 0 und II lassen sich auch bei Regressionsgrad IV regelmäßig *Makrophagen* nachweisen **(Abb. 136)**. Auch Zytoplasmaseenbildungen sind typisch **(Abb. 138)**.

9.2.1.4 Regressionsgrad VI

Bei diesem Regressionsgrad sind, abgesehen von wenigen unverdächtigen Prostataepithelverbänden, hauptsächlich Karzinomverbände zu erkennen. In zahlreichen Zellkernen dieser Verbände lassen sich noch wichtige Karzinommerkmale, vor allem *deutlich verdichtetes Kernchromatin* und betonte, teils sogar *prominente Nucleolen* nachweisen. In denselben Verbänden finden sich daneben auch *Zellkerne* mit kaum noch sichtbaren oder höchstens betonten Nucleolen. Das *Chromatin* ist in diesen Zellkernen häufig locker strukturiert, die *Kernmembranen* zeichnen sich deutlich ab **(Abb. 139b, 141b)**. Überdies liegt stets eine Kernrarefizierung vor, die jedoch weniger stark ausgeprägt ist als bei Regressionsgrad IV.

Typisch für Regressionsgrad VI sind also Karzinomverbände, die gegenüber den normalen Epithelverbänden zahlenmäßig eindeutig überwiegen **(Abb. 139b, 140b, 141b, 142b, c)**.

Gelegentlich werden in Ausstrichen mit Regressionsgrad VI außerdem einzelne Karzinomverbände ohne stärkere Regressionszeichen beobachtet. Stehen diese Verbände quantitativ hinter den mit VI klassifizierten zurück, so läßt sich der Befund zwar dennoch als Regressionsgrad VI einstufen, sollte jedoch mit dem Zusatz „vereinzelt Regressionsgrad VIII" versehen werden, da Patienten mit einem solchen Befund prognostisch ungünstiger zu beurteilen sind als Patienten mit „reinem" Regressionsgrad VI (R VI–VIII) **(Tabelle 21, S. 144)**.

9.2.1.5 Regressionsgrad VIII

Der zytologische Ausstrich ist durch *zahlreiche Karzinomverbände* gekennzeichnet, die *überwiegend nur geringe Regressionszeichen*, vor allem Vakuolisierungen, Schrumpfungen oder Auflockerungen des Zytoplasmas aufweisen **(Abb. 145b, 146b, c, 147, 148, 154)**. Häufiger sind Mitosen zu erkennen **(Abb. 146c, 147)**. In Teilen dieser Verbände lassen sich deutliche Regressionszeichen, beispielsweise kleine Zellkerne, Kernpyknosen und lediglich betonte Nucleolen beobachten, die zahlenmäßig jedoch gegenüber den kaum regressiv veränderten Verbänden eindeutig in den Hintergrund treten **(Abb. 149–152)**.

Einzelne, in demselben Ausstrich nachweisbare, deutlich regressiv veränderte Karzinomverbände sind in die endgültige Diagnose nicht einzubeziehen, da ihnen prognostisch keine Bedeutung zukommt.

9.2.1.6 Regressionsgrad X

Im zytologischen Ausstrich herrschen Prostatakarzinomverbände *ohne* Regressionszeichen vor. Dieser Regressionsgrad findet sich vorwiegend bei Resistenz gegen verschiedene Therapieformen. Er ist gekennzeichnet durch stark ausgebildete Malignitätsmerkmale, vor allem sehr große Zellkerne mit starker Kerngrößenvariabilität. Das Chromatin ist extrem verdichtet, oft grobschollig oder klumpig. Die Nucleolen sind auffallend prominent, häufig polymorph und pro Zellkern vermehrt (**Abb. 157a, b**). Die Zellgrenzen fehlen meist völlig. Die Kernlagerung ist irregulär. Die Zellkerne sind stark dissoziiert, die Zellverbände sind nicht selten völlig aufgelöst. Es bietet sich das Bild polymorpher, nackter Tumorzellkerne (**Abb. 156b, c**).

9.3 Reproduzierbarkeit

Grundlage der Reproduzierbarkeit ist das zytologische Regressionsgrading.

Die *intraindividuelle Reproduzierbarkeit* lag in 70 eigenen, konsekutiven Untersuchungen im Durchschnitt bei 90% (83–100%) (**Tabelle 19**). Die Abweichungen waren statistisch nicht signifikant.

Klinische Bedeutung käme auch nur der abweichenden Zuordnung von Regressionsgrad VI bzw. VIII zu, vor allem bei Verwechslung einer schlechten Therapiewirkung (R VIII) mit einem noch günstigen Therapieeffekt (R VI), bei dem – insbesondere bei gleichzeitiger klinischer Stabilität – *keine* Therapieumstellung angezeigt wäre.

Die *interindividuelle Reproduzierbarkeit*, überprüft an 82 konsekutiven Aspirations-

Tabelle 19. Intraindividuelle Reproduzierbarkeit des zytologischen Regressionsgradings

Regressionsgrad	n	Reproduzierbare Befunde	
		n	%
0	2	2	100
II	6	5	83
IV	14	12	86
VI	26	23	88
VIII	18	17	94
X	4	4	100
	70	63	90

Tabelle 20. Interindividuelle Reproduzierbarkeit des zytologischen Regressionsgradings

Regressionsgrad	1. Diagnostiker n	2. Diagnostiker n	Reproduzierbarkeit (%)
0	2	2	100
II	4	4	100
IV	16	13	81
VI	31	25	81
VIII	24	22	92
X	5	3	60
	82	69	84

biopsien durch 2 erfahrene Diagnostiker, lag bei durchschnittlich 84% (60–100%) (**Tabelle 20**).

Auch diese Abweichungen sind statistisch nicht signifikant. Die scheinbar sehr unterschiedliche Zuordnung zu den Regressionsgraden VIII und X hätte aber selbst bei statistischer Signifikanz *keine* klinische Bedeutung, da beide Regressionsgrade gleichermaßen für eine schlechte oder gar fehlende Therapiewirkung stehen.

Die Übereinstimmung zwischen *histologischem und zytologischem Regressionsgrading* kann aufgrund eigener Beobachtungen an 102 Fällen mit 85,3% angegeben werden (LEISTENSCHNEIDER u. NAGEL, 1980).

Bei 6 Patienten mit zytologischem Regressionsgrad VIII, bei denen die simultane Stanzbiopsie histologisch den eindeutig günstigeren Regressionsgrad VI ergab, fand sich nach Wiederholung der Aspirationsbiopsie erneut ein Regressionsgrad VIII. Innerhalb eines Jahres kam es zur klinischen Progression, wie aufgrund der ungünstigeren *zytologischen* Beurteilung (R VIII!) zu erwarten war.

Über die intra- und interindividuelle Reproduzierbarkeit des *histologischen Regressionsgradings* nach Dhom liegen bislang noch keine Angaben vor.

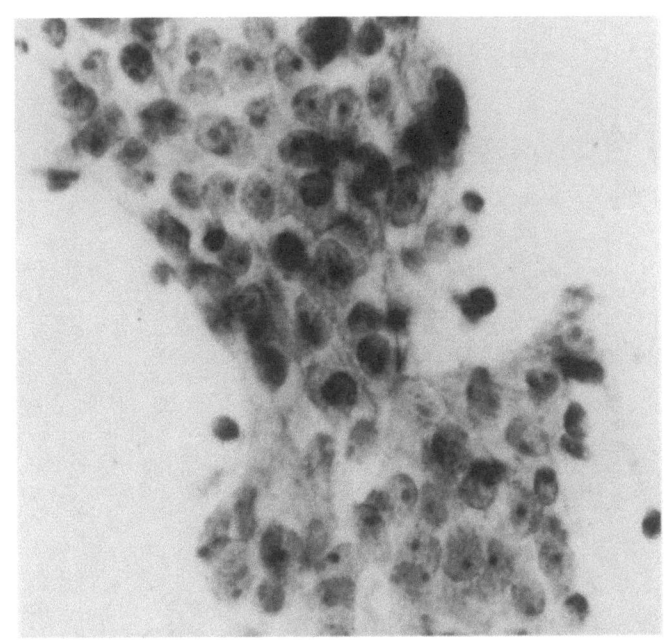

Abb. 117a. Grad-II-Karzinom vor Therapie. ×400

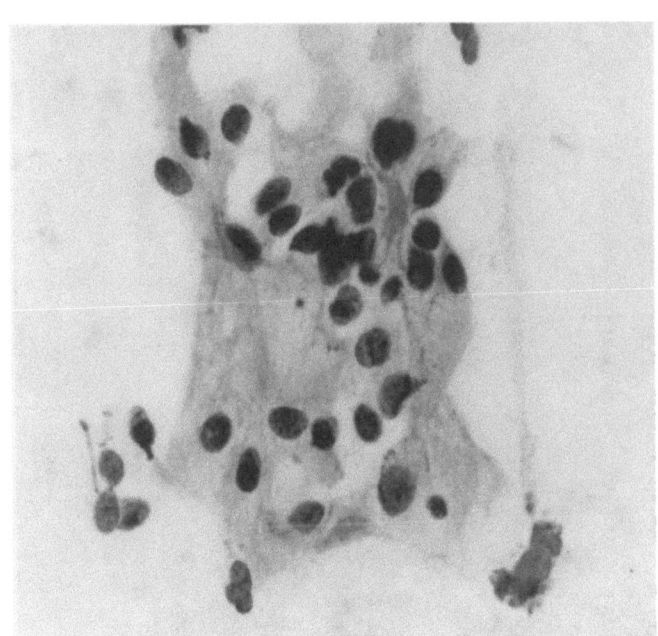

Abb. 117b. Gleicher Fall nach 3monatiger Hormonbehandlung: Zellkerne deutlich kleiner, rarefiziert, erheblich kleinere Nucleolen, teilweise nicht erkennbar, insgesamt deutliche Regressionszeichen. ×400

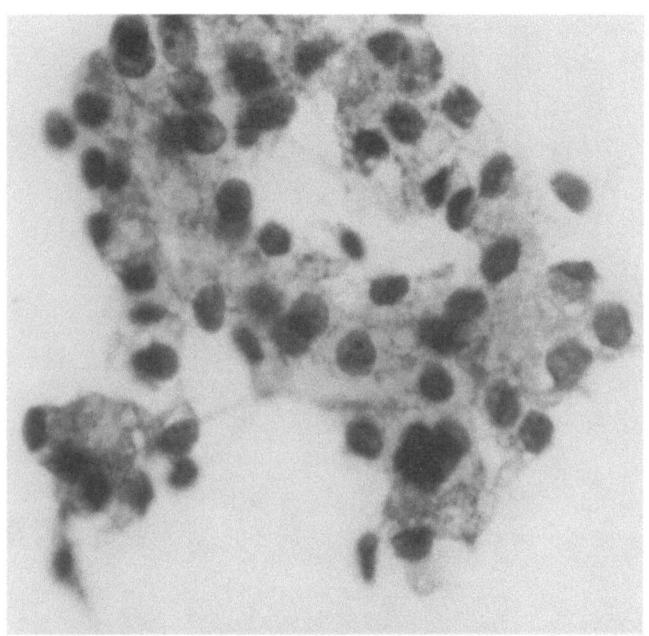

Abb. 117c. Gleicher Fall, anderer Zellverband: Ausgeprägte feinblasige Vakuolisierung des Zytoplasmas. Kernveränderungen wie in Abb. 117b. ×400

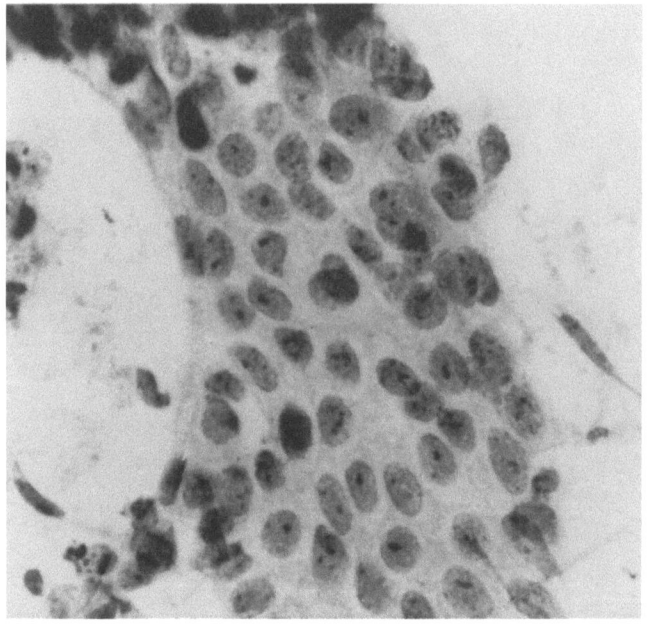

Abb. 118a. Grad-II-Karzinom vor Therapie. ×400

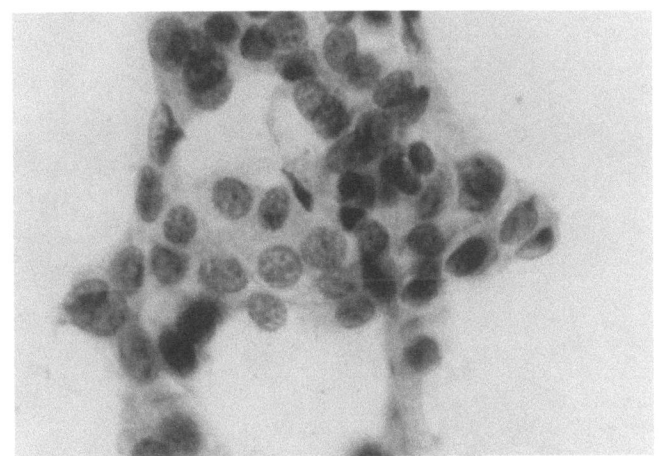

Abb. 118b. Gleicher Fall nach 6monatiger Hormonbehandlung. Deutliche Regressionszeichen: Verkleinerung der Zellkerne, einzelne Pyknosen, Verkleinerung oder Schwund der Nucleolen. ×400

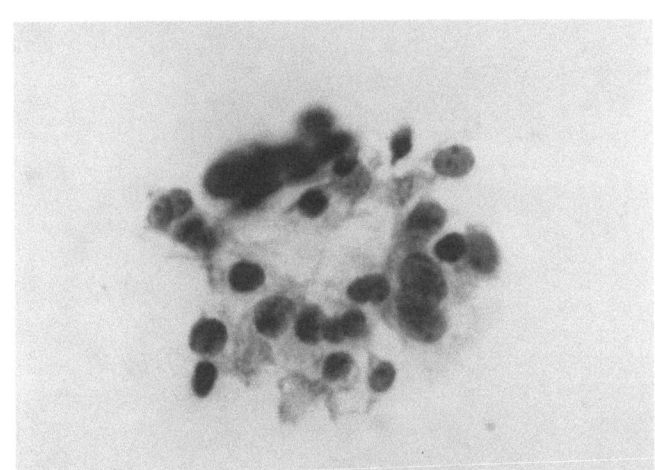

Abb. 118c. Gleicher Fall, anderer Zellverband: Mehrere Pyknosen und deutliche Rarefizierung der Zellkerne gegenüber dem vorhandenen Zytoplasma. ×400

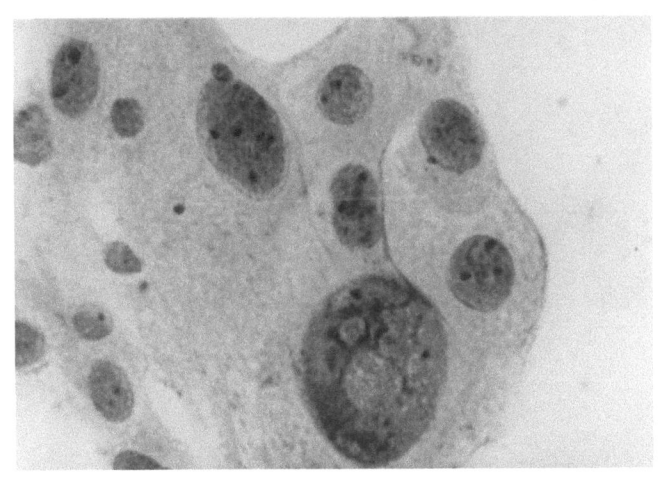

Abb. 119. Zustand nach Bestrahlung eines Prostatakarzinoms vor 15 Monaten. Deutliche Regressionszeichen: Megakaryosen mit Kernvakuolisierung, erhebliche Rarefizierung der Zellkerne mit Zytoplasmasee, kleine Nucleolen. Ölimm., ×540

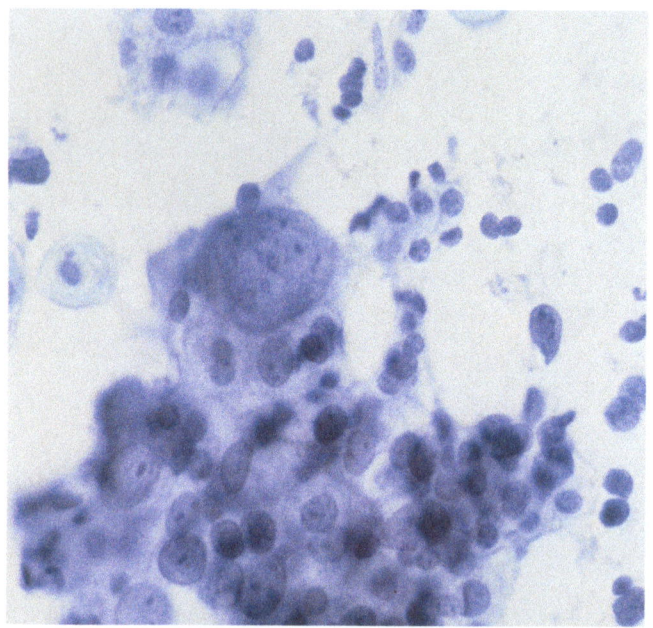

Abb. 120a. Zustand nach 8jähriger Hormonbehandlung: Megakaryose am Rande eines deutlich regressiv veränderten Verbandes mit aufgelockerter Chromatinstruktur und deutlich gezeichneten Kernmembranen, kleine Nucleolen. ×400

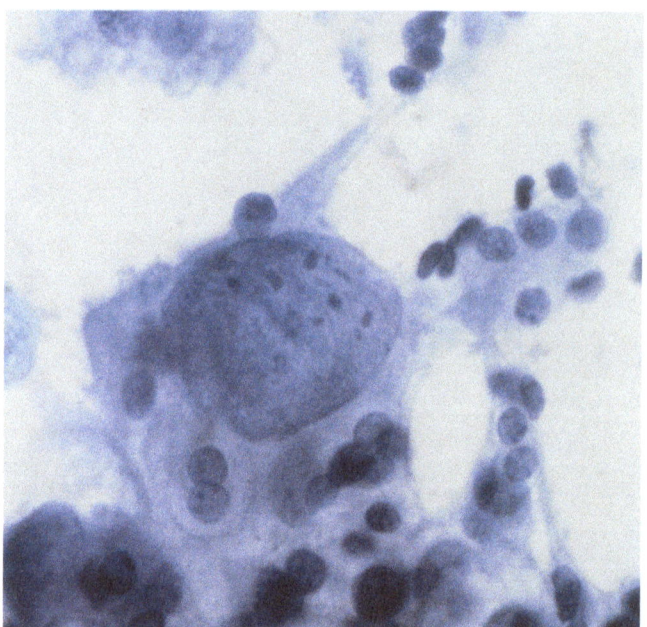

Abb. 120b. Gleicher Fall bei stärkerer Vergrößerung. ×630

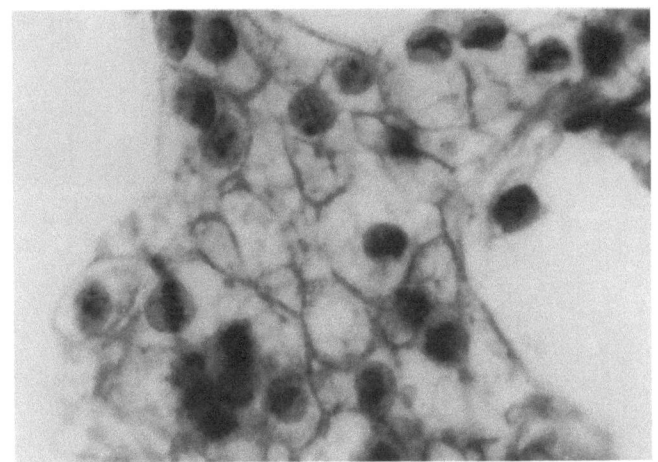

Abb. 121a. Zustand nach 1jähriger Hormontherapie mit grobblasiger Vakuolisierung des Zytoplasmas und Rarefizierung der Zellkerne, Nucleolen jedoch noch prominent. Damit insgesamt geringe Regression. ×400

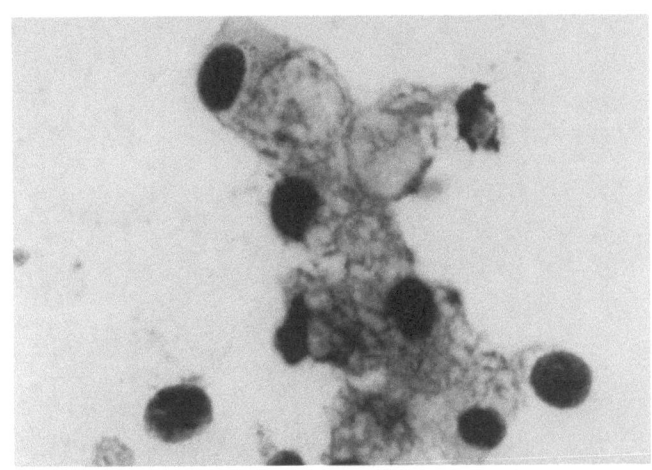

Abb. 121b. Gleicher Fall, anderer Zellverband: Fein- und grobblasige Zytoplasmavakuolen, große Zellkerne, Chromatinstruktur nur eingeschränkt beurteilbar. ×400

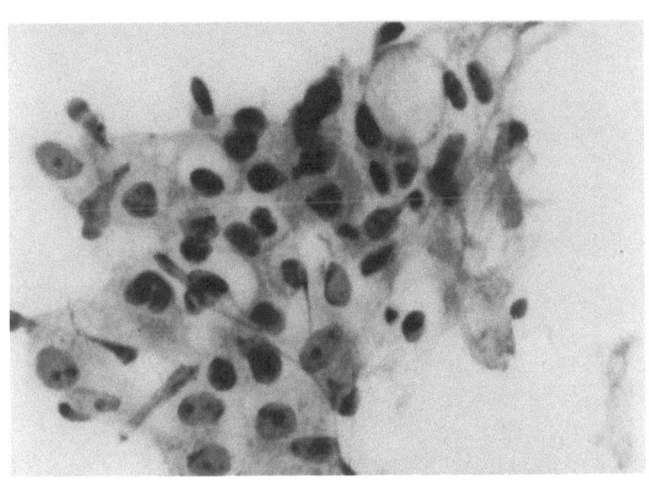

Abb. 122. Zustand nach 3monatiger sekundärer Hormontherapie nach vorangegangener erfolgloser Bestrahlung: Mehrere grobblasige Zytoplasmavakuolen, Zellkerne mit noch zahlreichen deutlich prominenten Nucleolen, daher insgesamt nur geringe Regression. ×400

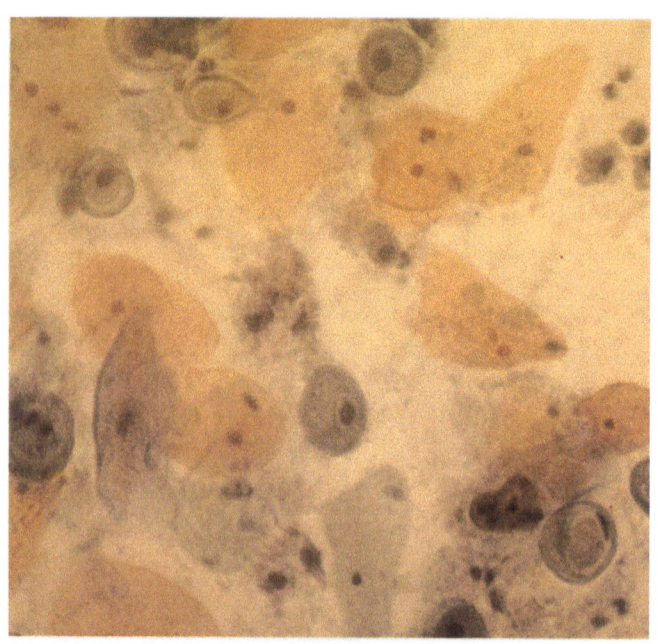

Abb. 123. Zustand nach 6monatiger Hormontherapie: Massive Ansammlung von Plattenepithelien durch östrogenbedingte metaplastische Umwandlung normaler Prostataepithelien. Ölimm., ×540

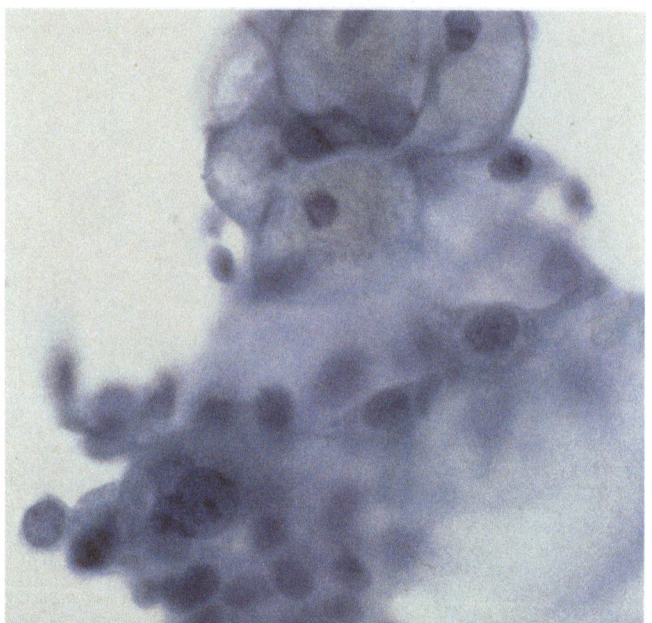

Abb. 124. Im oberen Bildteil größerer Verband metaplastisch umgewandelter Prostataepithelien. ×630

Abb. 125a. Zustand nach 3monatiger Hormontherapie: Großer Verband eines teils regressiv veränderten Prostatakarzinoms (kleine Nucleolen!), jedoch mit noch dichter Chromatinstruktur. Einzelne große Plattenepithelien aus metaplastisch transformierten, im gleichen Verband mitvorhandenen benignen Prostataepithelien. ×630

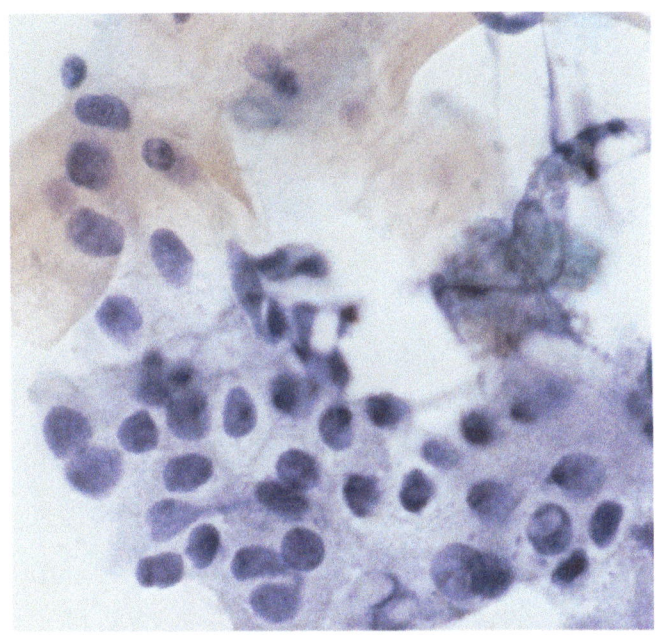

Abb. 125b. Gleicher Fall, anderer Zellverband: An einen wenig regressiv veränderten Karzinomverband angelagerte Plattenepithelien. ×630

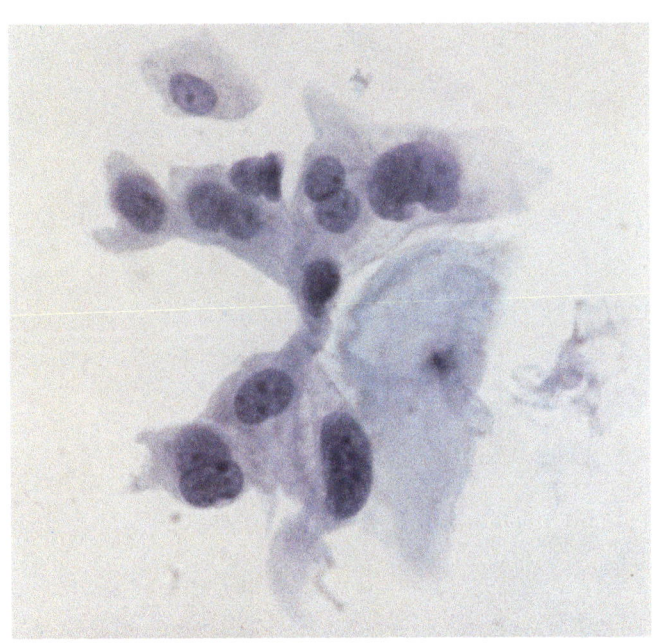

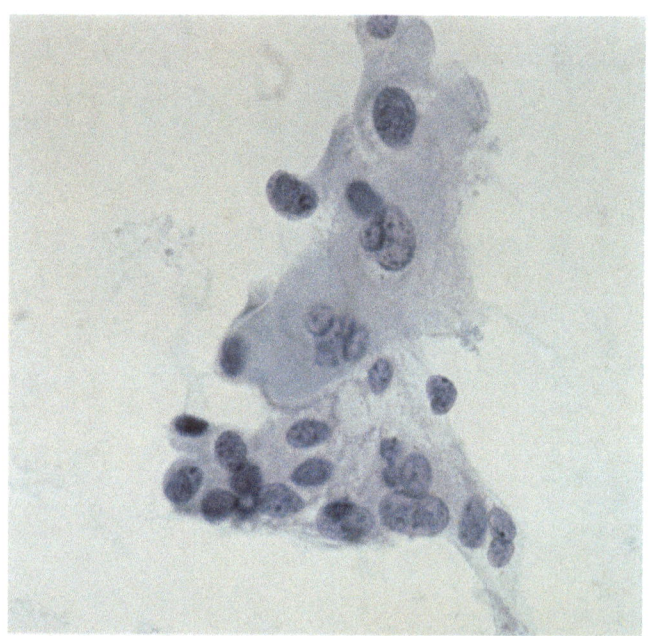

Abb. 126a. Stadium der metaplastischen Umwandlung nach 3monatiger Hormontherapie: Erschwerte Abgrenzungsmöglichkeit gegenüber malignen Epithelien. Die Kerne innerhalb der Metaplasie sind deutlich polymorph und hyperchromatisch, das Chromatin ist granulär strukturiert. Die Nucleolen sind jedoch lediglich betont. ×400

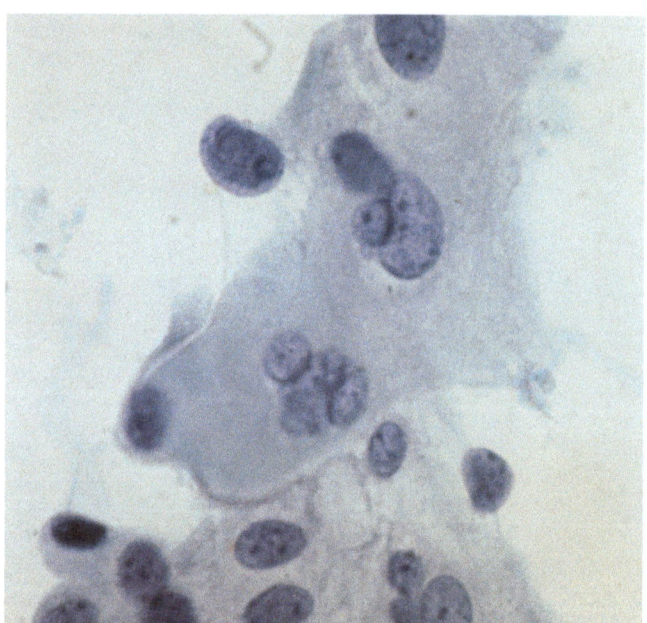

Abb. 126b. Gleicher Fall bei stärkerer Vergrößerung: Die fehlende Prominenz der Nucleolen wird hier noch deutlicher. Eine sichere Beurteilung der Regression ist bei derartigen Verbänden nicht möglich. ×630

Abb. 127a. Zustand nach 3wöchiger Hormontherapie: Buntes Bild mit kleinen, teils dissoziierten Prostataepithelverbänden, einzelnen Plattenepithelien sowie Histiozyten (*links oben*). ×400

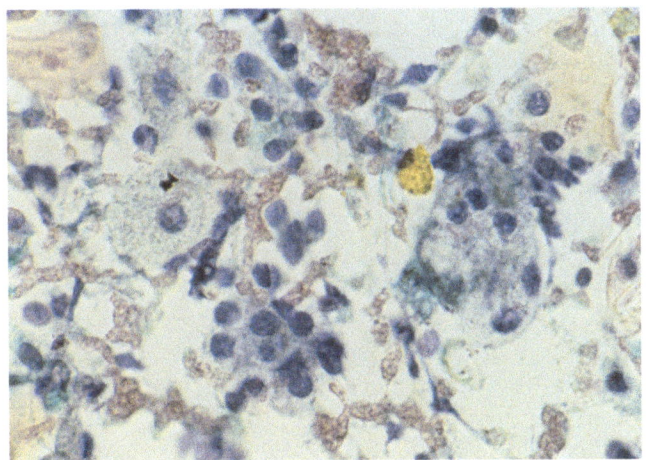

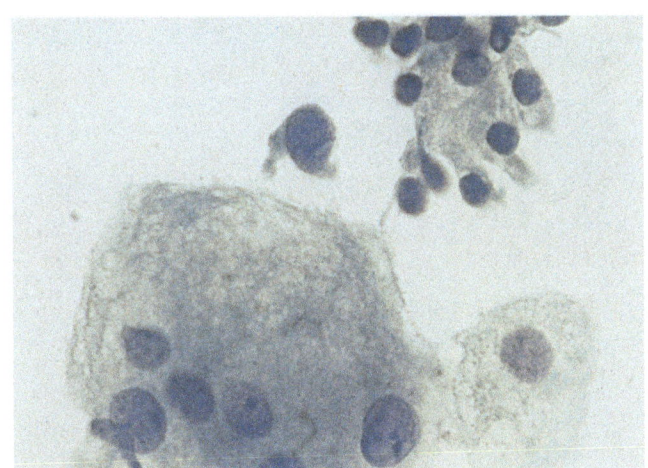

Abb. 127b. Gleicher Fall: Nebeneinander von kleinem Prostataepithelverband, der einem Karzinom nicht zugeordnet werden kann, sowie großem, zytoplasmareichem Histiozyten. ×630

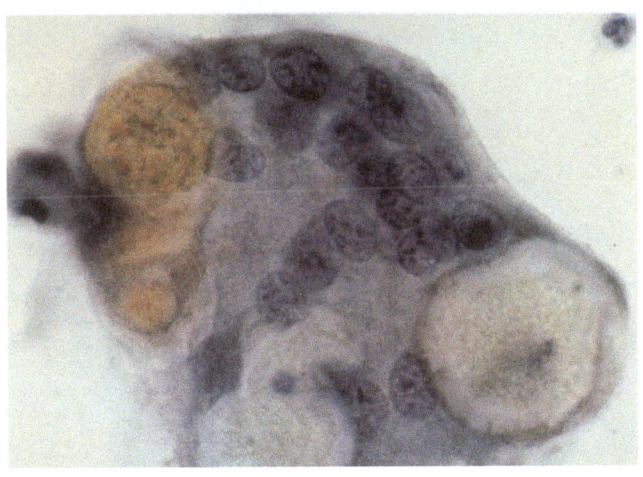

Abb. 128a. Zustand nach 3jähriger Hormontherapie: Großer Histiozyt mit phagozytierten Plattenepithelien. ×630

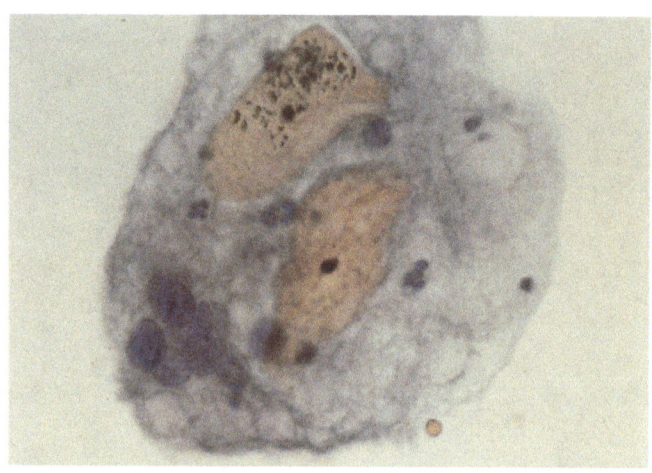

Abb. 128b. Gleicher Fall: Großer Histiozyt mit schaumig-vakuolisiertem Zytoplasma, phagozytierten Plattenepithelien und kleinen Kerntrümmern. ×630

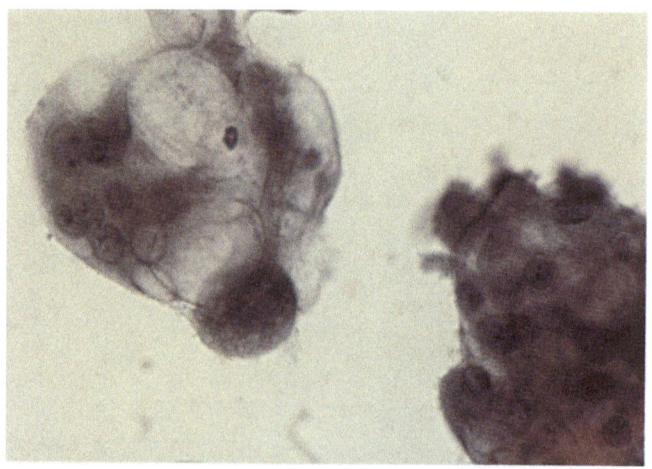

Abb. 128c. Gleicher Fall: Histiozyt mit besonders grobblasiger Vakuolisierung. ×400

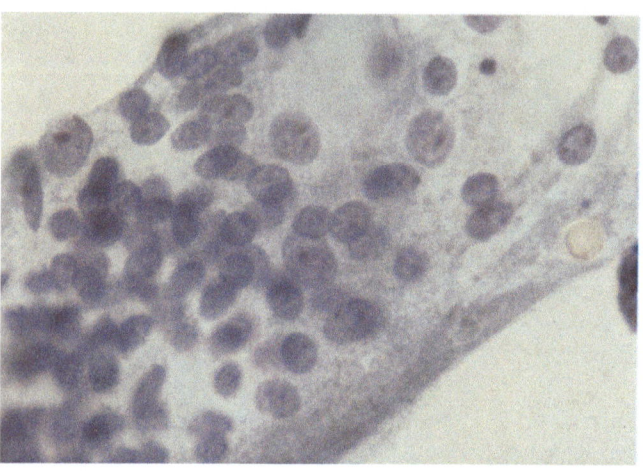

Abb. 129a. Zustand nach 3monatiger Estracyttherapie: Histiozytäre, multinukleäre Riesenzelle. Ölimm., ×540

Abb. 129b. Gleicher Fall: Großer Histiozyt mit relativ wenigen Zellkernen und phagozytierter Plattenepithelzelle. Ölimm., × 540

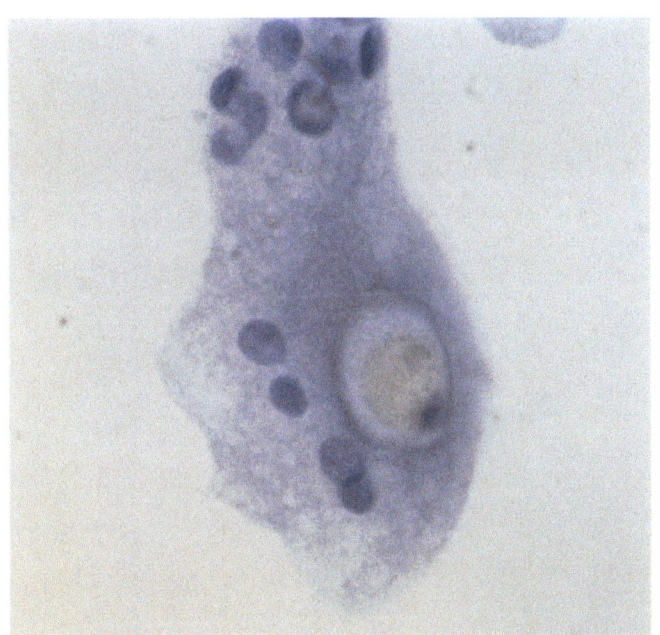

Abb. 130. Zustand nach 4jähriger Hormontherapie: Großer, multinukleärer Histiozyt mit phagozytierten Plattenepithelien. Die deutlich gezeichnete Kernmembran und die locker-granuläre Chromatinstruktur weisen trotz der betonten bis fast prominenten Nucleolen neben der Phagozytose eindeutig auf einen Histiozyten hin. Ölimm., × 540

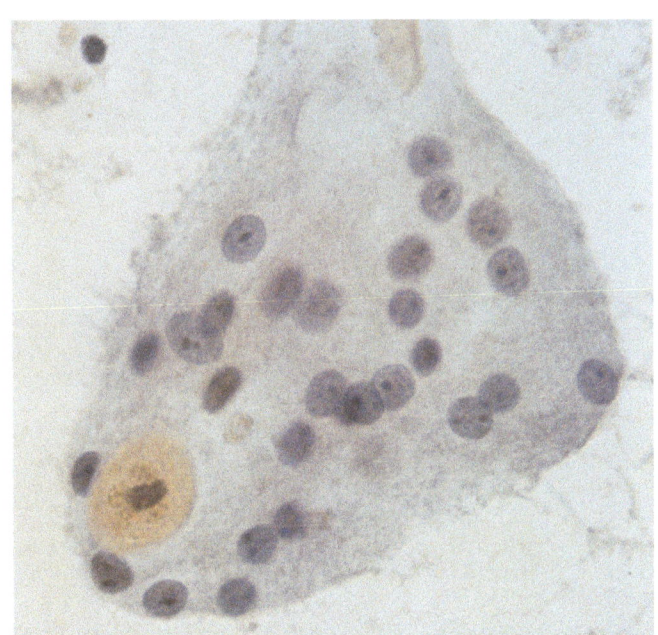

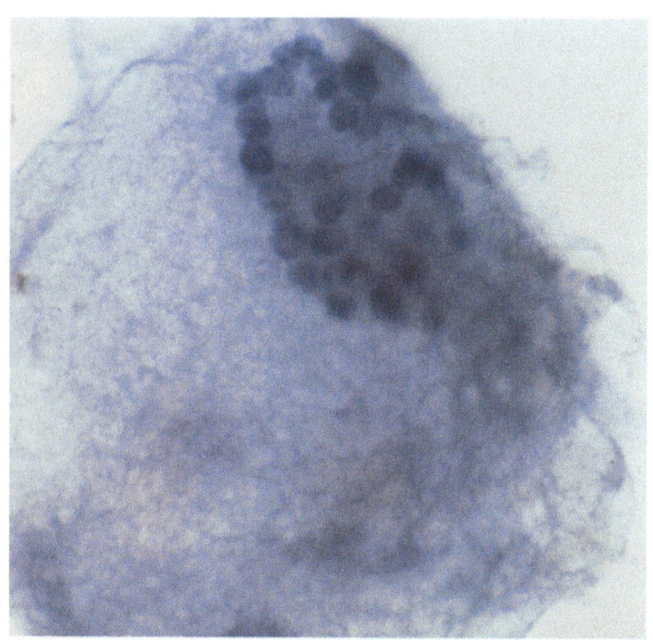

Abb. 131. Zustand nach 6monatiger Hormontherapie: Riesiger, multinukleärer Histiozyt mit peripher gelagerten Zellkernen und schaumig-granulärer Zytoplasmastruktur. ×400

Abb. 132a. Grad-II-Karzinom vor Hormontherapie. ×400

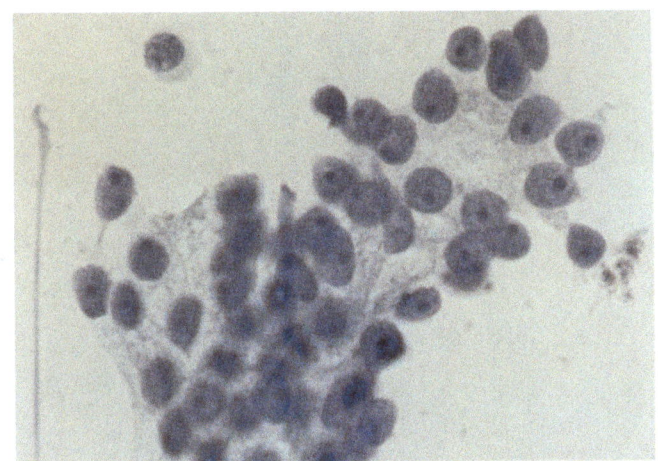

Abb. 132b. Gleicher Fall nach 12monatiger Hormontherapie: Kleiner Prostataepithelverband, Atypien entsprechend PAP-III, Zuordnung zu Karzinom nicht sicher möglich. Große Plattenepithelzelle. Einstufung in Regressionsgrad II. ×400

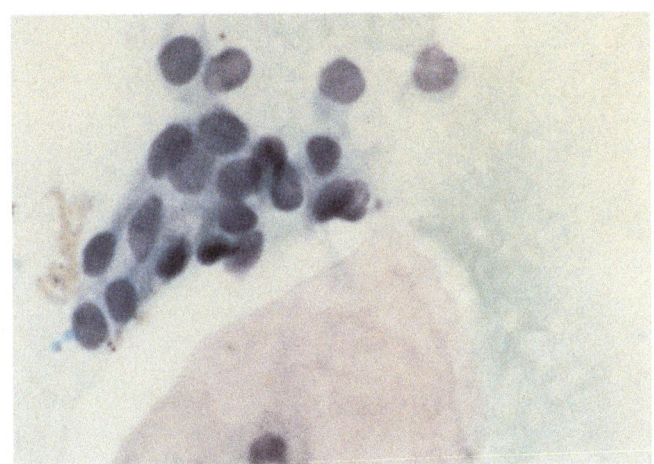

Abb. 132c. Gleicher Fall: Mehrere Plattenepithelien als Ausdruck therapiebedingter Metaplasie. ×400

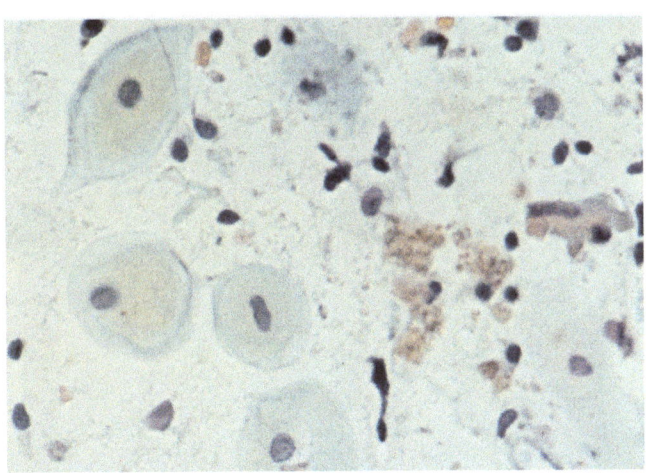

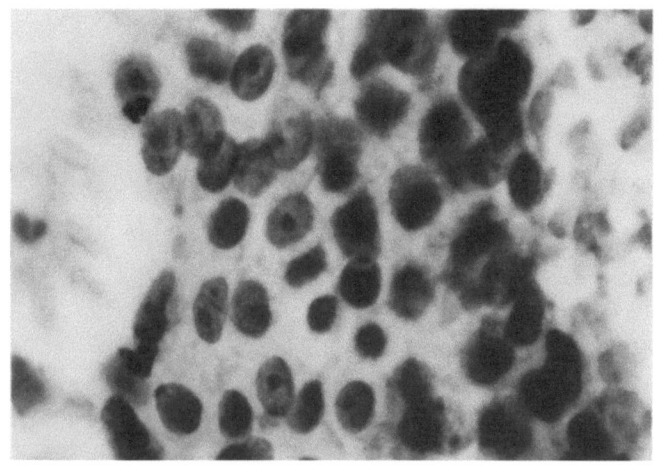

Abb. 133a. Grad-II-Karzinom vor Hormontherapie. ×630

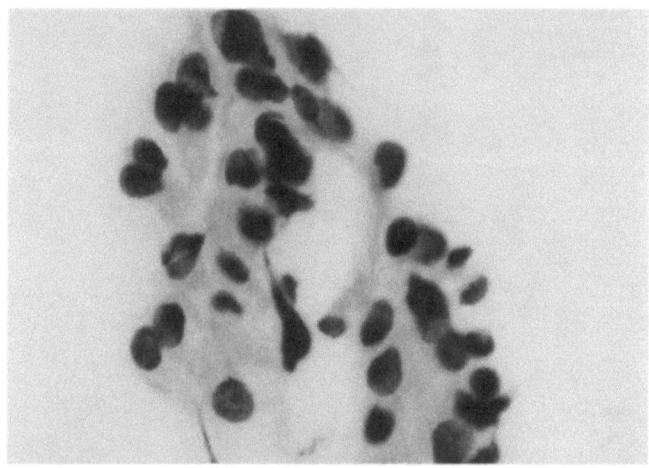

Abb. 133b. Gleicher Fall nach 6monatiger Hormontherapie: Zahlreiche Zellkerne deutlich kleiner, Nucleolen meist nicht mehr erkennbar, daneben jedoch noch einzelne Kerne mit leicht betonten Nucleolen und erhöhter Chromatindichte. Insgesamt Regressionsgrad IV. ×400

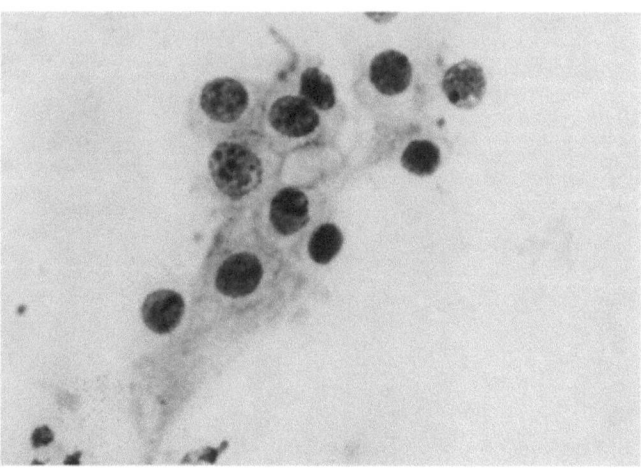

Abb. 133c. Gleicher Fall: Zellkerne kleiner als vor Therapie, nur einige Kerne mit noch prominenten Nucleolen. Zytoplasmavakuolen. ×400

Abb. 134a. Zustand nach Bestrahlung vor 2 Jahren: *Im oberen Bildteil* unverdächtige Prostataepithelien, *im unteren Bildteil* mehrere Kerne mit erhöhter Chromatindichte, jedoch kleinen Nucleolen. *Rechts* Megakaryosen. Regressionsgrad IV. ×630

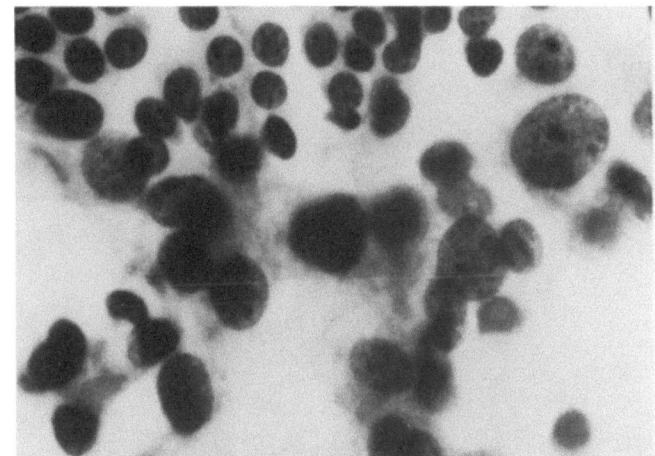

Abb. 134b. Gleicher Fall mit kleinem Prostataepithelverband, der nicht sicher einem Karzinom zugeordnet werden kann. Regressionsgrad II. Unter Berücksichtigung von Abb. 134a jedoch insgesamt Zuordnung zu Regressionsgrad IV. ×630

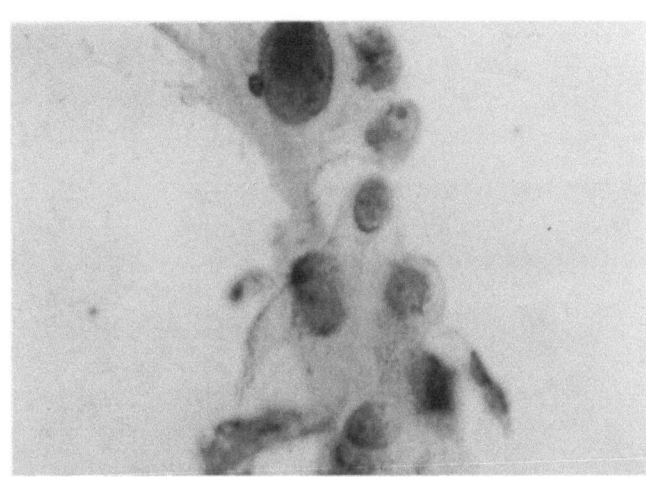

Abb. 135. Zustand nach Bestrahlung vor 1 Jahr: Prostataepithelverband mit unterschiedlich großen Zellkernen und mäßig verdichtetem Chromatin, jedoch nur herdförmig noch prominenten, sonst lediglich betonten Nucleolen entsprechend Regressionsgrad IV. ×630

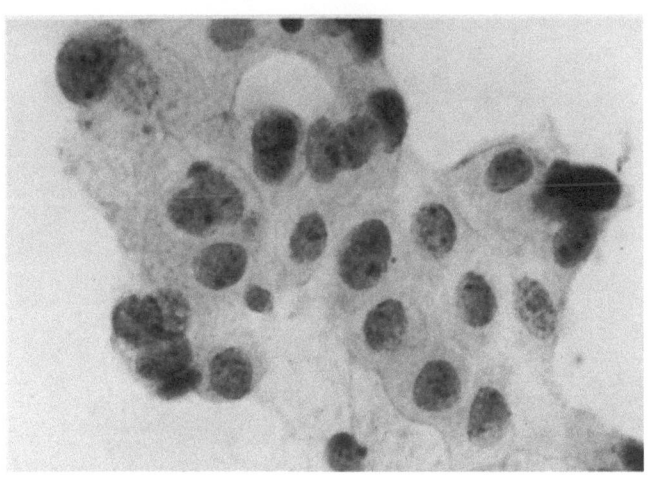

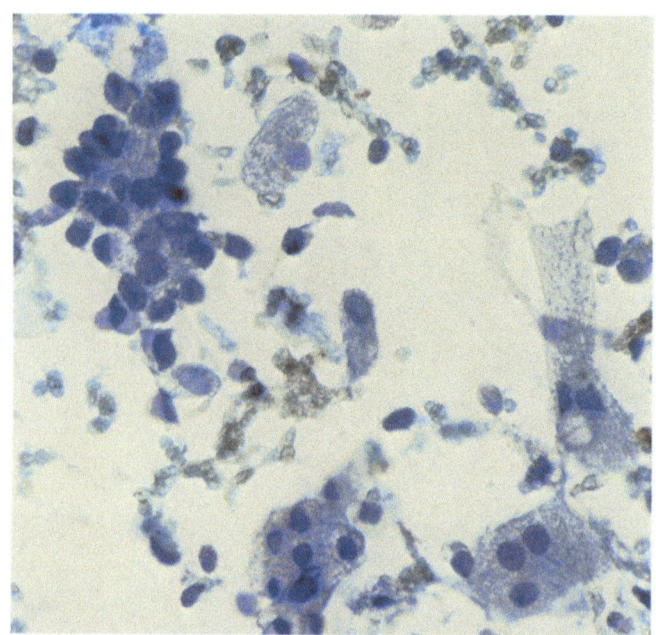

Abb. 136. Zustand nach 3wöchiger Hormontherapie mit kleineren Verbänden eines bereits zu diesem Zeitpunkt deutlich regressiv veränderten Restkarzinoms. Regressionsgrad IV. ×400

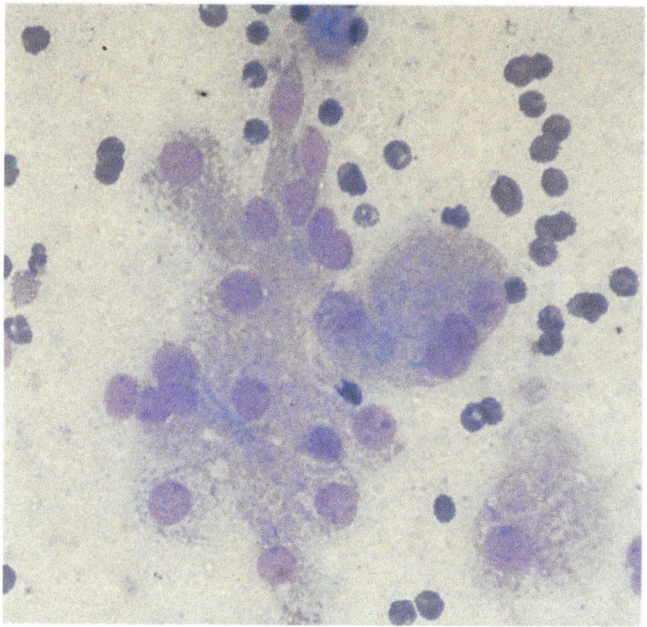

Abb. 137. Befund bei Regressionsgrad IV nach MGG-Färbung. ×400

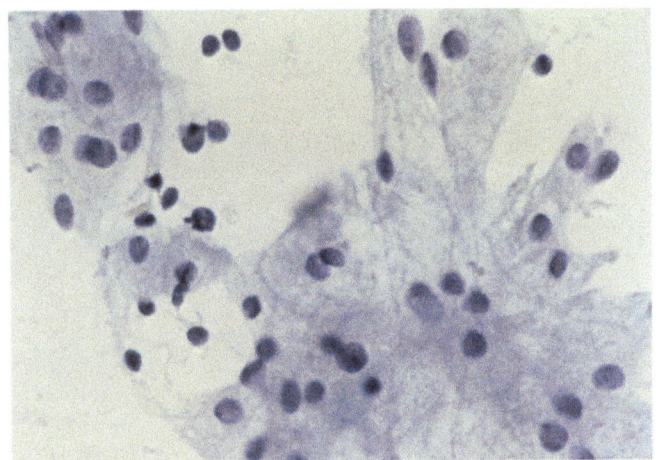

Abb. 138a. Zustand nach 1jähriger Hormontherapie: Deutlich regressiv verändertes Restkarzinom mit Zytoplasmaseenbildung. Regressionsgrad IV. ×400

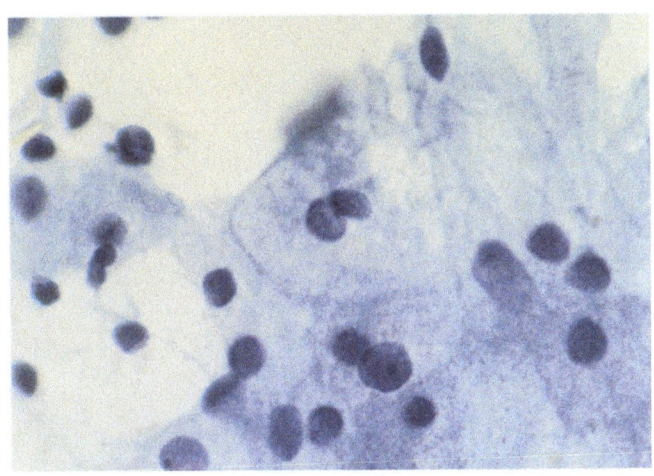

Abb. 138b. Gleicher Fall bei stärkerer Vergrößerung. Die noch deutliche Chromatindichte, mäßige Kernpolymorphie und einzelne Kerne mit betontem Nucleolus weisen auf Regressionsgrad IV hin. ×630

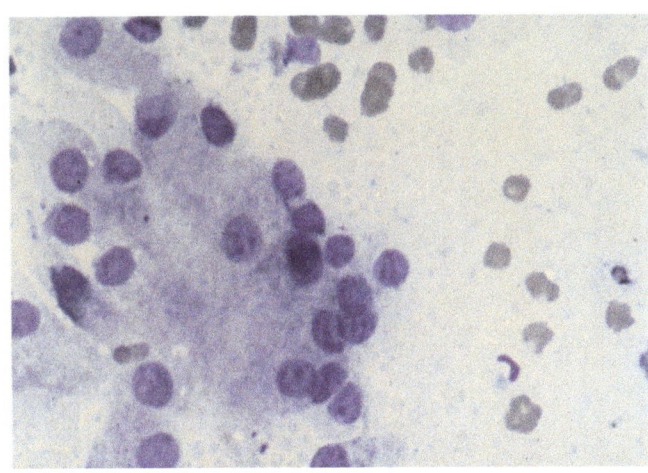

Abb. 138c. Gleicher Fall nach MGG-Färbung: Färbetechnisch bedingt erscheinen die Zellkerne größer. ×400

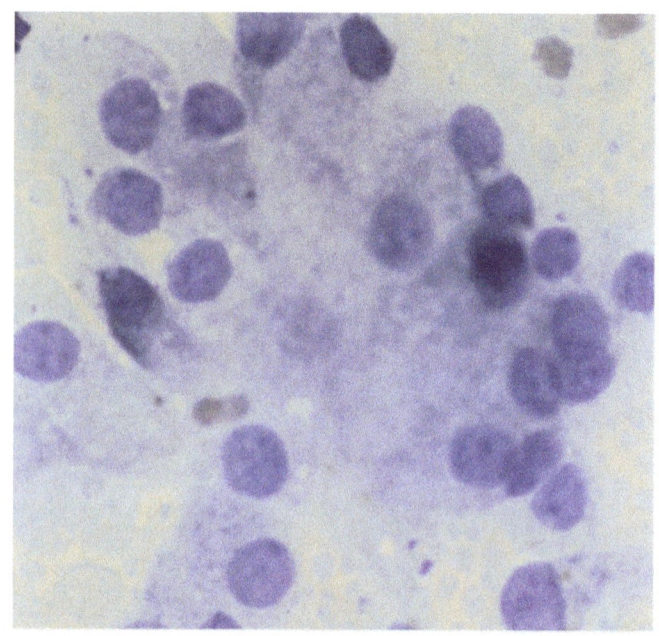

Abb. 138d. Gleicher Fall bei stärkerer Vergrößerung. ×630

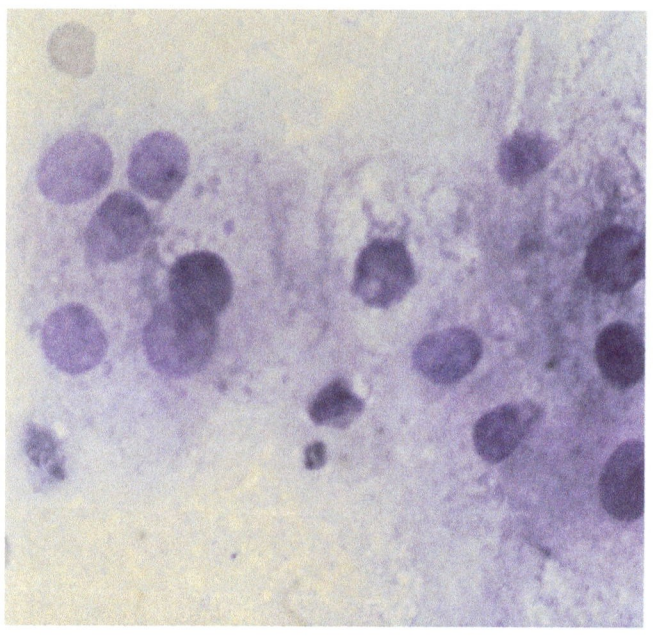

Abb. 138e. Gleicher Fall. ×630

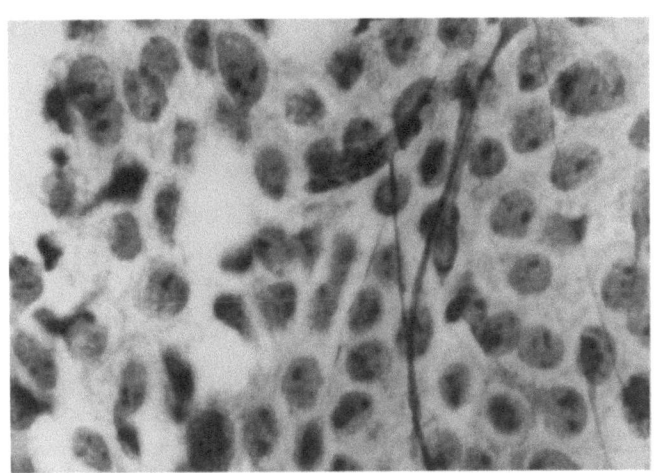

Abb. 139a. Grad-III-Karzinom vor Estracyt-Therapie. ×400

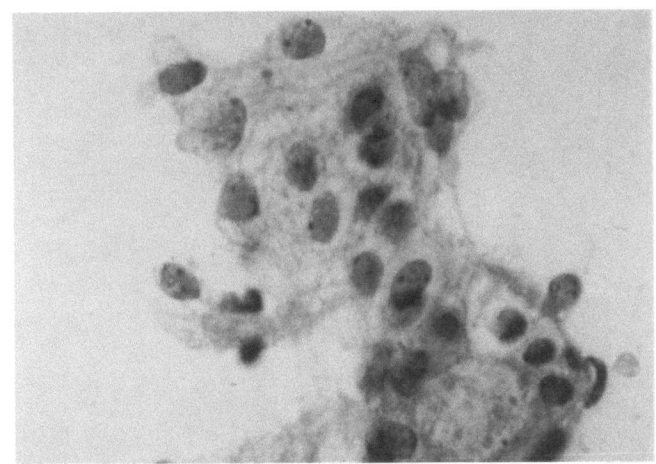

Abb. 139b. Gleicher Fall nach 3monatiger Estracyt-Therapie: Zellkerne meist kleiner, Nucleolen betont oder gering prominent, Kernrarefizierung, einzelne Kernpyknosen. Zytoplasmavakuolisierung. Insgesamt Regressionsgrad VI. ×400

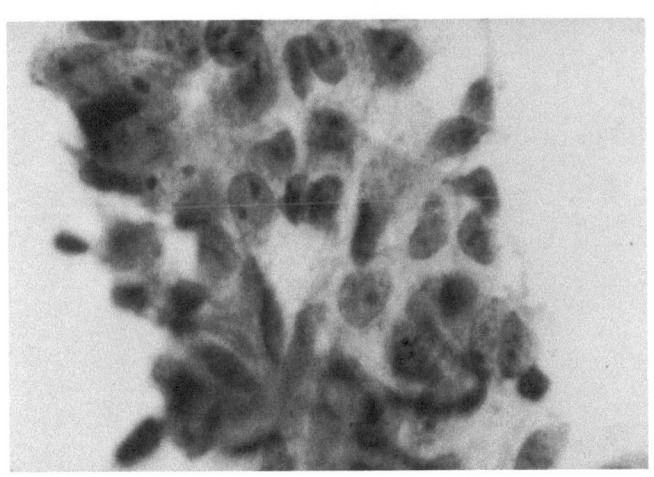

Abb. 140a. Grad-III-Karzinom vor primärer Estracyt-Therapie. ×400

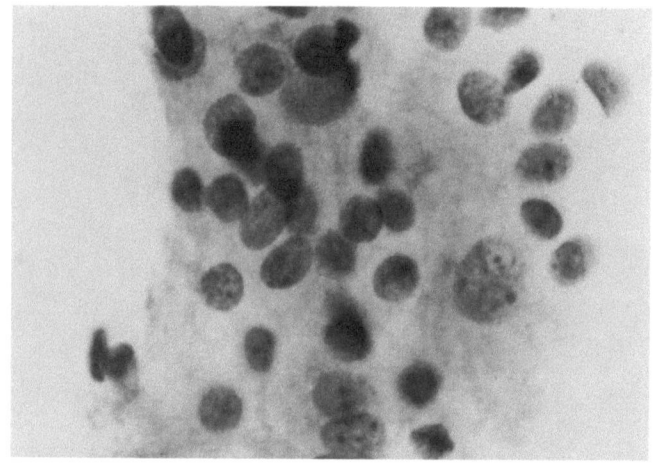

Abb. 140b. Gleicher Fall nach 3monatiger primärer Estracyt-Therapie: Zellkerne mäßig polymorph mit noch dichter Chromatinstruktur und einzelnen prominenten Nucleolen, die meisten Kerne aber deutlich kleiner, rarefiziert und mit überwiegend kleinen Nucleolen entsprechend Regressionsgrad VI. ×400

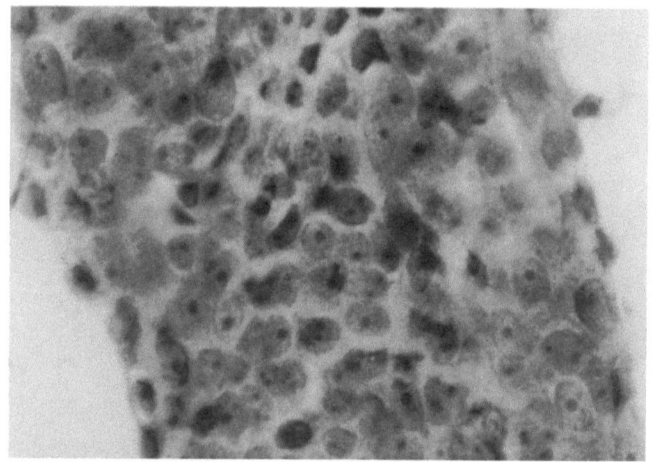

Abb. 141a. Zustand nach Bestrahlung vor $1^1/_2$ Jahren: Grad-II-Karzinom ohne Regressionszeichen, entsprechend Regressionsgrad X. ×400

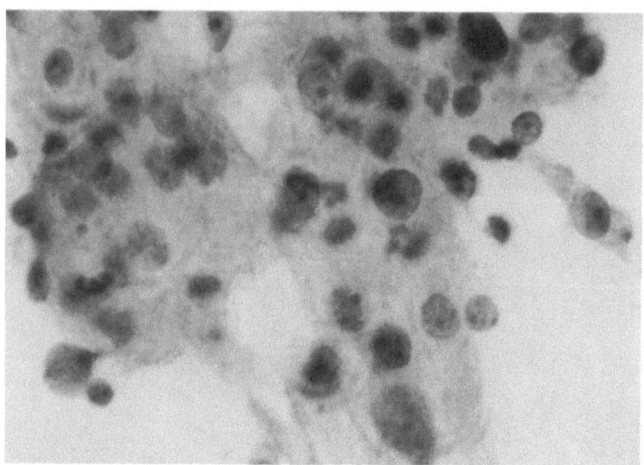

Abb. 141b. Gleicher Fall nach 6monatiger sekundärer Hormontherapie: Nun deutliche Regressionszeichen in Form überwiegend kleinerer Zellkerne, Kernrarefizierung und meist nur noch betonten oder kaum erkennbaren Nucleolen. Herdförmig Zytoplasmavakuolisierung. Insgesamt Regressionsgrad VI. ×400

Abb. 142a. Zustand nach Bestrahlung vor 2 Jahren: Verband eines Prostatakarzinoms mit nur geringen Regressionszeichen entsprechend Regressionsgrad VIII. ×400

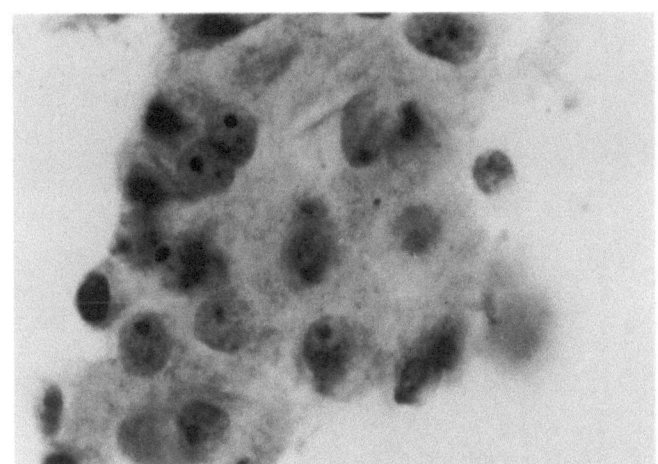

Abb. 142b. Gleicher Fall nach 6monatiger sekundärer Hormonbehandlung: Zellkerne überwiegend deutlich kleiner, rarefiziert, Nucleolen lediglich noch betont oder kaum erkennbar, eine Megakaryose am rechten oberen Bildrand, Auflockerung und Schrumpfung des Zytoplasmas. Insgesamt Regressionsgrad VI. ×400

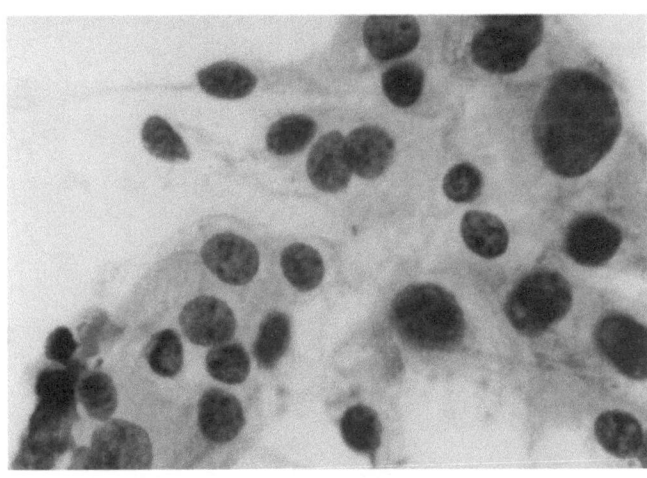

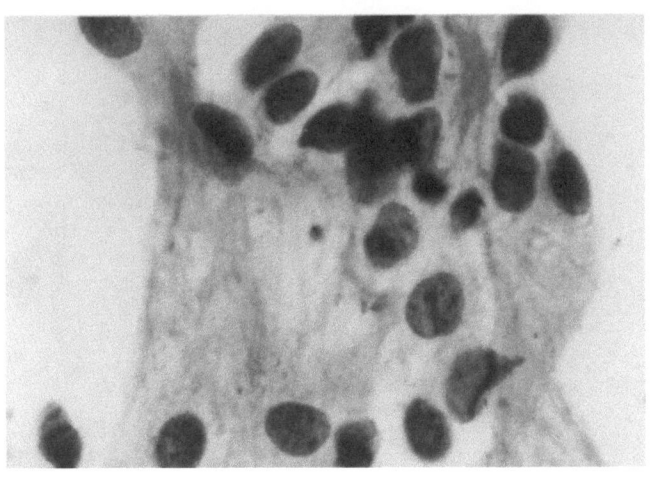

Abb. 142c. Gleicher Fall, anderer Zellverband: Regressionszeichen entsprechen den in Abb. 142b beschriebenen. ×400

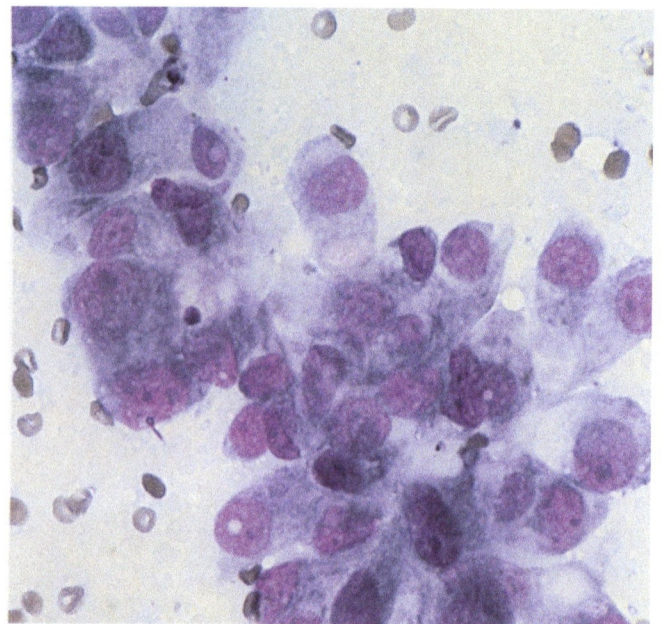

Abb. 143. Zustand nach 6monatiger Östrogentherapie in MGG-gefärbtem Ausstrich: Noch deutliche Kernpolymorphie und Störung der Kernordnung mit einzelnen prominenten Nucleolen, die meisten Kerne jedoch mit lediglich betonten oder kaum erkennbaren Nucleolen. Zytoplasmavakuolisierung. Zuordnung zu Regressionsgrad VI. ×400

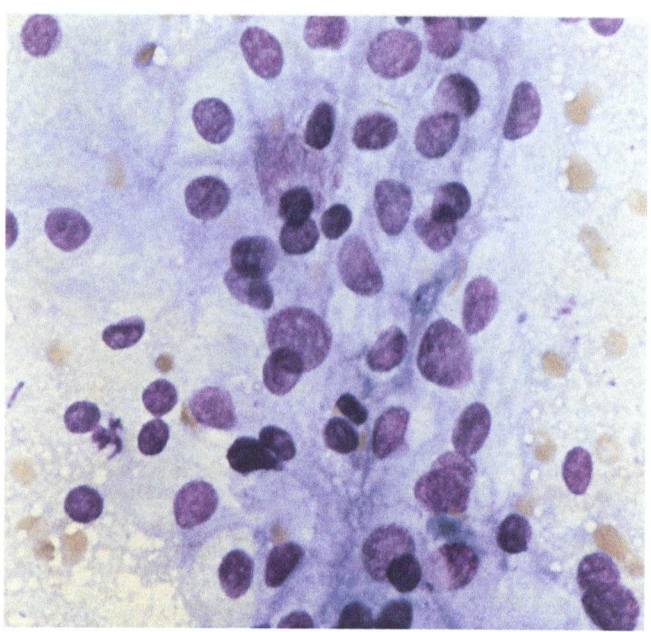

Abb. 144. Zustand nach Östrogentherapie und bilateraler Orchiektomie vor 1 Jahr in MGG-gefärbtem Ausstrich: Noch geringe Kernpolymorphie und mittelgradige Störung der Kernordnung, jedoch kaum erkennbare Nucleolen. Zytoplasmavakuolisierungen. ×400

Abb. 145a. Grad-III-Karzinom nach Bestrahlung vor 6 Monaten und klinisch fortschreitender Metastasierung ohne Regressionszeichen, entspricht Regressionsgrad X. Ölimm., ×540

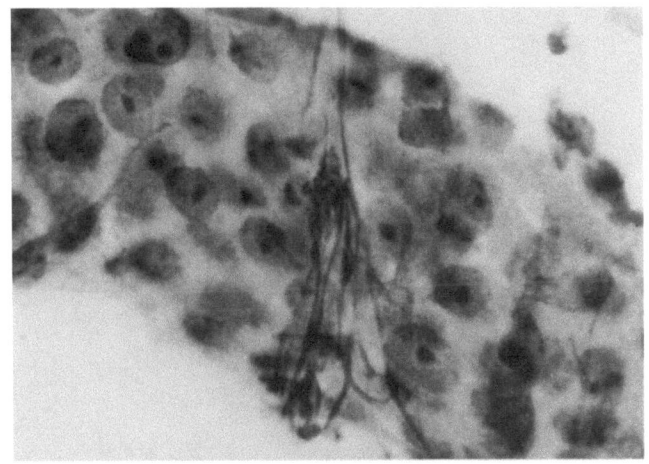

Abb. 145b. Gleicher Fall nach 3monatiger sekundärer Estracyt-Therapie: Außer einigen Zellkernverkleinerungen und Kernpyknosen keine Regressionszeichen, weiterhin stark prominente und polymorphe Nucleolen. Somit Regressionsgrad VIII. Ölimm., ×540

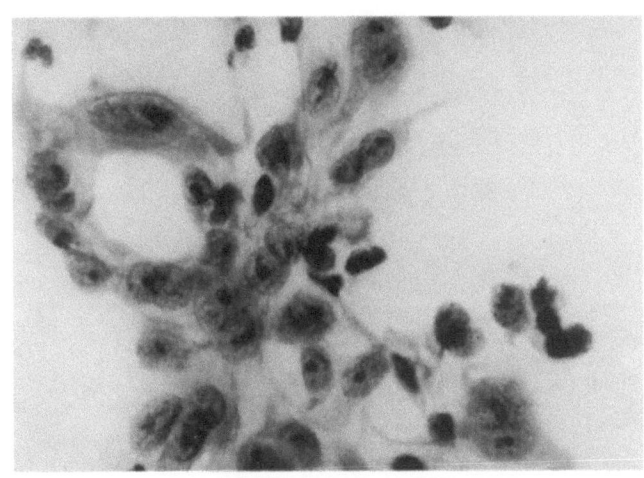

Abb. 146a. Grad-III-Karzinom nach 6monatiger primärer Östrogentherapie ohne Regressionszeichen, entsprechend Regressionsgrad X. ×400

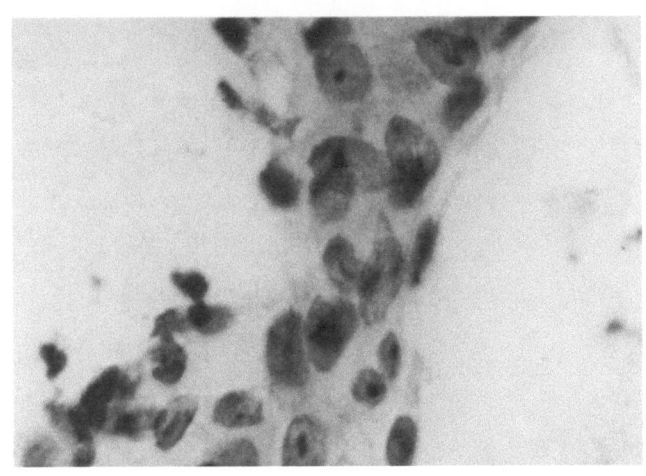

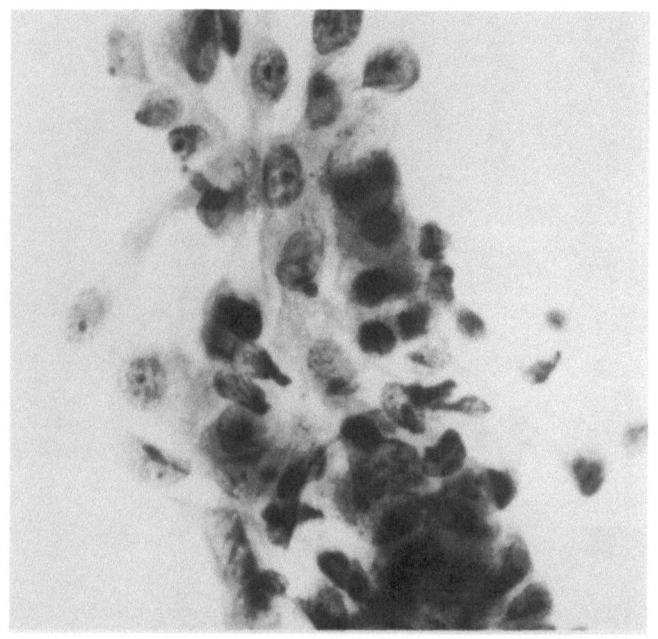

Abb. 146b. Gleicher Fall nach 3monatiger sekundärer Estracyt-Therapie: Neben Regressionszeichen in Form einiger verkleinerter Zellkerne und Kernpyknosen sowie geringgradiger Zytoplasmavakuolisierung überwiegend starke Kernpolymorphie, Störung der Kernordnung und prominente Nucleolen entsprechend Regressionsgrad VIII. ×400

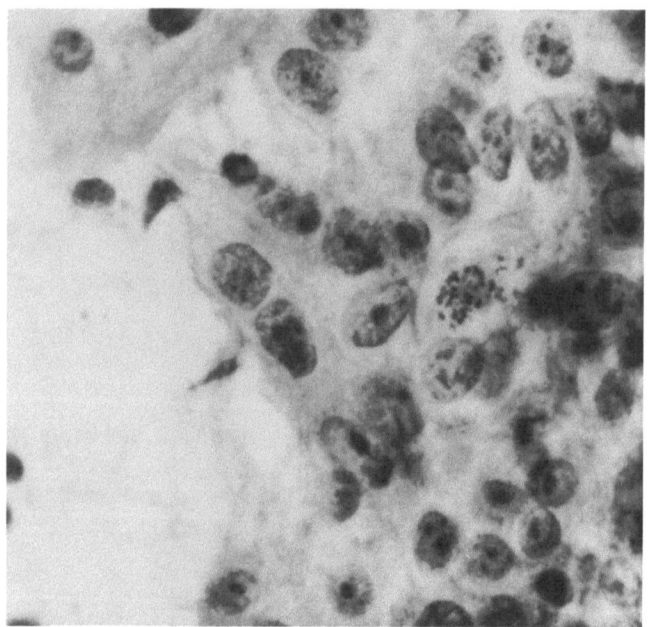

Abb. 146c. Gleicher Fall nach 6monatiger sekundärer Estracyt-Therapie: Weiterhin nur geringe Regressionszeichen mit mittelgradiger Kernrarefizierung und Verkleinerung von einzelnen Zellkernen sowie Zytoplasmaschrumpfungen. Deutliche Kernpolymorphie und stark prominente, polymorphe Nucleolen sowie Mitose. Insgesamt Regressionsgrad VIII. ×400

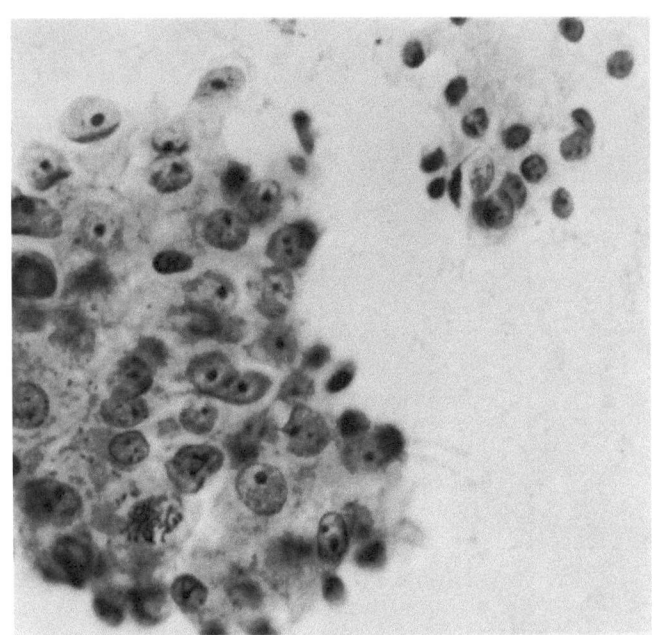

Abb. 147. Zustand nach Östrogentherapie und bilateraler Orchiektomie seit 1 Jahr: Großer Verband mit nur geringen Regressionszeichen neben einem kleineren Verband, dessen Zuordnung zu einem Karzinom nicht sicher möglich ist. Für die Diagnose entscheidend ist der regressiv gering veränderte Verband! ×400

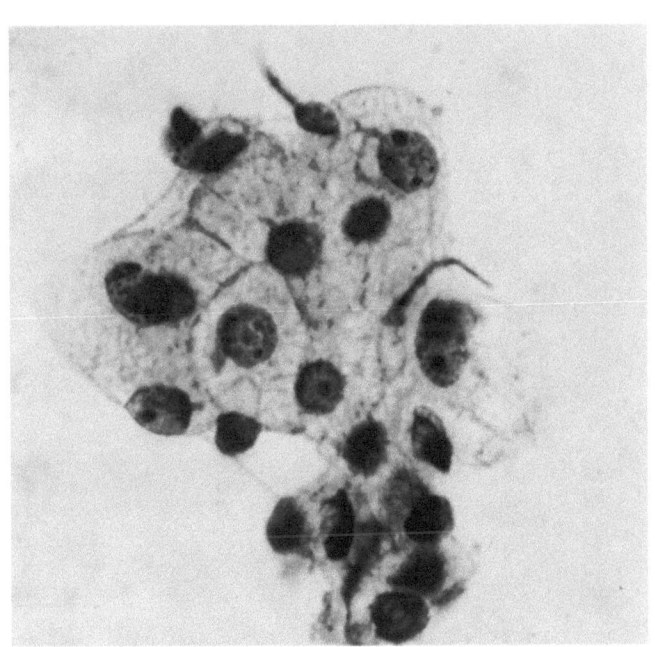

Abb. 148. Zustand nach Östrogentherapie seit 1 Jahr: Trotz erheblicher Zytoplasmavakuolisierungen zeigen die Zellkerne noch eine sehr dichte Chromatinstruktur und prominente Nucleolen, daher insgesamt Regressionsgrad VIII. Ölimm., ×540

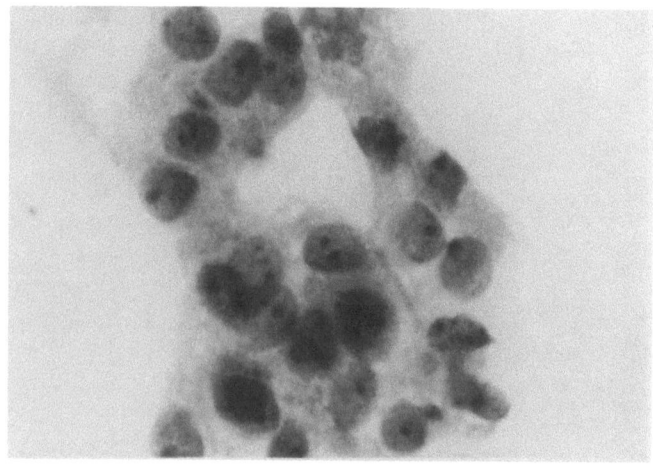

Abb. 149. Zustand nach 3wöchiger Östrogentherapie: Nur geringe Auflockerung der Zytoplasmastruktur und einzelne Kerne mit kleinen, die meisten jedoch mit noch deutlich prominenten Nucleolen, entsprechend Regressionsgrad VIII. ×400

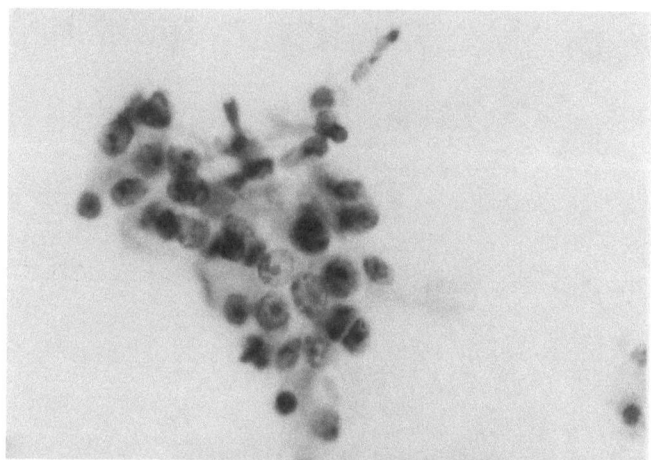

Abb. 150. Zustand nach Östrogentherapie und bilateraler Orchiektomie seit 3 Jahren: Überwiegend Zellkerne mit noch deutlich prominenten Nucleolen bei Kernpolymorphie und Störung der Kernordnung, entsprechend Regressionsgrad VIII. ×400

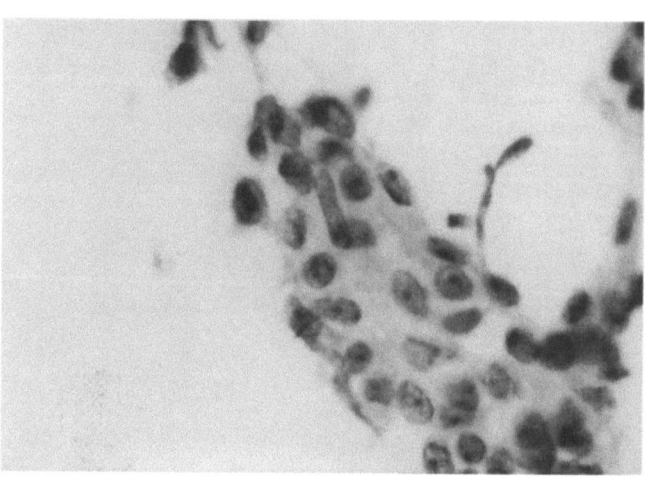

Abb. 151. Zustand nach 3monatiger sekundärer Estracyt-Therapie: Karzinomverband mit überwiegend geringen Regressionszeichen, entsprechend Regressionsgrad VIII. ×400

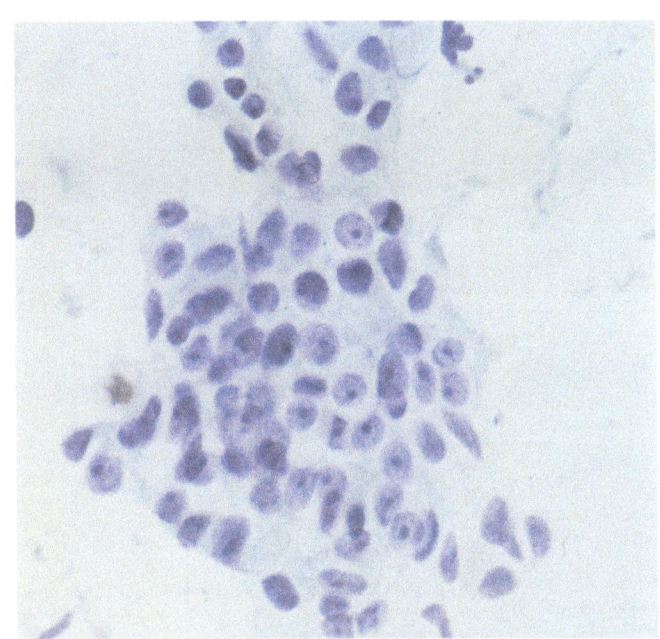

Abb. 152. Zustand nach Bestrahlung vor 2 Jahren: Karzinomverband mit nur geringen Regressionszeichen, entsprechend Regressionsgrad VIII. ×400

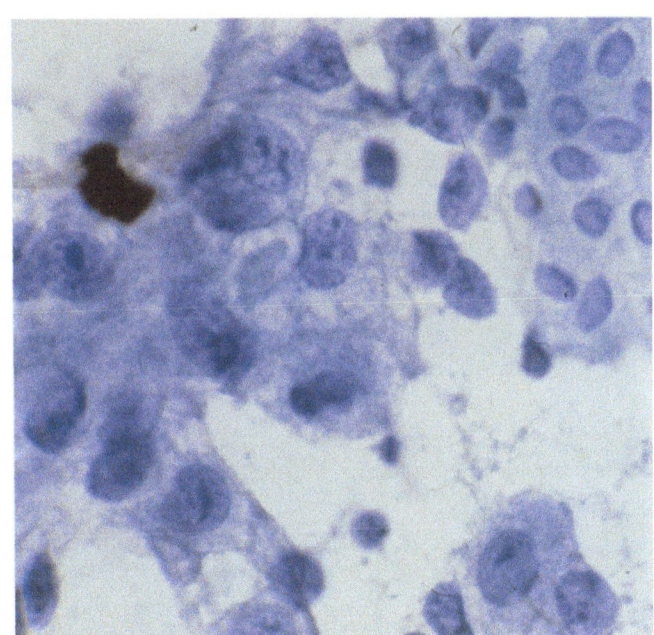

Abb. 153. Zustand nach 3jähriger Östrogentherapie: *Rechte obere Bildhälfte* mit normalem Prostataepithelverband, *linke Bildhälfte* mit nur wenig regressiv verändertem Karzinomverband. Insgesamt Regressionsgrad VIII. ×630

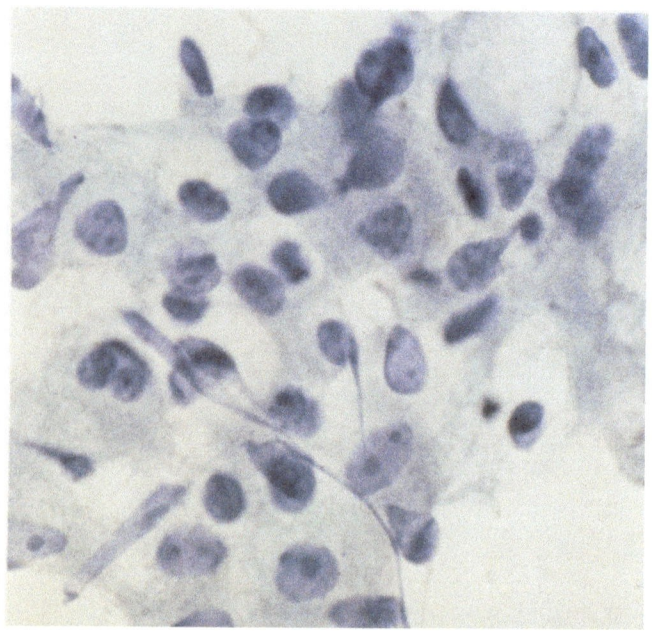

Abb. 154. Zustand nach primär erfolgloser Bestrahlung und sekundärer Östrogentherapie mit bilateraler Orchiektomie seit 1 Jahr: Obwohl einige Zellkerne nur kleine Nucleolen sowie Zytoplasmavakuolisierungen zeigen, haben die meisten Kerne noch deutlich prominente Nucleolen. Insgesamt daher Regressionsgrad VIII. ×630

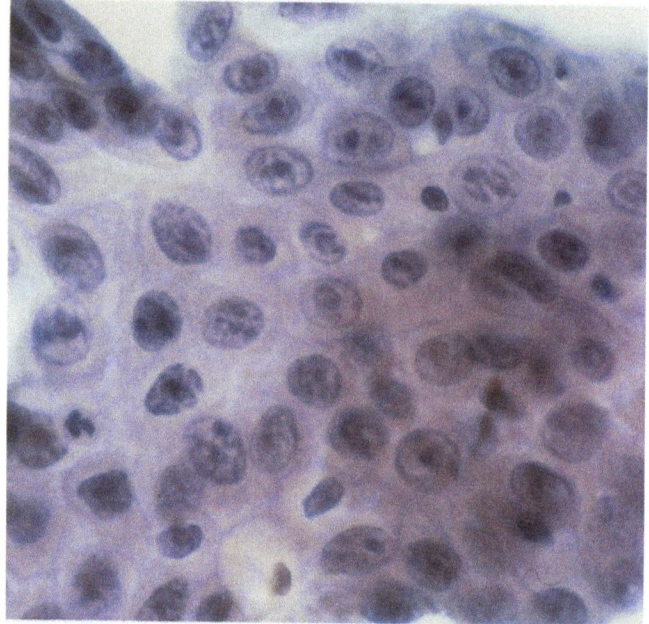

Abb. 155a. Zustand nach zytostatischer Behandlung mit Cyclophosphamid (Endoxan) als Tertiärtherapie seit 3 Monaten: Nur einzelne, relativ kleine Zellkerne mit lediglich betonten Nucleolen, die meisten Kerne groß, mit stark prominenten und polymorphen Nucleolen. Regressionsgrad VIII. ×400

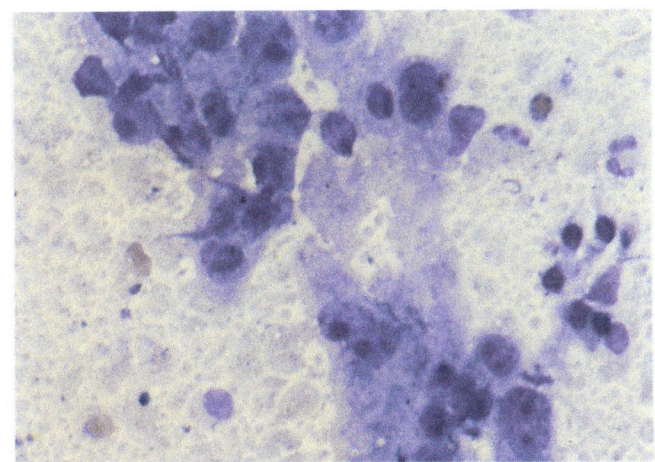

Abb. 155b. Gleicher Fall, MGG-gefärbt: Die überwiegend prominenten Nucleolen sind gut erkennbar. ×400

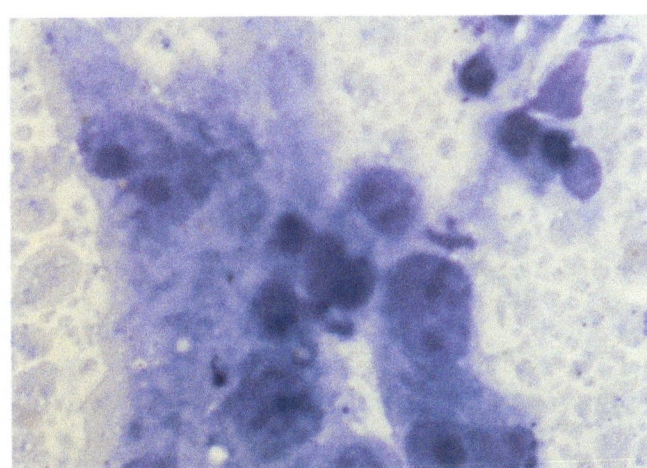

Abb. 155c. Gleicher Fall bei stärkerer Vergrößerung. ×630

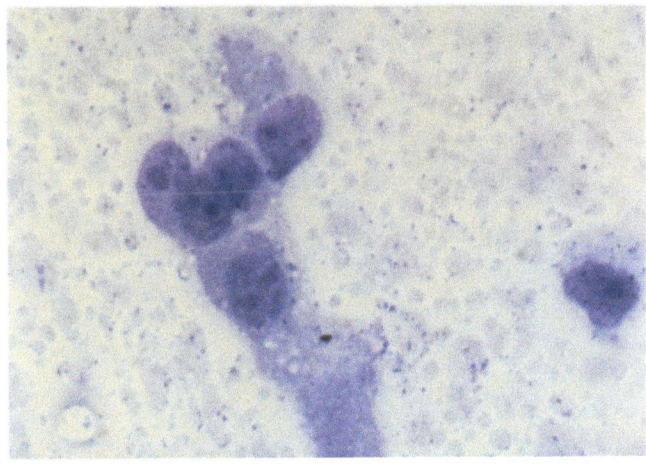

Abb. 155d. Gleicher Fall mit kleinem Verband von Zellkernen ohne Regressionszeichen. ×400

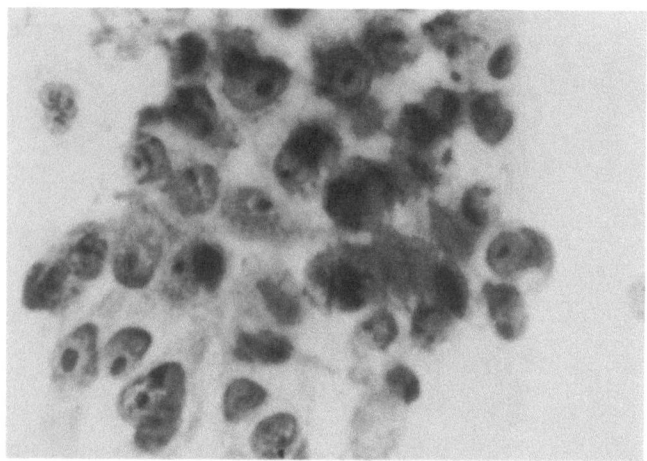

Abb. 156a. Zustand nach Östrogentherapie seit 2 Jahren: Fehlende Regressionszeichen entsprechend Regressionsgrad X. ×630

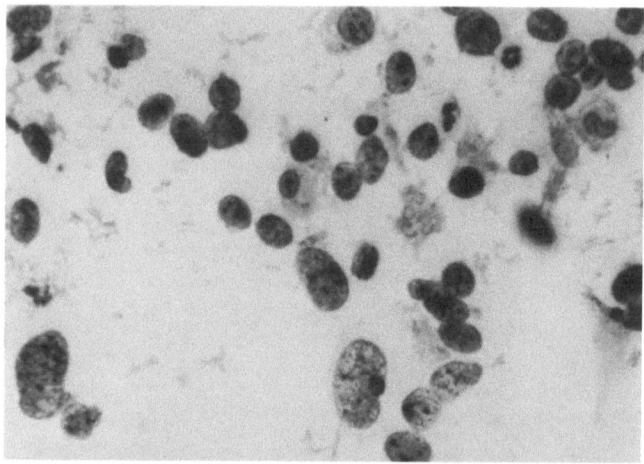

Abb. 156b. Gleicher Fall mit stark polymorphen „nackten", völlig dissoziierten Tumorkernen. ×400

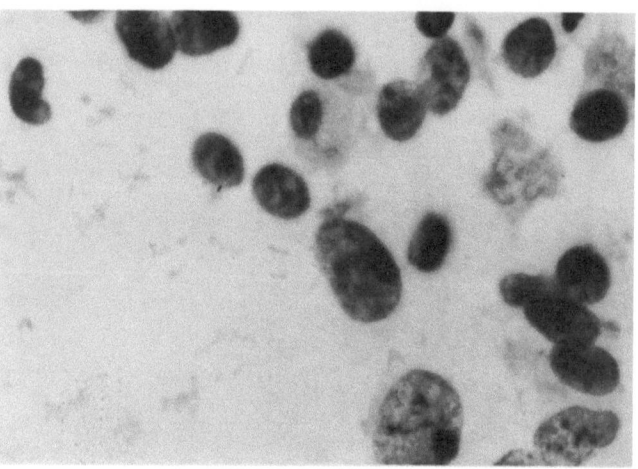

Abb. 156c. Gleicher Fall bei stärkerer Vergrößerung. ×630

Abb. 157a. Zustand nach 3monatiger Östrogentherapie (primär Grad-III-Karzinom): Fehlende Regressionszeichen. Erheblich ausgeprägte Nucleolenpolymorphie. Hoher Malignitätsgrad! Insgesamt Regressionsgrad X. ×400

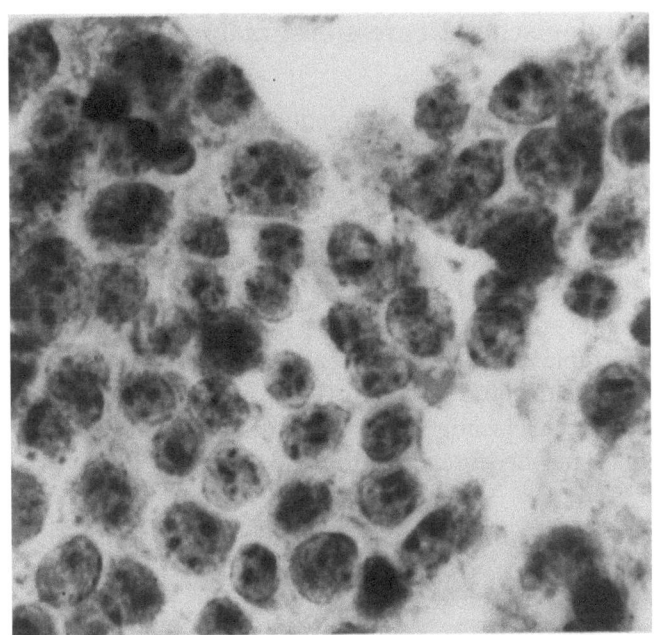

Abb. 157b. Gleicher Fall nach insgesamt 6monatiger kontrasexueller Therapie und stärkerer Vergrößerung: Zunehmende hochgradige Kernanaplasie bei völliger Hormonresistenz, Regressionsgrad X. ×630

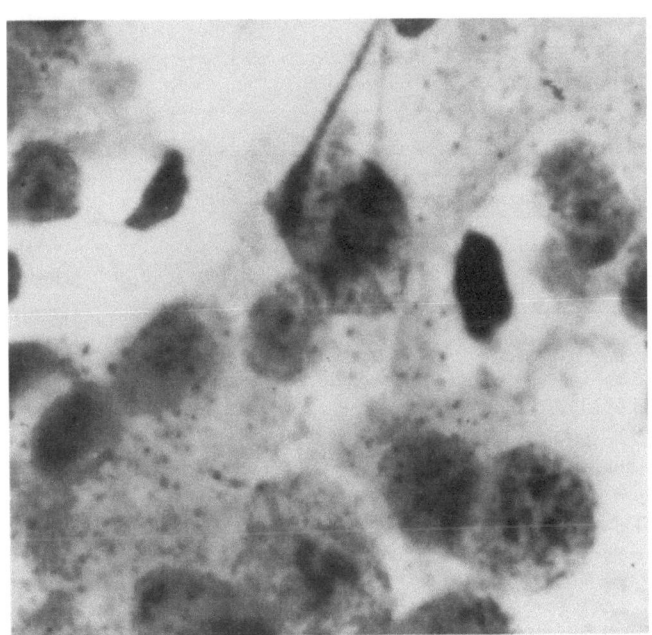

9.4 Klinische Bedeutung des zytologischen Regressionsgradings

Es besteht eine enge Korrelation zwischen zytologischem Regressionsgrad und klinischem Zustand zum Zeitpunkt der Biopsie. Patienten mit den günstigen Regressionsgraden 0–VI sind zum Zeitpunkt der Biopsie fast immer klinisch stabil, d.h. ohne Anzeichen einer Tumorprogression. Wird während der Therapie dagegen eine schlechte (R VIII) oder fehlende Regression (R X) beobachtet, so ist gleichzeitig auch die Rate klinischer Stabilität bedeutend niedriger (**Abb. 158**).

Ebenso überzeugend ist die Korrelation zwischen dem klinisch nachgewiesenen Metastasenstatus und dem simultan ermittelten Regressionsgrad (LEISTENSCHNEIDER u. NAGEL, 1983).

Wie aus **Tabelle 21** hervorgeht, hatten 15/16 Patienten (94%) mit klinisch gesicherter Metastasenrückbildung während der Behandlung zytologisch günstige Regressionsgrade (R IV–VI), was die Wirksamkeit der Therapie auch am Primärtumor belegt.

Im Gegensatz dazu fand sich bei 56/66 Patienten (85%) mit nachgewiesener Progredienz der Metastasierung ein schlechter Regressionsgrad (R VIII oder X). Bei weiteren 8 Patienten (12%) waren Karzinomverbände mit teils deutlicher, teils jedoch schlechter Regression zu erkennen, die zytologisch mit Regressionsgrad VI–VIII eingestuft wurden. Gleichzeitig war aber auch bei diesen 8 Patienten eine zunehmende Metastasierung zu beobachten; deshalb wurde die klinische Therapiewirkung ebenfalls als „schlecht" beurteilt. Demnach stimmte der zytologische Befund bei 64/66 Patienten (97%) mit dem klinischen Verlauf überein.

Aus diesen Untersuchungen geht – unter besonderer Berücksichtigung der letztgenannten Gruppe – eindeutig hervor, daß der Tumoranteil mit dem schlechtesten Regressionsgrad die klinische Prognose bestimmt.

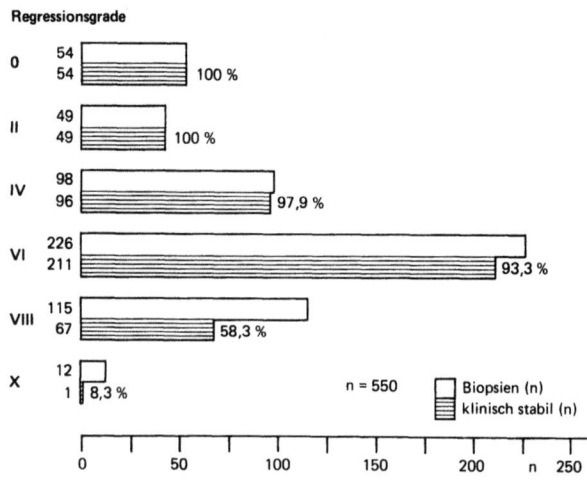

Abb. 158. Beziehung zwischen Regressionsgraden und klinischem Zustand

Tabelle 21. Korrelation zwischen Metastasenstatus und zytologischem Regressionsgrading

	n	Zytologische Regressionsgrade				
		IV	VI	VIII	X	VI–VIII
Objektiv stabil	4	–	3	–	–	1
Objektive Regression	16	4 (25%)	11 (69%)	–	–	1 (6%)
Objektive Progression	66	–	2 (3%)	52 (79%)	4 (6%)	8 (12%)
	86					

9.5 Validität des zytologischen Regressionsgradings

Dem zytologischen Regressionsgrading unter jeder Therapie kommt im Hinblick auf das lokal fortgeschrittene, aber asymptomatische Stadium T 3 wegen der hier fehlenden klinischen Symptomatik besondere prognostische Bedeutung zu.

In diesem Stadium ist die Korrelation zwischen dem 6 bis 12 Monate nach Therapiebeginn ermittelten zytologischen Regressionsgrad und der klinischen Prognose für die nächsten 1–3 Jahre statistisch signifikant **(Abb. 159)**.

85% der Patienten in Stadium T 3 mit lokal schlechter Therapiewirkung am Primärtumor (R VIII) wurden in diesem Zeitraum klinisch progredient, während es bei nur 13% der Patienten mit Regressionsgrad VI zu einer Progression kam. Die Progressionsrate von Patienten mit den Regressionsgraden 0

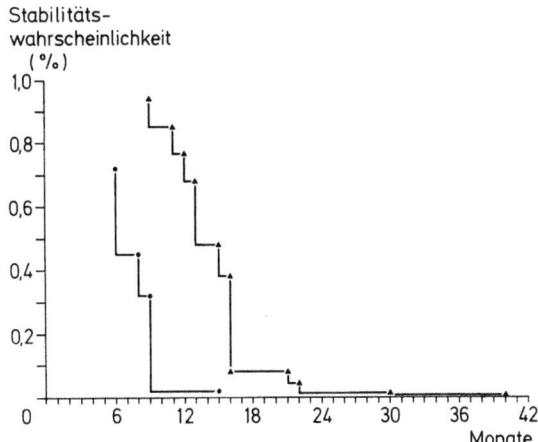

Abb. 160. Korrelation zwischen dem 3 Monate nach sekundärer Estracyttherapie ermittelten zytologischen Regressionsgrad und der Wahrscheinlichkeit klinischer Stabilität im weiteren Verlauf. ●, Patienten mit ungünstigem Regressionsgrad (VIII); ▲, Patienten mit günstigem Regressionsgrad (VI). (LEISTENSCHNEIDER u. NAGEL, 1983)

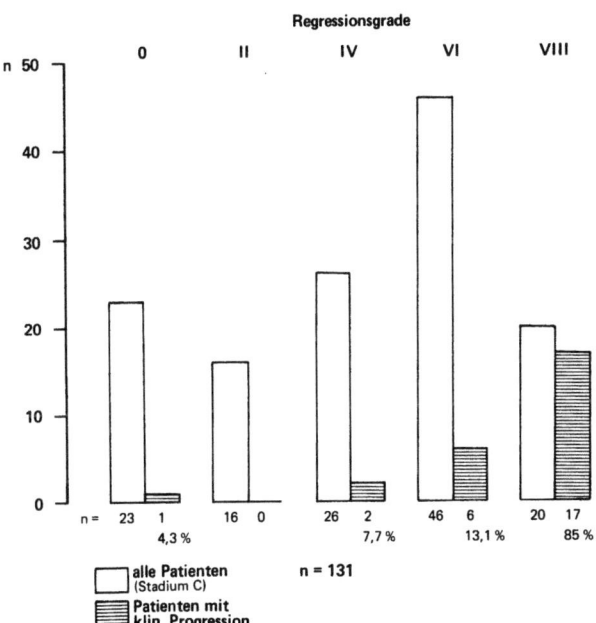

Abb. 159. Beziehung zwischen Regressionsgraden und klinischer Progression (Beobachtungszeitraum 1–3 Jahre)

bis IV ist zwar noch geringer, doch ist die Differenz statistisch nicht signifikant.

Die Validität des zytologischen Regressionsgradings wird durch eine Gruppe von Patienten bestätigt, die sich nach vorangegangener Hormonbehandlung und erwiesener Therapieresistenz einer sekundären Therapie mit Estramustinphosphat (Estracyt) unterzogen. Zeigte sich drei Monate nach Beginn der Sekundärtherapie der günstige Regressionsgrad VI, so war auch die mittlere klinische Stabilitätsdauer signifikant länger (15,5 Monate) als bei Patienten mit dem schlechten Regressionsgrad VIII (8,3 Monate) **(Abb. 160)** (LEISTENSCHNEIDER u. NAGEL, 1983).

9.6 Regressionszeichen nach Therapiebeginn

Regressionszeichen lassen sich besonders bei Behandlung mit Östrogenen oder Estracyt oft schon eine Woche nach Therapiebeginn nachweisen (LEISTENSCHNEIDER u. NAGEL, 1983).

Die *endgültige Festlegung des Regressionsgrades* ist allerdings erst später und, abhängig von der Therapieform, nach jeweils verschiedenen Behandlungszeiträumen möglich.

Die sichere Beurteilung der Therapiewirkung am Primärtumor läßt sich zu den unten angegebenen Zeitpunkten nach Beginn der jeweiligen Therapie vornehmen (LEISTENSCHNEIDER u. NAGEL, 1980, 1983):

Nach 3 Monaten: Estramustinphosphat (Estracyt)
Cyclophosphamid (Endoxan)
5-Fluoro-uracil

Nach 6 Monaten: Bilaterale Orchiektomie
Östrogene
Antiandrogene
LH-RH-Agonisten

Nach 15 Monaten: Strahlentherapie

Ein nach dieser Behandlungsdauer ermittelter ungünstiger Regressionsgrad (R VIII/X) verbessert sich bei Fortführung der Behandlung in der Regel nicht mehr, so daß man von einer Therapieresistenz ausgehen muß. Hingegen kann sich ein zu diesem Zeitpunkt günstiger Regressionsgrad (R IV/VI) bei Fortsetzung der Behandlung weiter verbessern.

Der Nachweis von Regressionsgrad 0 bei quantitativ ausreichendem und optimal verarbeitetem Zellmaterial bedeutet nicht, daß der Patient vom Karzinom geheilt ist; denn Verlaufskontrollen durch Aspirationsbiopsie haben gezeigt, daß bei 79,9% der Patienten in der Folgezeit erneut Tumorzellen gefunden werden, deren Regressionsgrad sich im weiteren Verlauf sogar ausgesprochen ungünstig entwickeln kann (zytologische Progredienz) **(Tabelle 22)**. In der Regel ist die klinische Progredienz bei Regressionsgrad 0 allerdings minimal.

Läßt sich in der Aspirationsbiopsie jedoch wiederholt ein Regressionsgrad 0 nachweisen,

Tabelle 22. Häufigkeit zytologischer Progredienz bei Regressionsgrad 0

Befunde[a]	n	(%)
Primärdiagnose = Fehldiagnose	4	13,4
Klinische Progredienz	0	0
Zytologische Progredienz:		
1. bis R.-Grad VI	24	79,9
2. R.-Grad > VI	2	6,7

[a] Beobachtungszeitraum 1–4$\frac{1}{2}$ Jahre

so ist zur Sicherheit die primäre histologische oder zytologische Diagnose zu überprüfen, um eine primäre Fehldiagnose sicher auszuschliessen.

Im eigenen Krankengut war ein zytologisch wiederholt festgestellter Regressionsgrad 0 nach einer Behandlungsdauer von 6 Monaten bis zu 5 Jahren (!) Anlaß, die *primären histologischen Präparate der Stanzbiopsien* überprüfen zu lassen. Daraufhin mußte bei 4/30 Patienten (13,4%) die histologische Primärdiagnose eines Karzinoms als falsch-positiv korrigiert werden **(Tabelle 22)**.

9.7 Zytologisches Regressionsgrading und Palpationsbefund

Wie die Korrelation des zytologischen Regressionsgrades mit der Beurteilung der Therapiewirkung durch Palpation bei insgesamt 70 Patienten mit unterschiedlicher Therapie ergeben hat, führt die palpatorische Untersuchung in nahezu 60% aller Fälle – unabhängig von der Therapie (!) – *bei den günstigen Regressionsgraden (R 0–VI) zu einer schlechteren Beurteilung des Therapieeffektes als die Zytologie.*

Dies beweist, daß sich die Wirksamkeit einer Therapie mittels palpatorischer Kontrolle am Prostatakarzinom nicht einmal annähernd beurteilen läßt, vor allem nicht bei den günstigen Regressionsgraden. Nur bei schlechter oder fehlender Tumorregression entspricht der palpatorische Befund dem zytologischen Ergebnis (**Abb. 161**) (LEISTENSCHNEIDER u. NAGEL, 1983).

Die palpatorische „Therapiekontrolle" ist darum u.E. – vor allem für klinische Studien – als absolut ungeeigneter Parameter abzulehnen.

Zusammenfassend läßt sich feststellen, daß die Aspirationsbiopsie der Stanzbiopsie in der Primärdiagnostik nicht nur gleichwertig, sondern sogar überlegen ist, da sie sich aufgrund der äußerst geringen Belastung des Patienten und der niedrigen Komplikationsrate bei gleich hoher diagnostischer Zuverlässigkeit anders als die Stanzbiopsie auch zur Verlaufskontrolle während der Therapie hervorragend eignet.

Diese Vorteile weisen die Aspirationsbiopsie zudem als einziges Verfahren aus, das ein Angehen wissenschaftlicher Fragestellungen, wie etwa die Beurteilung neuer Therapieformen oder die Behandlung von Problemen aus der Grundlagenforschung (s. Zytophotometrie, S. 195), in einer für den Patienten zumutbaren Weise ermöglicht.

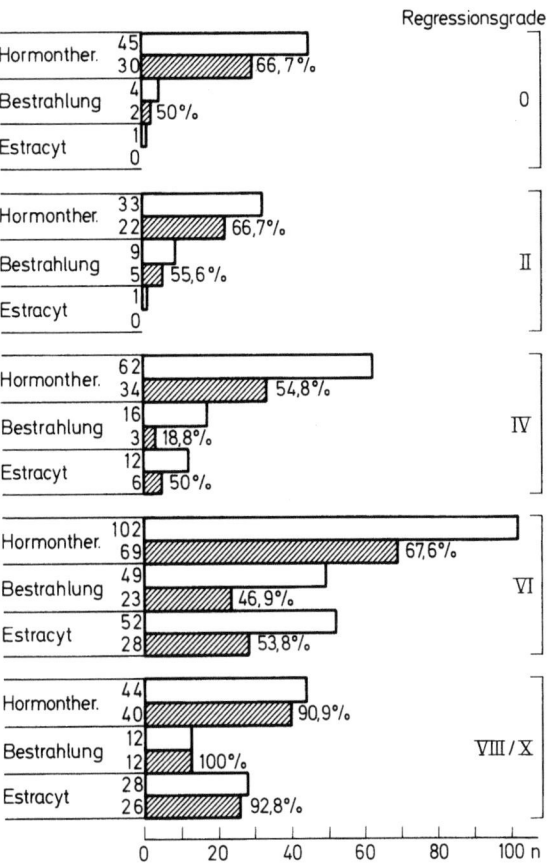

Abb. 161. Korrelation zwischen Regressionsgraden und karzinomtypischem Tastbefund. Hormontherapie, $n=286$; Bestrahlung, $n=90$; Estracyt, $n=94$

10 Sarkome

Sarkome der Prostata sind extrem selten und machen nur etwa 0,1–0,2% der malignen Prostatatumoren aus (MELICOW u. Mitarb., 1943; SMITH u. DEHNER, 1972; TANNENBAUM, 1975; NARAYAMA u. Mitarb., 1978; MÜLLER u. WÜNSCH, 1981). Sie treten zumeist im Kindes- und Jugendalter und nur in etwa 25% der Fälle nach dem 40. Lebensjahr auf. Im Erwachsenenalter handelt es sich vorwiegend um *Leiomyosarkome*, während *Fibrosarkome, Neurosarkome* und *Osteosarkome* nur selten beobachtet wurden und *Rhabdomyosarkome* praktisch nicht vorkommen (SCHUPPLER, 1971; MÜLLER u. WÜNSCH, 1981).

Im Kindesalter überwiegen die Rhabdomyosarkome. Bezogen auf *alle* Prostatasarkome beträgt der Anteil der Myosarkome 65%, davon sind 60% Rhabdomyosarkome und 40% Leiomyosarkome. Die restlichen 35% entfallen auf verschiedenartige sarkomatöse Mischformen (SMITH u. DEHNER, 1972; KASTENDIECK u. Mitarb., 1974).

Karzinosarkome, d.h. Tumoren mit malignen drüsigen und stromalen Anteilen sind noch seltener als reine Prostatasarkome. Ihre Histiogenese ist noch ungeklärt (WAJSMAN u. MOTT, 1978). Bis 1981 wurde nur über 3 sicher bestimmte Fälle in der Literatur berichtet (KRASTANOVA u. ADDONIZZIO, 1981).

Das Prostatasarkom kann zytologisch sicher vom Karzinom abgegrenzt werden!
Schon in der Übersichtsvergrößerung ist die völlige Dissoziierung der Tumorzellen zu erkennen (**Abb. 162a, e**). Die *Kerne* sind ausgesprochen groß und beträchtlich polymorph. Neben runden dominieren rund-ovaläre und ovale, vereinzelt auch keilförmige Kerne (**Abb. 162b–d**). Die Zellen zeigen oft kein Zytoplasma: Man bezeichnet sie als „nacktkernige" Tumorzellen (**Abb. 162e, f**). Die *Chromatinstruktur* der Zellen ist stark verdichtet, teilweise grobschollig oder klumpig (**Abb. 162c, d**).

Die Nucleolen sind prominent und deutlich entrundet (**Abb. 162d**). Neben hyperchromatischen finden sich auch hypochromatische Zellkerne mit nukleären Einschlüssen (MÜLLER u. WÜNSCH, 1981). Außerdem kommen herdförmige *perinukleäre Zytoplasmaaufhellungen* (Halofiguren) vor (**Abb. 162d**).

Eine histiogenetische Klassifizierung der Sarkome ist durch die Zytologie allein nicht möglich. Lediglich die sehr seltenen Osteosarkome lassen sich anhand knöcherner Mikrofragmente im zytologischen Ausstrich histiogenetisch exakt einordnen (MÜLLER u. WÜNSCH, 1981).

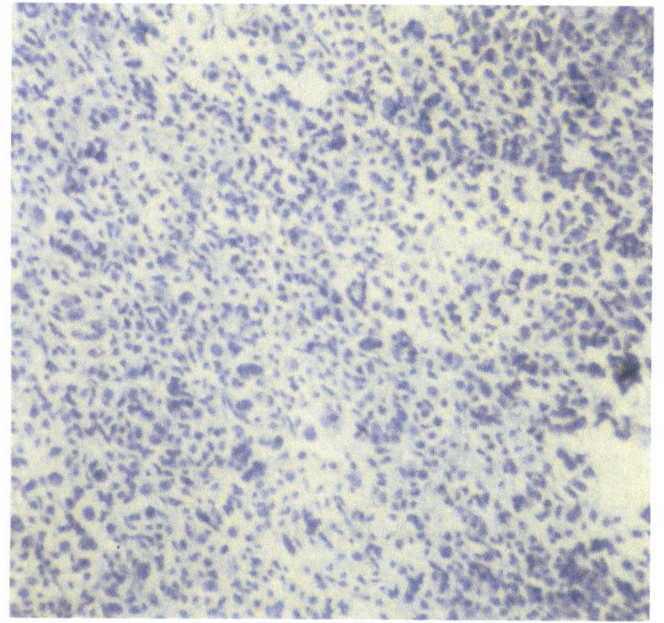

Abb. 162a. Prostatasarkom in der Übersichtsvergrößerung mit typischer völliger Kerndissoziation. ×100

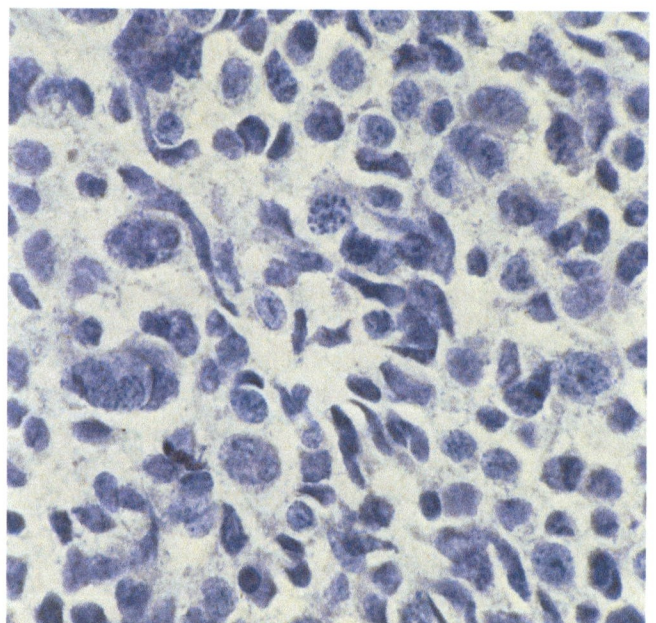

Abb. 162b. Gleicher Fall bei stärkerer Vergrößerung: Erhebliche Kernpolymorphie, Zellgrenzen kaum noch erkennbar oder völlig aufgelöst. ×400

Abb. 162c. Gleicher Fall bei stärkster Vergrößerung: Neben runden finden sich überwiegend ovaläre, teils auch polygonale und keilförmige Kerne. Kernchromatinstruktur vergröbert, teils schollig, herdförmig reichlich Chromatinaggregate. Nucleolen relativ klein. Ölimm., ×1000

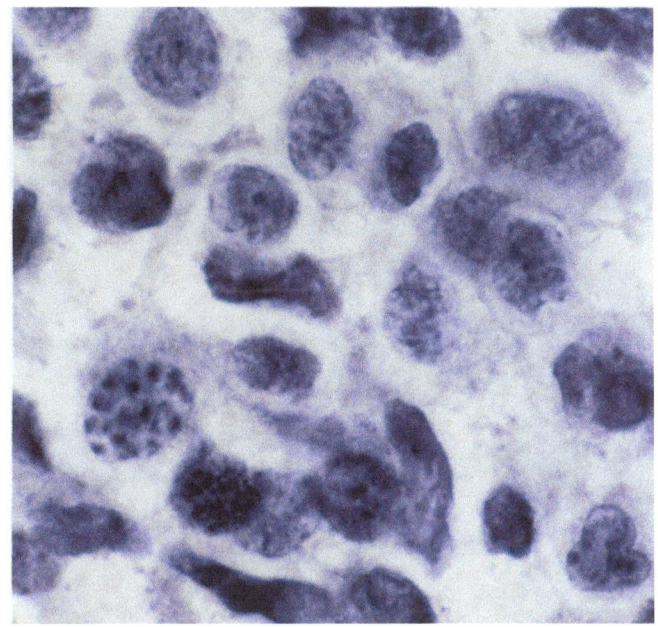

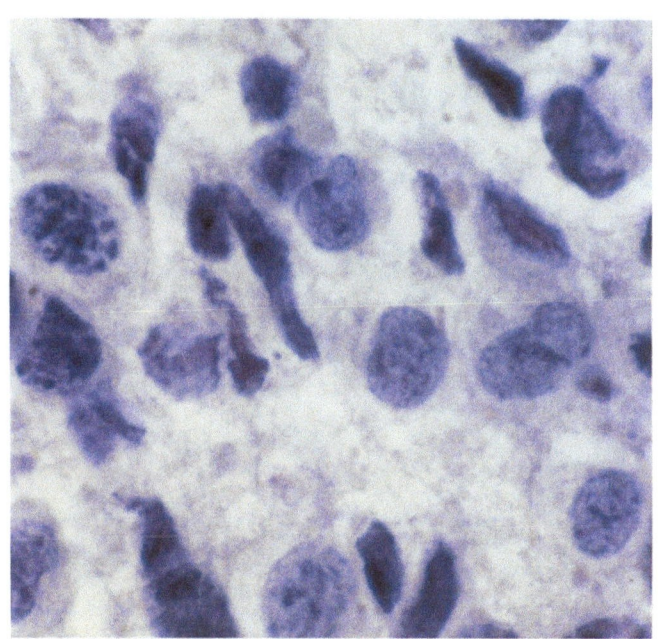

Abb. 162d. Gleicher Fall bei stärkster Vergrößerung: Zahlreiche keil- bis spindelförmige Kerne. Relativ kleine Nucleolen. Einzelne perinukleäre Zytoplasmaaufhellungen (Halofiguren). Ölimm., ×1000

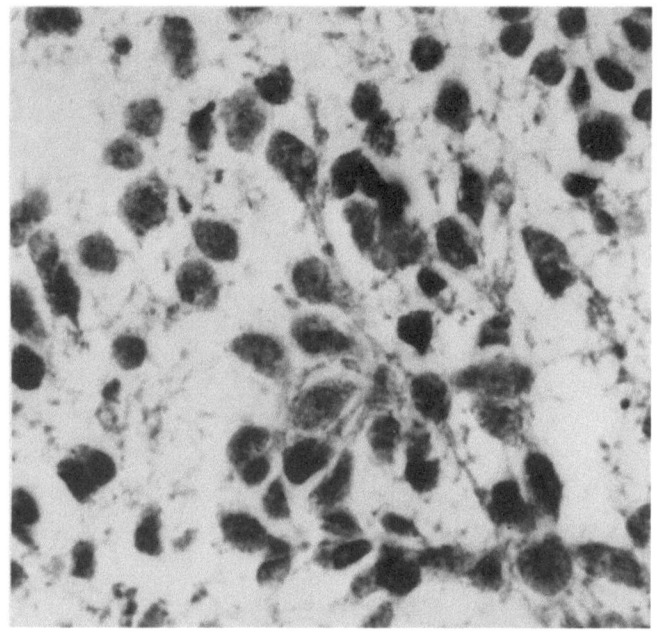

Abb. 162e. Gleicher Fall mit noch stärker ausgeprägter Kerndissoziation. Zahlreiche nacktkernige Tumorzellen. ×400

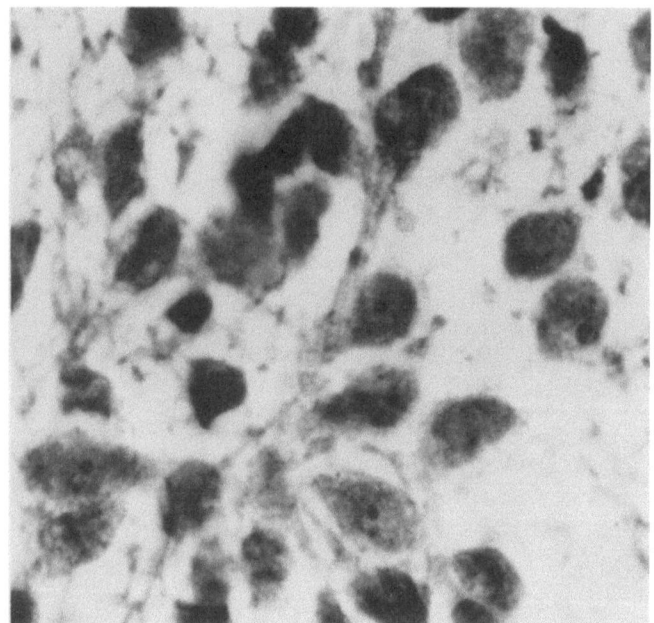

Abb. 162f. Gleicher Fall bei stärkerer Vergrößerung: Bizarre Kernformen, überwiegend völlige Auflösung der Kernmembranen. Nucleolen hier teils stärker prominent. ×630

11 Sekundärtumoren der Prostata

Sekundärtumoren der Prostata sind extraprostatisch entstandene, benigne oder maligne Tumoren anderer Organe, die entweder lymphogen, hämatogen-metastatisch oder durch direkte Infiltration von außen in die Prostata gelangen.

Direkt infiltrativ, d.h. per continuitatem, wachsen vor allem Karzinome von Harnblase und Dickdarm in die Prostata ein.

Hämatogen oder lymphogen metastasieren besonders maligne Lymphome, Bronchialkarzinome, gastrointestinale Karzinome, Peniskarzinome, Larynxkarzinome, maligne Hodentumoren, Plasmozytome und Melanome in die Prostata (SMITH u. DEHNER, 1972; JOHNSON u. Mitarb., 1974; MELCHIOR u. Mitarb., 1974; CARTAGENA u. BAUMGARTNER, 1975; DAJANI u. BURKE, 1976; WAJSMAN u. MOTT, 1978).

Der Anteil metastatischer Sekundärtumore an den malignen Tumoren der Prostata beträgt 1,2% (JOHNSON u. Mitarb., 1974) **(Tabelle 23)**.

Die Häufigkeit leukämischer Infiltrate in der Prostata ist unklar. MELCHIOR u. Mitarb., (1974) fanden im Autopsiegut nur bei 1,7%, nach gezieltem chirurgischem Vorgehen jedoch bei 22,5% systemisch-leukämischer Patienten einen sekundären Prostatabefall.

Das Blasenkarzinom führt meist erst im fortgeschrittenen Stadium zur Infiltration der Prostata. Die Inzidenzrate ist ebenso wie bei infiltrierten Dickdarmkarzinomen bislang ungeklärt.

Im eigenen Material beträgt bei 1086 Aspirationsbiopsien der Anteil sekundärer Prostatatumoren in der Primärdiagnostik 1,1% **(Tabelle 24)**, während in demselben Biopsiegut 29% primäre Prostatakarzinome festgestellt wurden **(Tabelle 7)**.

11.1 Zytomorphologische Kriterien

11.1.1 Urothelkarzinom

Sekundäre Urothelkarzinome der Prostata sind fast ausschließlich Folge einer direkten Infiltration von der Blase her. Meistens liegt ein weit fortgeschrittenes Blasenkarzinom vor. Nach der TNM-Klassifikation (UICC 1979) handelt es sich um das Stadium T 4a, in dem meist bereits Lymphknotenmetastasen und oft auch Fernmetastasen nachzuweisen sind. Entsprechend hoch ist der Malignitätsgrad: Es werden hauptsächlich Grad-II- und Grad-III-Karzinome festgestellt.

Die zytologische Diagnose bereitet daher keine Schwierigkeiten, vor allem, wenn im selben Ausstrich auch reichlich Prostataepithelien vorhanden sind.

Die Zellkerne sind groß, überwiegend ovalär und meist deutlich polymorph. Das Chromatin ist stark verdichtet, unregelmäßig verteilt und bildet stellenweise Aggregationen **(Abb. 163, 164)**.

Die Nucleolen sind sehr prominent und zum Teil polymorph. Meist enthält ein Zellkern 2 oder 3 Nucleolen **(Abb. 168, 169)**. Die Kernordnung ist stets gestört. Die Zellverbände sind teilweise dissoziiert, und nicht selten finden sich ein- oder mehrkernige Tumorriesenzellen **(Abb. 164)**. Für die Differentialdiagnose bedeutsam sind die typischen läng-

Tabelle 23. Häufigkeit sekundärer metastatischer Prostatatumoren bei verschiedenen malignen Primärtumoren (JOHNSON u. Mitarb., 1974)

Primärtumor	Histologischer Typ	n	Prostatabefall n	(%)
Haut	Malignes Melanom	1779	9	0,6
Lunge	Bronchuskarzinom	4323	5	0,2
Pankreas	Adenokarzinom	273	1	0,7
Magen	Adenokarzinom	605	1	0,2
Penis	Plattenepithelkarzinom	220	1	0,4
Larynx	Adenokarzinom	1286	1	0,1

Tabelle 24. Art und Verteilung sekundärer Prostatatumoren in 1086 Aspirationsbiopsien nach Franzén

Tumortyp	n	%
Urothelkarzinom	8	0,7
Malignes Lymphom	3	0,3
Seminom	1	0,09

lichen, oft schwanzartigen Zytoplasmaausläufer und, bei noch vorhandenem Zytoplasma, dessen reichliche Ausbildung (**Abb. 165, 168, 169**). Im Zytoplasma lassen sich feine oder gröbere Vakuolisierungen ebenso wie perinukleäre Halofiguren nachweisen (**Abb. 165, 168**).

11.1.2 Malignes Lymphom

Malignes Lymphom und chronisch-lymphatische Leukämie sind wahrscheinlich verschiedene Bezeichnungen für die gleiche Grundkrankheit; sie können zytologisch *nicht* unterschieden werden.

Ebensowenig läßt sich zytologisch zwischen sekundärem und primärem malignem Lymphom der Prostata differenzieren. Das primäre maligne Lymphom der Prostata ist jedoch wesentlich seltener als das sekundäre.

Zytomorphologisch zeigt sich stets ein zellreiches Bild. Da in der Regel die gesamte Prostata befallen ist, lassen sich Prostataepithelien nur noch ganz vereinzelt nachweisen. Es dominieren unterschiedlich große, oft völlig dissoziierte und nacktkernige Zellen. Die Zellkerne sind auffällig rund und nur mäßig polymorph (**Abb. 170a, b**). Die Kernmembranen sind scharf gezeichnet und teilweise eingebuchtet (**Abb. 170b, c, 171**). Das Kernchromatin kann fein-granulär und netzartig, aber auch deutlich verdichtet und vergröbert sein. Die Nucleolen sind mäßig prominent. Meist sind mindestens 2 pro Kern vorhanden (**Abb. 170b, c**).

11.1.3 Seminom

Der Nachweis hämatogen oder lymphogen in die Prostata metastasierter Hodentumoren ist extrem selten. Seminome können wie alle epithelialen Tumoren hochdifferenziert, mäßig oder schlecht differenziert sein (THACKRAY u. CRANE, 1976).

In 90% der Fälle ist eine geringe, in 25% eine beträchtliche begleitende lymphozytäre Infiltration festzustellen, und 30% zeigen granulomatöse Reaktionen mit Lymphozyten, Plasmazellen, Epitheloidzellen und Langhans'schen Riesenzellen. In 10% der Fälle ist diese Reaktion erheblich, und in 6–11% lassen sich synzytiale Riesenzellen nachweisen.

Eine Tumorsonderform stellen die seltenen spermatozytären Seminome mit einer altersabhängigen Häufigkeit zwischen 1,9% und 9% dar (THACKRAY u. CRANE, 1976; MOSTOFI u. PRICE, 1977; HEDINGER, 1978). Das zytologische Bild der Seminome ist infolgedessen sehr unterschiedlich.

Zytologisch ist das gut differenzierte Seminom durch uniforme, mittelgroße und runde Zellkerne gekennzeichnet. Das Zytoplasma ist wegen seines typischen Gehalts an Glykogen und Lipiden überwiegend klar oder fein bis grob vakuolisiert. Die Zellgrenzen sind gut zu erkennen.

Bei zunehmender Entdifferenzierung sind die Zellkerne ausgesprochen groß und polymorph mit polygonalem oder spindelförmigem Aussehen. Die Kernmembranen sind meist nicht mehr sichtbar **(Abb. 172e, f)**. Das Chromatin ist stark verdichtet, die Zahl der Nucleolen pro Zellkern liegt zwischen 2 und 4. Die Nucleolen sind prominent und polymorph **(Abb. 172c–f)**. Die Kerngröße entspricht der von Grad-III-Prostatakarzinomen.

Wesentliche differentialdiagnostische Kriterien gegenüber Prostatakarzinomen sind der Mitosenreichtum mit 1 bis 2 Mitosen pro Gesichtsfeld **(Abb. 172b–d)** *und regelmäßiges Vorkommen von Karyorrhexis* **(Abb. 172c, f)** *bei schlechter differenzierten Seminomen.*

Seminome mit lymphozytärer oder granulomatöser Reaktion sind zytologisch eindeutig klassifizierbar.

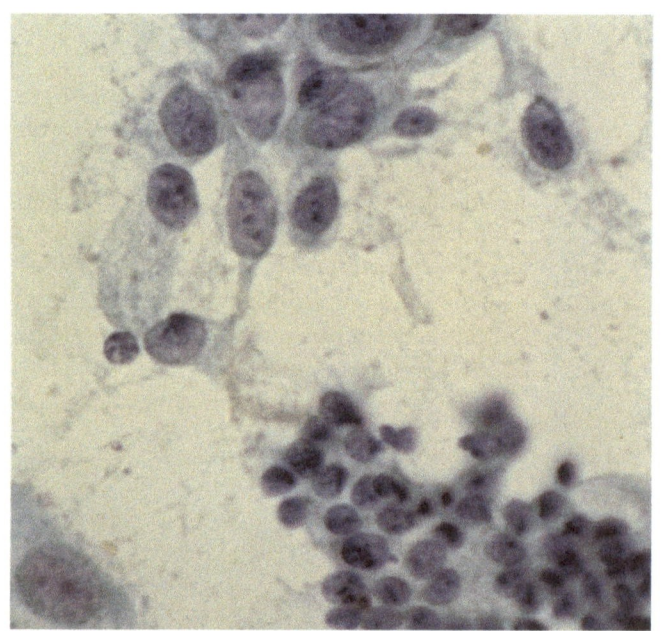

Abb. 163. Verband eines Urothelkarzinoms (*obere Bildhälfte*) neben normalem Prostataepithelverband (*untere Bildhälfte*). Auffallend große und ovaläre, mäßig polymorphe Zellkerne des Urothelkarzinoms. Dichte, relativ homogene Chromatinstruktur, herdförmig schollig. ×630

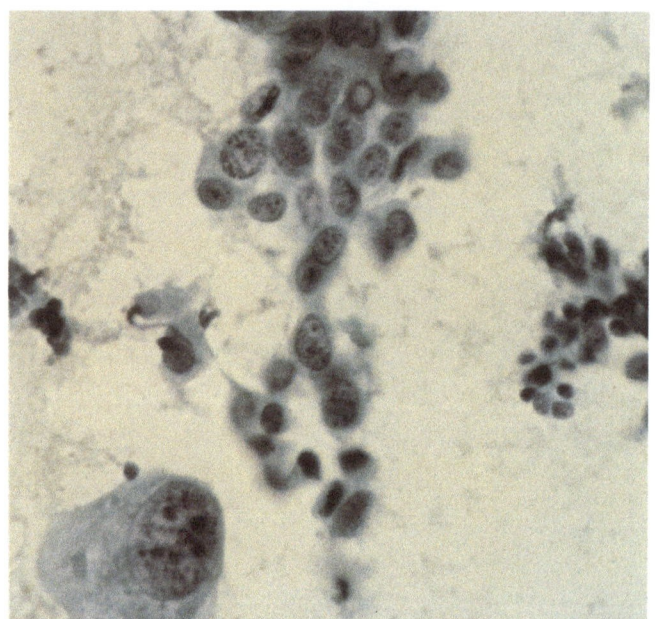

Abb. 164. Verband eines Urothelkarzinoms sowie eine isolierte Tumorriesenzelle mit Chromatinaggregaten. *Rechts* kleiner, normaler Prostataepithelverband. ×400

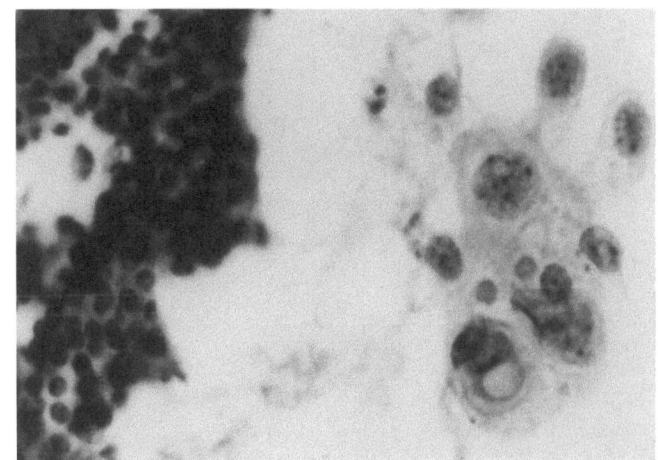

Abb. 165. Normaler Prostataepithelverband (*linke Bildhälfte*) und kleiner Verband eines Urothelkarzinoms (*rechte Bildhälfte*) mit unterschiedlich ausgeprägter Zytoplasmavakuolisierung. Herdförmige perinukleäre Halofiguren. ×400

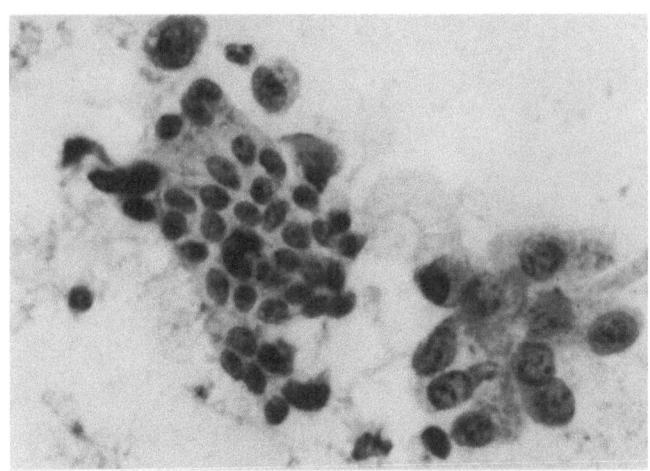

Abb. 166. Kleiner Verband normaler Prostataepithelien mit zwei darüberliegenden isolierten Zellen eines Urothelkarzinoms sowie Verband eines Urothelkarzinoms mit deutlicher Prominenz und Polymorphie der Nucleolen. ×400

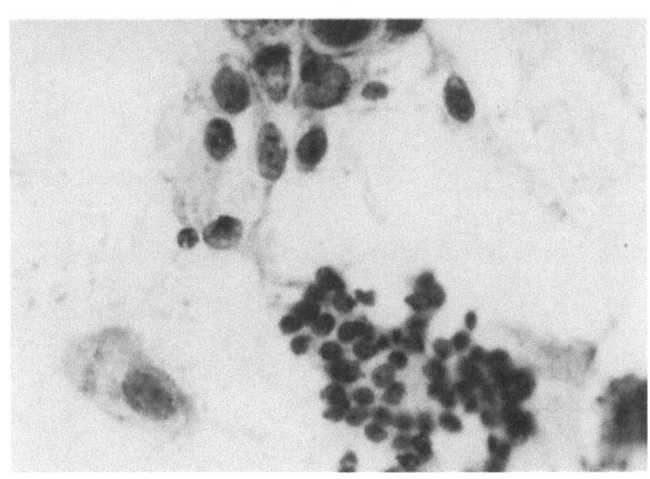

Abb. 167. Verband eines Urothelkarzinoms (*obere Bildhälfte*) neben einem Verband normaler Prostataepithelien. ×400

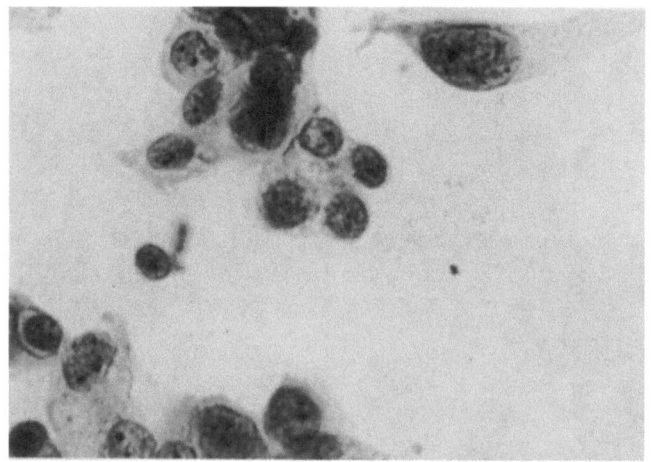

Abb. 168. Kleine Verbände eines Urothelkarzinoms mit gut erkennbarer, typisch exzentrischer Lagerung der Kerne und herdförmig reichlich entwickeltem Zytoplasma. Schwanzartiger Zytoplasmaausläufer der isolierten Karzinomzelle (*rechts oben*). ×400

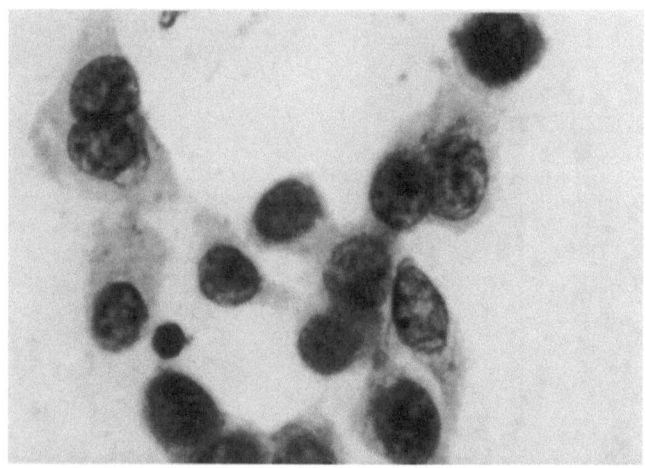

Abb. 169. Verband eines Urothelkarzinoms bei stärkerer Vergrößerung: Herdförmig schwanzartige Zytoplasmaausläufer, exzentrisch liegende Zellkerne, pro Kern mehr als 1 Nucleolus, deutliche Nucleolenpolymorphie. ×630

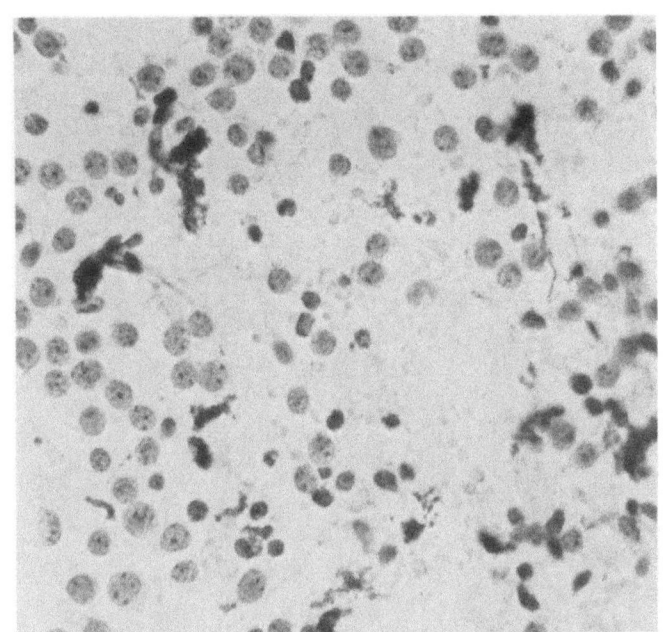

Abb. 170a. Zellen eines malignen Lymphoms in der Prostata. Völlig dissoziierte, mäßig polymorphe, relativ kleine Tumorzellen. ×400

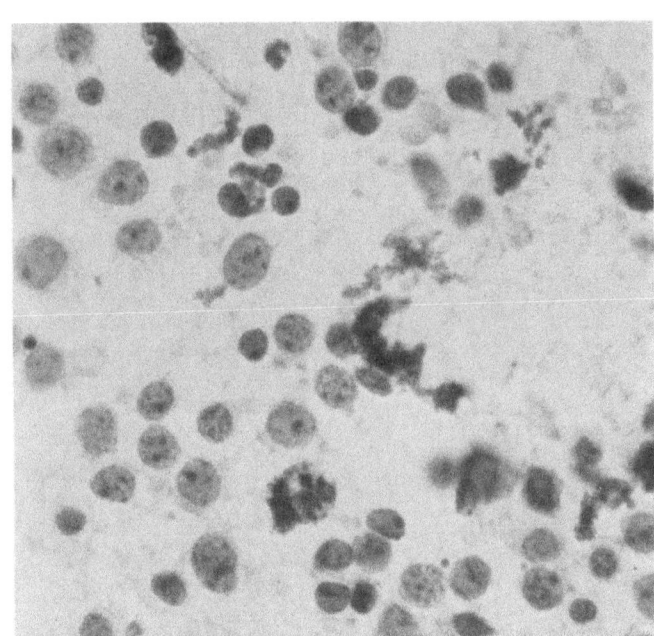

Abb. 170b. Gleicher Fall im Ausschnitt in stärkerer Vergrößerung: Gut erkennbare, deutlich gezeichnete Kernmembranen der Lymphomzellen. Fein-granuläre Chromatinstruktur und mäßig prominente, überwiegend auch polymorphe Nucleolen, pro Kern meist 2 oder mehr. ×630

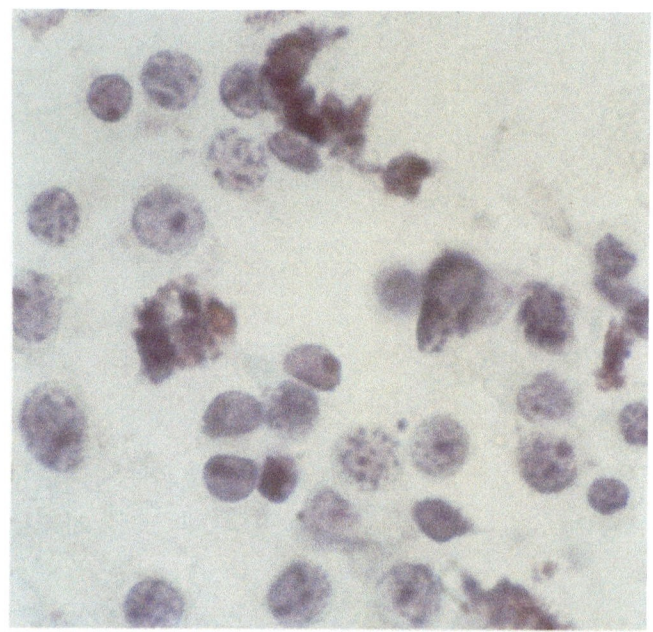

Abb. 170c. Gleicher Fall bei stärkster Vergrößerung: Gute Erkennbarkeit der typisch fein-granulären, lockeren Chromatinstruktur. Ölimm., ×1000

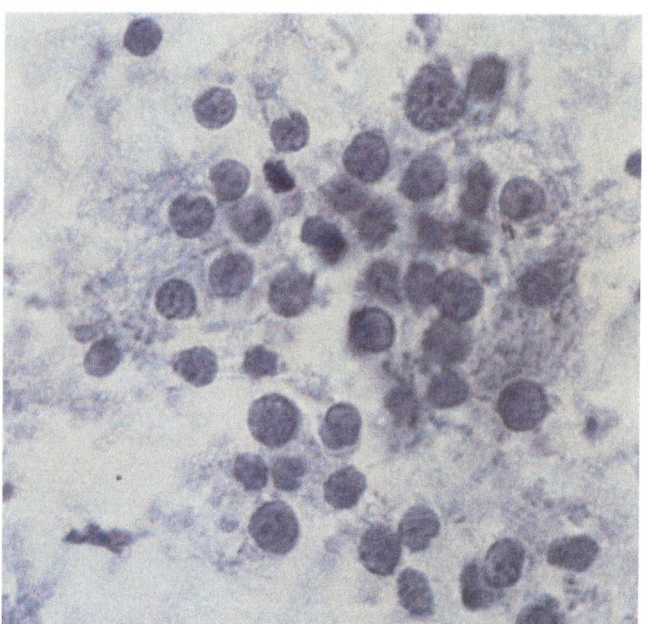

Abb. 171. Anderer Fall eines malignen Lymphoms in der Prostata. Zellkerne hier etwas weniger dissoziiert. Deutlich erkennbare, herdförmig typisch eingebuchtete Kernmembranen. ×630

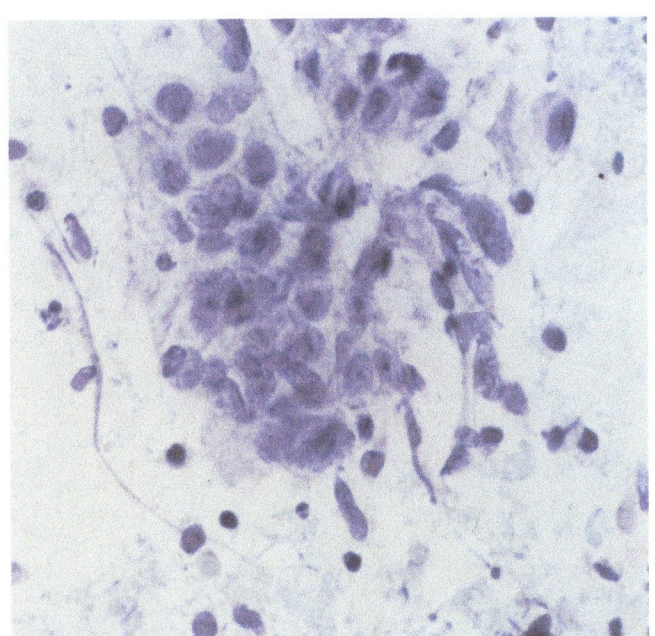

Abb. 172a. Zellverband eines Seminoms in der Prostata. ×400

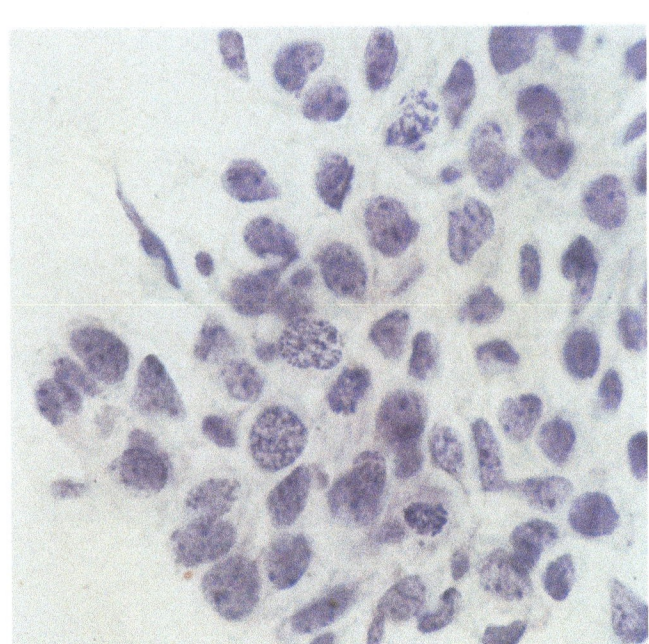

Abb. 172b. Gleicher Fall, anderer Zellverband: Hochgradige Kernpolymorphie, stark verdichtetes Kernchromatin mit oft scholliger Struktur, Mitosen. ×400

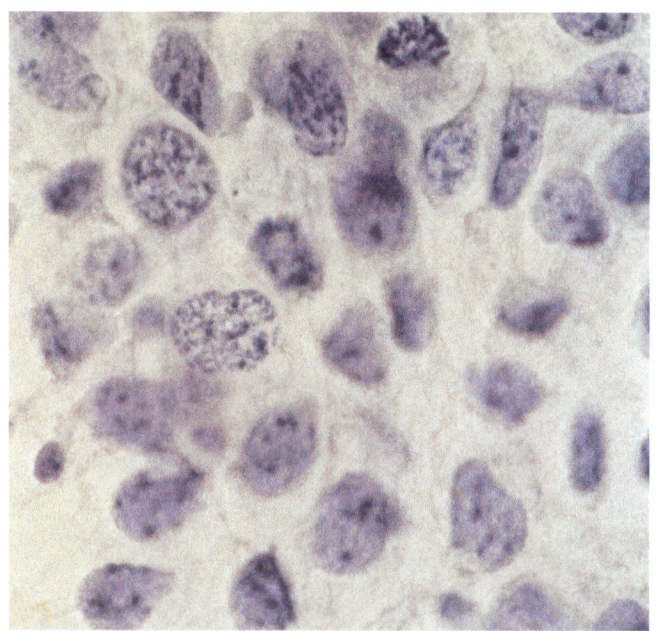

Abb. 172c. Gleicher Verband bei stärkerer Vergrößerung: Zahlreiche polygonale, teils keilförmige Zellkerne mit mehreren Nucleolen pro Kern. *Mitose am oberen Bildrand*, vereinzelt Karyorrhexis. ×630

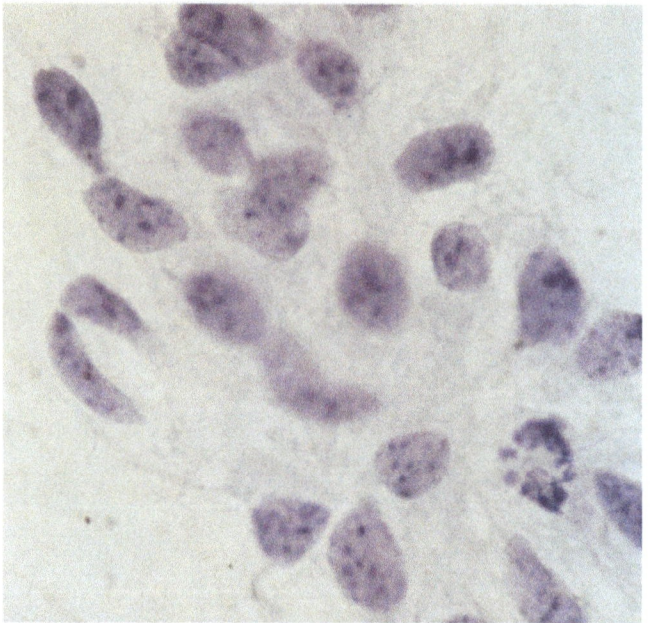

Abb. 172d. Gleicher Fall mit anderem Zellverband und wiederum einer Mitose. ×630

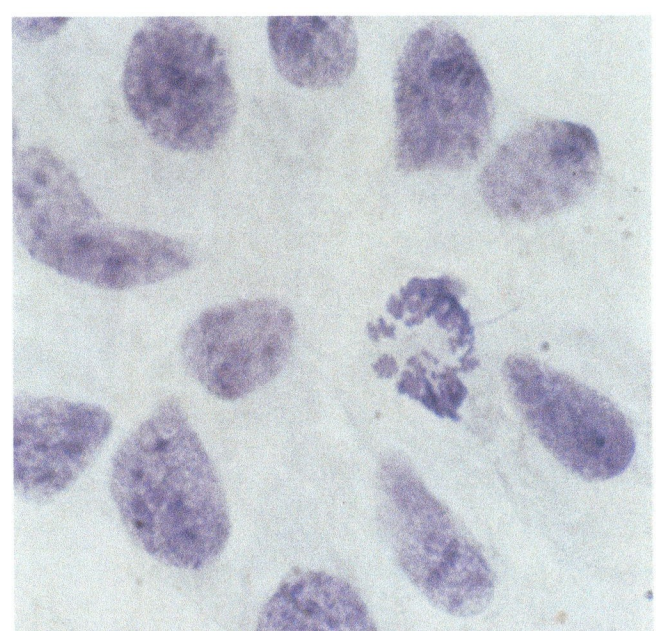

Abb. 172e. Gleicher Verband bei stärkster Vergrößerung: Neben der typischen sehr dichten Chromatinstruktur und der Vermehrung der Nucleolen ist das Fehlen der Kernmembranen gut erkennbar. Ölimm., ×1000

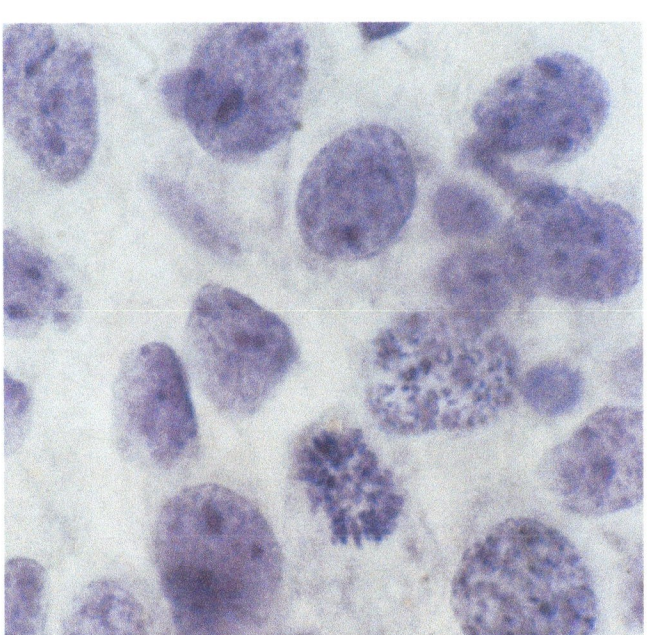

Abb. 172f. Anderer Verband bei stärkster Vergrößerung mit herdförmiger Karyorrhexis und wiederum einer Mitose. Ölimm., ×1000

12 Zytologie der Prostatitis

Sowohl die unspezifische als auch die spezifische Prostatitis können fokal oder diffus ausgebreitet sein. Im Aspirat lassen sich daher entsprechend unterschiedliche Mengen an Entzündungszellen nachweisen.

Die fokale Prostatitis ist intraduktal, periduktal oder interstitiell nachzuweisen (NILSSON u. Mitarb., 1973; LEISTENSCHNEIDER u. NAGEL, 1978; KOHNEN u. DRACH, 1979).

12.1 Klassifizierung

Die *histologische Klassifizierung* unterscheidet 6 verschiedene Formen (Tabelle 25).

Die *zytologische* Diagnose der Prostatitis ist ebenso zuverlässig wie die histologische (ZIEGLER u. VÖLTER, 1975; ESPOSTI u. Mitarb., 1975; FAUL, 1975). Allerdings ist eine Subklassifikation in *periduktale* oder *interstitielle* Formen, wie bei der histologischen Untersuchung, zytologisch nicht möglich, da durch Aspirationsbiopsie kein Stroma zu gewinnen ist.

Die *Aspirationsbiopsie* erlaubt jedoch aufgrund zytologischer Kriterien die sichere Unterscheidung folgender 6 Typen – entsprechend der histologischen Klassifikation (LEISTENSCHNEIDER u. NAGEL, 1978, 1979):

akute eitrige Prostatitis
abszedierende Prostatitis
chronische Prostatitis
chronisch-rezidivierende Prostatitis
granulomatöse Prostatitis
tuberkulöse Prostatitis

Am häufigsten ist die chronisch-rezidivierende, am seltensten die tuberkulöse Prostatitis (Abb. 173).

Tabelle 25. Klassifizierung und Häufigkeit histologisch nachgewiesener Fälle von Prostatitis bei 101 Stanzbiopsien (LEISTENSCHNEIDER u. NAGEL, 1978)

Prostatitis-Typ	n (101)	(%)
Akute eitrige Prostatitis	4	3,96
Abszedierende Prostatitis	3	2,97
Chronische Prostatitis		
a) Periduktale Form	40	39,60
b) Interstitielle Form	25	24,75
Chronisch rezidivierende Prostatitis	12	11,88
Granulomatöse Prostatitis	13	12,87
Tuberkulöse Prostatitis	4	3,96

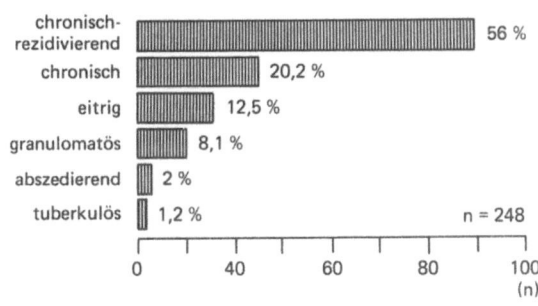

Abb. 173. Häufigkeit der verschiedenen Prostatitisformen im eigenen Biopsiegut (LEISTENSCHNEIDER u. NAGEL, 1981)

12.2 Diagnostische Zuverlässigkeit

Die Übereinstimmung von Zytologie und Histologie in der Diagnostik und Klassifizierung der Prostatitis betrug bei 124 simultan durchgeführten Aspirations- und Stanzbiopsien 90,1% (LEISTENSCHNEIDER u. NAGEL, 1981) **(Tabelle 26)**.

Tabelle 26. Rate der Übereinstimmung der zytologischen mit der histologischen Prostatitisdiagnostik (LEISTENSCHNEIDER u. NAGEL, 1981)

Prostatitis-Typ	Histologie n	Zytologie n
Eitrig	11	11
Abszedierend	3	3
Chronisch	43	36
Chronisch-rezidivierend	49	46
Granulomatös	14	13
Tuberkulös	4	3
	124	112 (90,3%)

12.3 Klinische Bedeutung und Komplikationen

Zur zytologischen Sicherung und/oder Differenzierung einer Prostatitis ist die Aspirationsbiopsie – falls erforderlich – die letzte aller klinisch-diagnostischen Maßnahmen. Sie ist besonders bei den therapieresistenten chronischen Formen angezeigt.

Absolut kontraindiziert ist sie bei akuter (febriler) Prostatitis.

In den letzten Jahren hat sich die Aspiration für die klinische Diagnostik und Therapie aufgrund folgender Vorteile bewährt:

- Geringe Komplikationsrate
- Klassifizierung der verschiedenen Prostatitisformen
- Diagnose der tuberkulösen Prostatitis
- Differentialdiagnose Prostatitis/Karzinom
- Möglichkeit der Therapieplanung und ggf. Therapiekontrolle

Die Aspirationsbiopsie hat nicht nur für die zytologische Sicherung und Klassifizierung einer Prostatitis, sondern auch für die palpatorisch oft schwierige Differentialdiagnose „Prostatitis/Karzinom" größte Bedeutung.

Die klinische Relevanz dieses diagnostischen Problems wird durch die Untersuchungsergebnisse der jüngsten Zeit klar belegt:

In 10–30% der wegen karzinomverdächtiger Tastbefunde gewonnenen Aspirate fand sich nicht das vermutete Karzinom, sondern eine erhebliche Prostatitis (ESPOSTI u. Mitarb., 1975; FAUL, 1975; LEISTENSCHNEIDER u. NAGEL, 1978, 1981).

Andererseits wurde bei etwa 10% der Patienten mit klinisch gesicherter Prostatitis durch die Aspirationsbiopsie ein Prostatakarzinom entdeckt (ESPOSTI u. Mitarb., 1975).

12.4 Allgemeine zytologische Kriterien der Prostatitis

Charakteristisch für alle Formen der Prostatitis sind die reichlich vorhandenen Entzündungszellen und die unterschiedlich stark ausgeprägten Atypien (Pap. II–IV).

Die Vielzahl von Entzündungszellen, die in der *Übersichtsvergrößerung* (100fach) das Zellbild beherrschen, sind pathognomonisch für eine Prostatitis; die Einzelheiten können aber erst bei stärkerer Vergrößerung beurteilt werden. Diese Entzündungszellen dringen oft in die Epithelverbände ein, können bei stärkeren Vergrößerungen im gegebenen Ausschnitt allerdings fehlen. Die regelmäßig vorhandenen Atypien sind bei der eitrigen und abszedierenden Prostatitis meist nur geringgradig (Pap. II) **(Abb. 174)**, während bei der chronischen, chronisch-rezidivierenden und granulomatösen Prostatitis überwiegend mittelgradige (Pap. III) **(Abb. 191, 192, 212, 213)**, z.T. sogar hochgradige Atypien auftreten (Pap. IV) (**Abb. 214**), die bei der tuberkulösen Prostatitis immer einem Pap. IV-Befund entsprechen (**Abb. 226**).

Ausgesprochen starke Atypien in einem Aspirat können die Abgrenzung zu einem hochdifferenzierten Karzinom (G I) gelegentlich so erschweren, daß nach entsprechender Infektbehandlung eine Kontrollbiopsie unerläßlich ist (FAUL, 1975; LEISTENSCHNEIDER u. NAGEL, 1981).

Ist der Befund weiterhin zweifelhaft, so sollte zum sicheren Ausschluß eines Karzinoms eine Stanzbiopsie durchgeführt werden, bei der neben Zellen und Zellkernen auch das Stroma für die endgültige Beurteilung als Entscheidungshilfe herangezogen werden kann.

Diagnose und Klassifizierung der Prostatitis sind zytologisch durch die für die einzelnen Formen charakteristischen Muster der Entzündungszellen und die stets nachweisbaren Zellatypien zuverlässig möglich (**Tabelle 27**).

12.4.1 Spezielle Formen

12.4.1.1 Akute eitrige Prostatitis
(Abb. 174–179)

Die Zellverbände zeigen oft verwaschene Zellgrenzen; sie sind unterschiedlich groß, teilweise dissoziiert und mehr oder weniger diffus durchsetzt mit polymorphkernigen Leukozyten, die zudem über den gesamten Ausstrich verteilt sind. Die Epithelatypien sind gering. Die Zellkerne besitzen überwiegend eine lockere Chromatinstruktur; überdies lassen sich herdförmige Anisokaryosen und einzelne prominente Nucleolen erkennen.

Insgesamt entsprechen die Atypien jedoch lediglich Pap. II.

12.4.1.2 Abszedierende Prostatitis
(Abb. 180, 181)

Typisch ist ein ausgeprägter fibrinös-leukozytärer Untergrund des Präparats. Nicht weniger auffällig sind die massiven leukozytären Haufenformationen. Die Zellverbände sind vielfach deutlich dissoziiert und von Leukozyten durchsetzt, die Zellgrenzen nicht mehr erkennbar.

Tabelle 27. Entzündungszellmuster und Ausprägung der Epithelatypien bei den verschiedenen Prostatitisformen (LEISTENSCHNEIDER u. NAGEL, 1981)

Prostatitis-Typ	Entzündungs-Zellmuster	Epithelatypien		
		gering	mittel	schwer
Eitrig	Leukozyten – diffus	+	–	–
Abszedierend	Leukozyten – diffus – Haufen	+	–	–
Chronisch	Lymphozyten Histiozyten (RZ)[a] Plasmazellen	+	+	–
Chronisch-rezidivierend	Leukozyten Lymphozyten Plasmazellen Histiozyten (RZ)	–	+	+
Granulomatös	Leukozyten (eosinophil) Lymphozyten Plasmazellen Histiozyten – RZ – Haufen Langhans – RZ	–	+	+
Tuberkulös	Leukozyten Lymphozyten Plasmazellen Histiozyten – Haufen Langhans – RZ Epitheloid- zellen – diffus – Haufen	–	–	+

[a] Riesenzellen

Die Epithelatypien entsprechen denen der akuten eitrigen Prostatitis (Pap. II).

Die abszedierende und die akute eitrige Prostatitis ähneln sich zwar zytologisch, die Unterscheidung der beiden Formen ist jedoch aufgrund der massiven leukozytären Haufenbildung bei der abszedierenden Form eindeutig.

12.4.1.3 Chronische Prostatitis (Abb. 182)

Typisch ist ein Entzündungszellmuster *ohne* Leukozyten, das lediglich aus locker angesammelten Rundzellen besteht und auffallend wenige Plasmazellen und Histiozyten enthält. Wenn Histiozyten nachzuweisen sind, zeigen sie meist ein fein vakuolisiertes, reichlich entwickeltes Zytoplasma. Die Epithelverbände sind nur teilweise mit solchen Entzündungszellen durchsetzt, die sich vorwiegend in der direkten Umgebung der Zellverbände finden und insgesamt nur locker über den gesamten Ausstrich verteilt sind. Die Epithelverbände sind meist noch gut erhalten oder nur geringfügig dissoziiert, die Zellgrenzen überwiegend intakt. Die Zellkerne sind klein bis mittelgroß, ihre Chromatinstruktur ist locker-granulär. Gelegentlich finden sich betonte Nucleolen.

Die Atypien entsprechen Pap. II–III.

12.4.1.4 Chronisch-rezidivierende Prostatitis (Abb. 183–192)

Das sehr typische „bunte" Bild der Entzündungszellen ist gleichförmig gemischt und besteht aus Rundzellen, Histiozyten und vor allem, im Gegensatz zur chronischen Prostatitis, aus reichlich Leukozyten. Die Histiozyten zeigen überwiegend stärker ausgeprägte Zytoplasmaveränderungen mit deutlicher, feiner bis grober Vakuolisierung; häufig erscheint das Zytoplasma auch schaumig-granulär. Die Histiozyten enthalten nicht selten 2 oder mehr Kerne.

Die Entzündungszellen dringen verschieden stark in die Epithelverbände ein. Neben größeren Epithelverbänden finden sich immer wieder kleinere, die je nach Grad der Entzündung unterschiedlich dissoziiert sind und teils verwaschene Zellgrenzen aufweisen.

Für diese Entzündungsform sind mittelgradige Epithelatypien mit leichtgradiger Kernpolymorphie, gering verdichteter Chromatinstruktur und herdförmig betonten Nucleolen in den Verbänden typisch. Die Kernordnung kann mittelgradig gestört sein **(Abb. 191, 192)**.

Da nie verdichtetes Chromatin oder prominente Nucleolen nachzuweisen sind, ist die Differentialdiagnose zum Prostatakarzinom nicht schwierig.

Die Ausbreitung der Entzündungszellen innerhalb der Zellverbände wechselt je nach dem Schweregrad der Entzündung, der in der Beurteilung grundsätzlich bei allen Prostatitiden angegeben werden muß.

Prostatainfarkt (Abb. 193–197b)
Beim Prostatainfarkt zeigt sich grundsätzlich das gleiche zytologische Bild wie bei der chronisch-rezidivierenden Entzündung. Das Muster der Entzündungszellen jedoch weist einen ausgesprochen großen Anteil an *Histiozyten* völlig unterschiedlicher Gestalt und Größe auf. Sie sind meist mehrkernig; ihr Zytoplasma ist überwiegend mittelgradig bis grob vakuolisiert. Ferner finden sich regelmäßig locker verstreute Plattenepithelien infolge der im Bereich des Prostatainfarktes bestehenden metaplastischen Umwandlung des Prostataepithels.

12.4.1.5 Granulomatöse Prostatitis (Abb. 198–214)

Wie bei der chronisch-rezidivierenden Prostatitis sind reichlich Entzündungszellen in einem „bunten" Muster zu erkennen. Bei speziellen Formen lassen sich neben normalen polymorphkernigen Leukozyten eosinophile

Granulozyten nachweisen. Plasmazellen dagegen sind bei der chronisch-rezidivierenden Prostatitis häufiger.

Als sichere Kriterien zur Abgrenzung gegenüber der chronisch-rezidivierenden Prostatitis gelten:

- Regelmäßiges Auftreten von zwei- bis mehrkernigen Histiozyten, die oft sogar vielkernig oder ausgesprochen groß als histiozytäre Riesenzellen vorkommen **(Abb. 205)**.

- Das Zytoplasma ist häufig schaumig-granulär strukturiert oder mäßig bis grob vakuolisiert; nicht selten enthält es phagozytierte Kerntrümmer. Gelegentlich finden sich auch Langhans'sche Riesenzellen **(Abb. 198, 209, 210)**.

Fremdkörperriesenzellen konfluieren gelegentlich zu mehr- oder vielkernigen Riesenzellen und können durch eine entsprechende Lagerung drüsenähnliche Bilder im Sinne von Mikroadenomen vortäuschen. Diese Riesenzellen mit den randständigen Kernen müssen differentialdiagnostisch von den mikroadenomatösen Komplexen, wie sie beim Karzinom beobachtet werden, abgegrenzt werden (WULLSTEIN u. MÜLLER, 1973).

Maßgebendes Kriterium für diese Abgrenzung ist die Struktur des Zellkernes, der in den histiozytären Riesenzellen gleichförmig oval ist und ein aufgelockertes Chromatin aufweist. Die für die Differentialdiagnose wichtigen Nucleolen sind in diesen Zellen höchstens „betont", in keinem Falle jedoch „prominent"!

- Neben einzeln liegenden Histiozyten sind charakteristische *Histiozytenhaufen* zu erkennen, gelegentlich mit Übergängen in Epitheloidzellen **(Abb. 200, 202, 203, 206)** (LEISTENSCHNEIDER u. NAGEL, 1978, 1989).

- Die *Epithelverbände* ähneln in ihrer Struktur denjenigen bei chronisch-rezidivierender Prostatitis und sind teils noch erhalten, teils deutlich dissoziiert **(Abb. 203, 212)**.

- Die *Epithelatypien* sind insgesamt stärker ausgeprägt und die Zellkerne unterschiedlich groß, so daß sie teilweise der Größe von Kernen wie bei Grad-I-Karzinomen entsprechen. Zudem ist das Chromatin verdichtet, und häufig ist die Kernordnung deutlich gestört. Kernmembranen sind nicht immer auszumachen. Die Nucleolen sind meist nur betont, können jedoch in Teilbereichen der Zellverbände prominent sein **(Abb. 212–214)**.

Der nicht regelmäßige Nachweis prominenter Nucleolen und das gleichzeitig reichliche Vorkommen von Entzündungszellen (Entzündungszellbild) ermöglichen meist eine sichere Abgrenzung vom Prostatakarzinom, da die Epithelatypien Pap. III, gelegentlich III bis IV, entsprechen.

Allerdings können die Atypien bei granulomatöser Prostatitis auch Pap. IV entsprechen, so daß die Differentialdiagnose zum Karzinom dann zytologisch genauso problematisch sein kann wie bei histologischer Untersuchung die Abgrenzung gegen ein solid-anaplastisches Karzinom (HOHBACH u. Mitarb., 1980).

Bei der Differentialdiagnose „granulomatöse Prostatitis/Prostatakarzinom" ist ferner zu berücksichtigen, daß in 10% der Fälle mit granulomatöser Prostatitis *gleichzeitig* ein Prostatakarzinom gefunden wird (HOHBACH u. Mitarb., 1980).

12.4.1.6 Tuberkulöse Prostatitis (Abb. 215–226)

Die tuberkulöse Prostatitis läßt sich zytologisch zuverlässig von der granulomatösen Prostatitis abgrenzen. Entscheidend sind folgende Merkmale:

- Starke Ansammlungen von Histiozyten und Epitheloidzellen, meist in Form von Haufen. Diese Zellhaufen sind stärker ausgeprägt als bei der granulomatösen Prostatitis **(Abb. 216, 218, 220, 221–225)**.

- Schmutziger Untergrund des gesamten Ausstriches und größere Flecken eines amorphen, grauen bis grau-rosa-farbenen, teils körneligen Materials, das von der für die Tuberkulose typischen Nekrose herrührt (Abb. 215–219).
- Starke Epithelatypien (Pap. IV) mit deutlich vergrößerten Zellkernen und Anisokaryosen, verdichtetem Kernchromatin, betonten bis deutlich prominenten Nucleolen und überwiegend noch nachweisbaren Kernmembranen (Abb. 214, 226).

Typisch ist das Nebeneinander von Epitheloidzellhaufen, Epithelverbänden der Prostata und nekrotischem Material (Abb. 216, 220). Die Epithelverbände selbst sind teilweise noch intakt, teils in ihren Randbereichen deutlich dissoziiert und mehr oder weniger stark durchsetzt von „bunten" Entzündungszellen wie bei der chronisch-rezidivierenden Prostatitis (Abb. 221, 224).

Die bei der tuberkulösen Prostatitis nachweisbaren Atypien entsprechen mindestens Pap. III und herdförmig sogar Pap. IV, so daß die Abgrenzung vom Karzinom gelegentlich schwierig sein kann.

12.5 Zusammenfassung

Zytologisch lassen sich die verschiedenen Prostatitisformen in 6 Gruppen einteilen.

Typisch für die einzelnen Prostatitisformen sind die ausgeprägten Zellatypien in Verbindung mit den verschiedenartigen Entzündungszellen.

Eine Prostatitis darf zytologisch nur dann diagnostiziert werden, wenn reichlich Material vorhanden ist und die entzündlichen Veränderungen deutlich ausgebildet sind. Nur vereinzelt und außerhalb der Epithelverbände nachweisbare Entzündungszellen berechtigen nicht zur Diagnose einer Prostatitis!

Die Abgrenzung vor allem der granulomatösen und der tuberkulösen Prostatitis vom Karzinom kann gelegentlich schwierig sein. Dies gilt auch für die stärker ausgeprägte chronisch-rezidivierende Prostatitis.

Die Diagnose eines Karzinoms setzt den Nachweis der dafür typischen zytologischen Kriterien *im gesamten Zellverband* voraus, während bei sämtlichen Prostatitisformen die Atypien innerhalb der Zellverbände fast ausschließlich *herdförmig* vorkommen.

Im Zweifelsfalle ist eine intensive Infekttherapie mit nachfolgender Kontrollbiopsie indiziert.

Ist auch in der Kontrollbiopsie eine sichere Abgrenzung zum Karzinom *nicht* möglich, so ist eine Stanzbiopsie, welche die Beurteilung des Stromas gestattet, als Entscheidungshilfe unumgänglich.

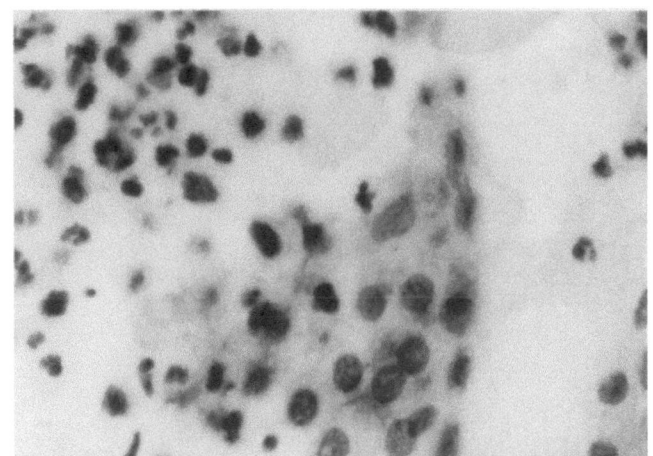

Abb. 174. Eitrige Prostatitis: Teils aufgelöster Prostataepithelverband mit geringgradigen Atypien (Pap II), umgeben von reichlich Leukozyten. ×400

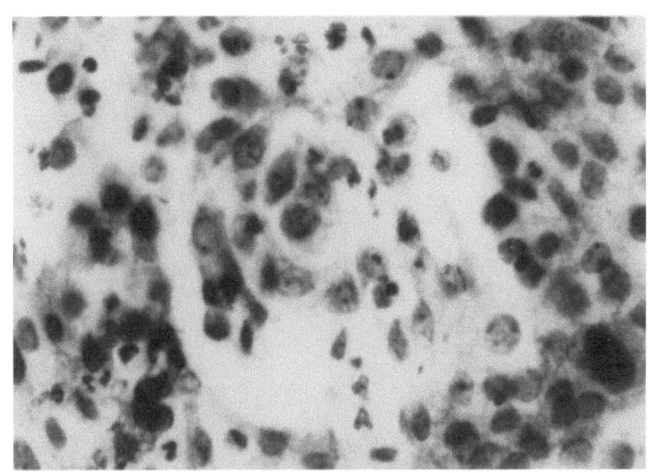

Abb. 175. Eitrige Prostatitis: Großer Prostataepithelverband, der von Leukozyten durchsetzt ist. ×400

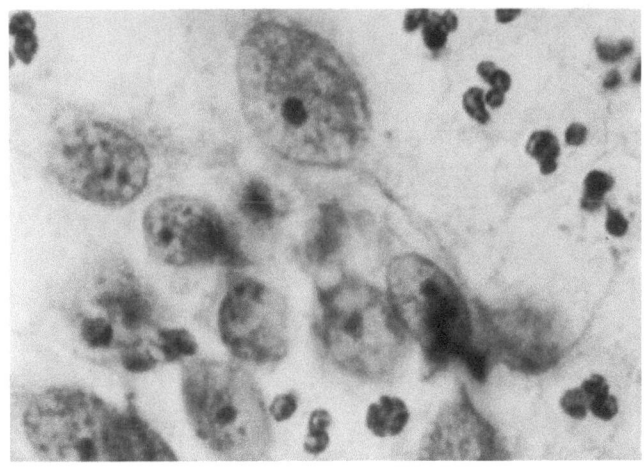

Abb. 176. Epithelatypien (Pap III) bei eitriger Prostatitis. Einzelne Zellkerne mit prominenten Nucleolen und Störung der Kernordnung. Chromatinstruktur teilweise verdichtet. Kernmembranen noch intakt. Ölimm., ×1000

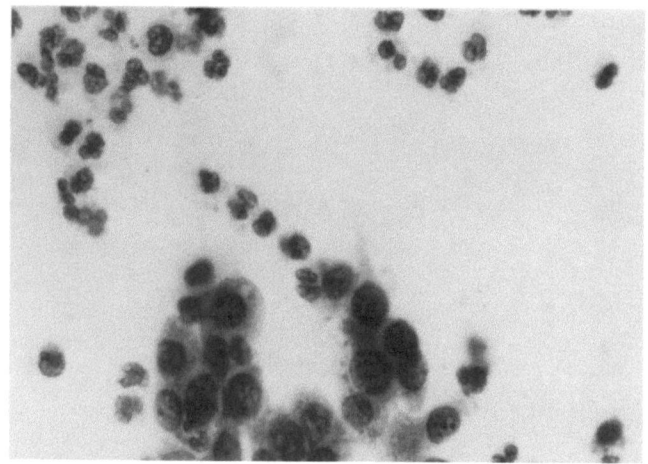

Abb. 177. Prostataepithelverband mit Atypien (Pap III) bei eitriger Prostatitis. ×400

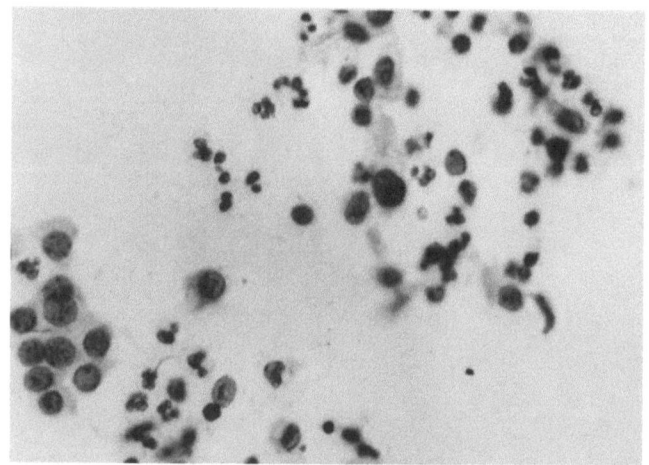

Abb. 178. Geringgradig ausgeprägte eitrige Prostatitis. ×400

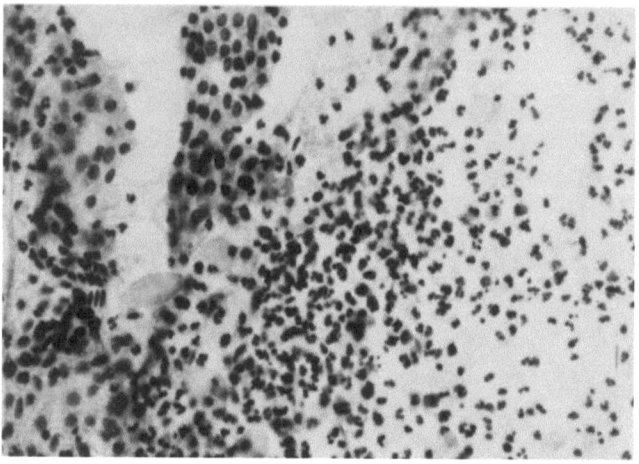

Abb. 179. Schwere eitrige Prostatitis: Die beiden Prostataepithelverbände (*links*) sind von reichlich Leukozyten umgeben und auch durchsetzt. ×100

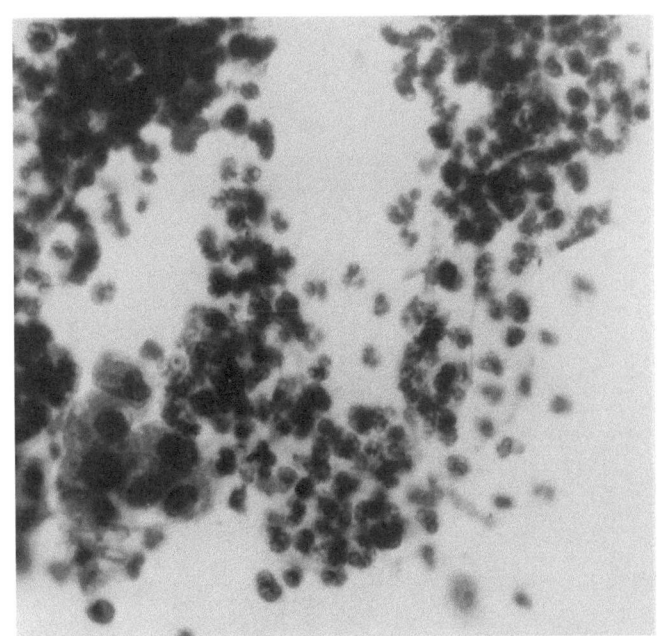

Abb. 180. Abszedierende Prostatitis mit mehreren Leukozytenhaufen. ×400

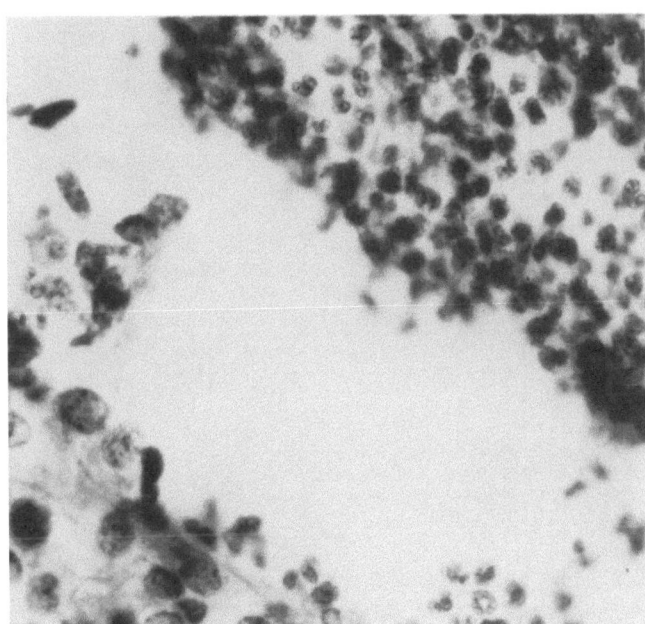

Abb. 181. Großer Leukozytenhaufen bei abszedierender Prostatitis. ×400

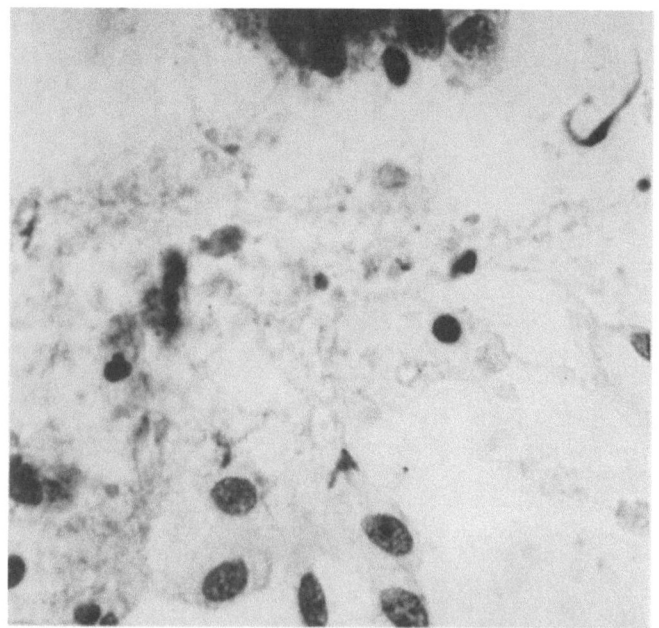

Abb. 182a. Leichte chronische Prostatitis: Lockere Ansammlungen von Rundzellen und Histiozyten. Kleiner Teil eines Prostataepithelverbandes *am oberen Bildrand*. ×400

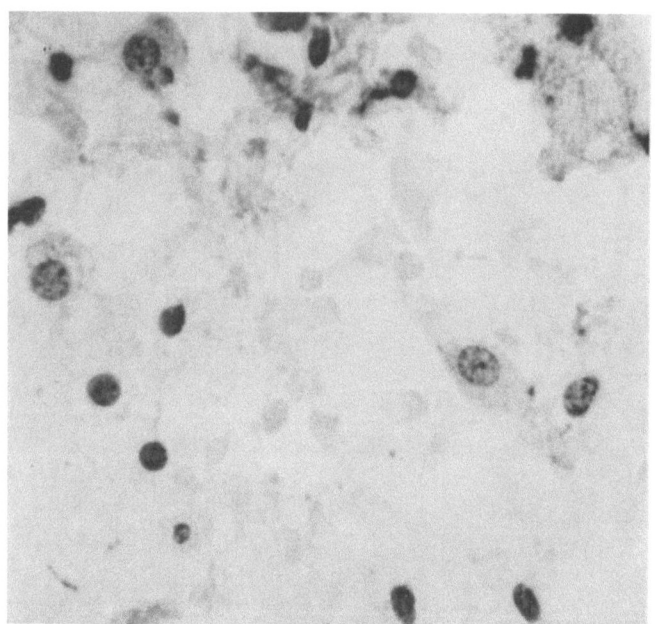

Abb. 182b. Gleicher Fall: Schaumig-granuläre Zytoplasmastruktur der Histiozyten als Zeichen der Phagozytose. ×400

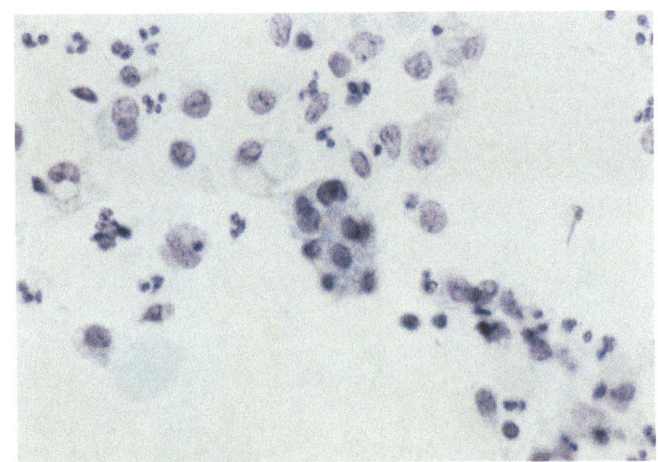

Abb. 183. Chronisch rezidivierende Prostatitis: Kleiner Prostataepithelverband (*Bildmitte*), umgeben vorwiegend von Histiozyten sowie einzelnen Leukozyten und Rundzellen. ×400

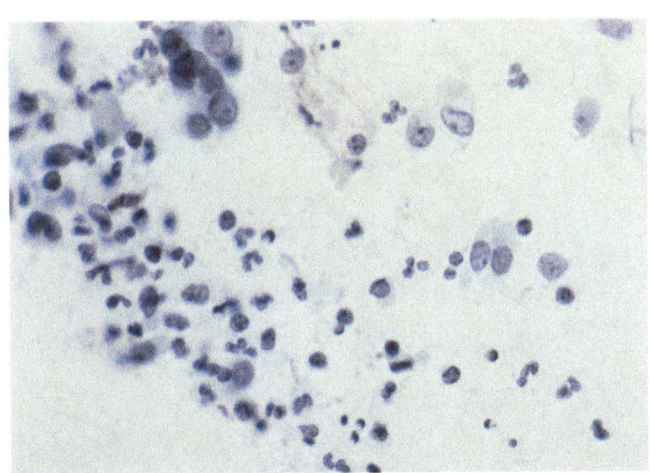

Abb. 184a. Chronisch rezidivierende Prostatitis mit typischem „buntem" Entzündungszellmuster. ×400

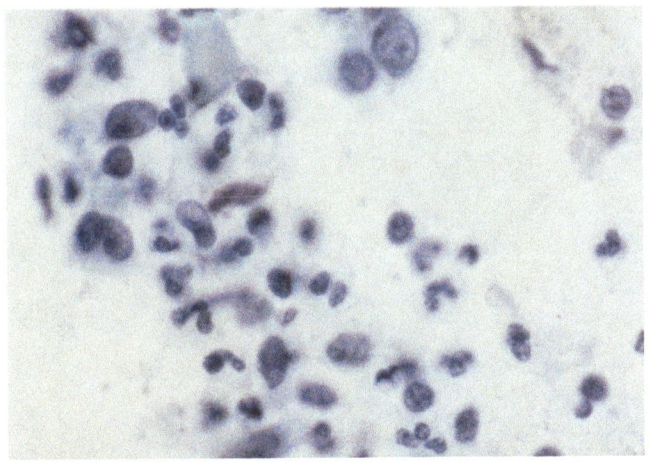

Abb. 184b. Gleicher Fall bei stärkerer Vergrößerung. ×630

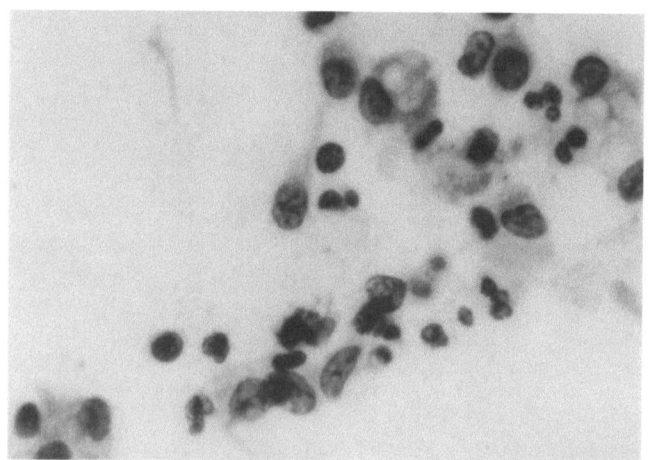

Abb. 185. Chronisch rezidivierende Prostatitis mit völlig dissoziiertem Prostataepithelverband. ×400

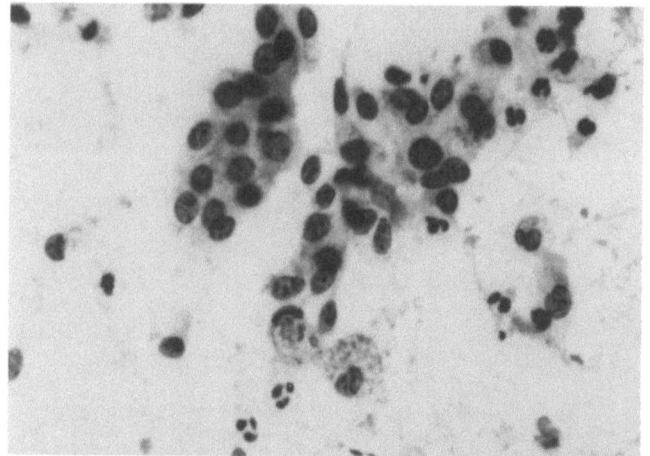

Abb. 186. Leichte chronisch rezidivierende Prostatitis mit nur geringem Entzündungszellgehalt. ×400

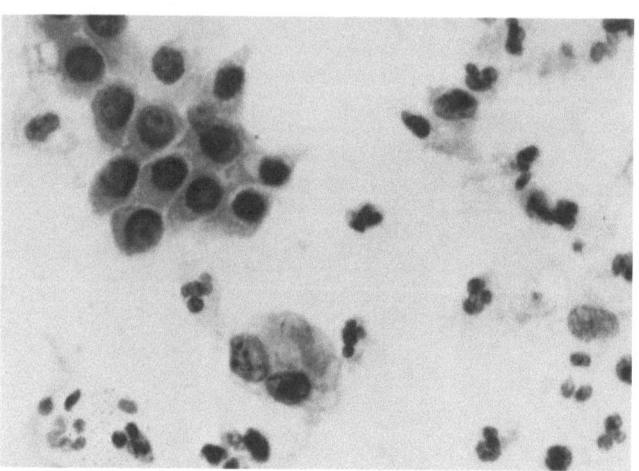

Abb. 187. Leichte chronisch rezidivierende Prostatitis. ×400

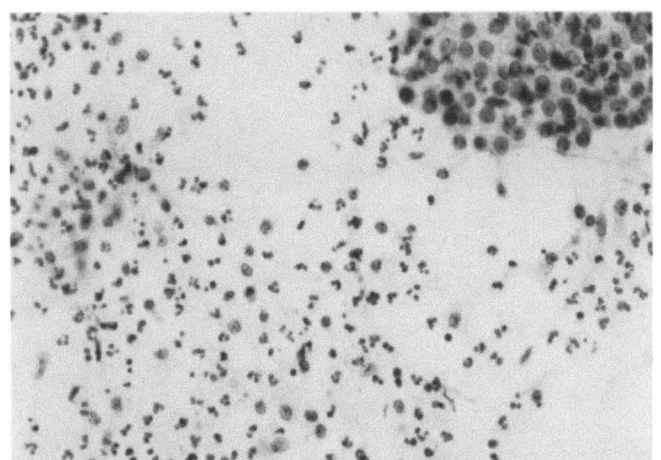

Abb. 188. Ausgeprägte chronisch rezidivierende Prostatitis in der Übersichtsvergrößerung mit typischem „buntem" Entzündungszellbild. ×100

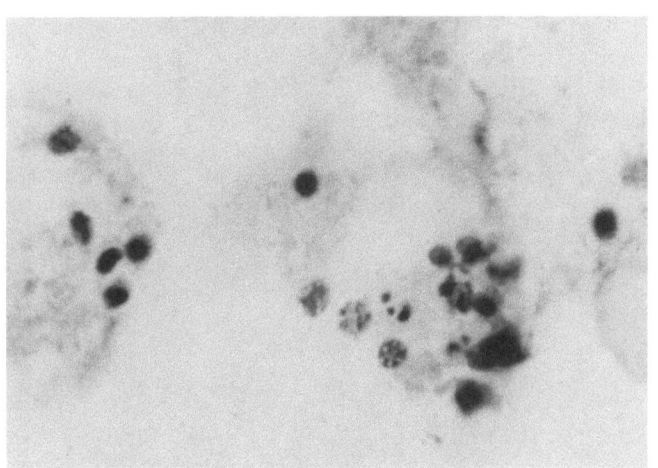

Abb. 189. Plasmazelle mit typischer Radspeichenstruktur bei chronisch rezidivierender Prostatitis. ×400

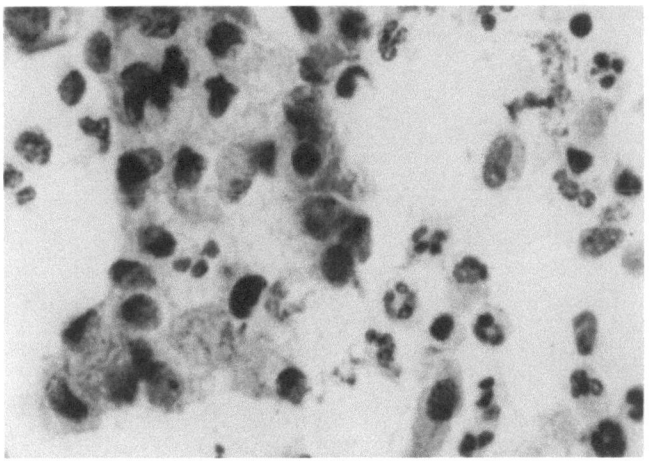

Abb. 190. Chronisch rezidivierende Prostatitis mit starker Dissoziation eines Prostataepithelverbandes. ×630

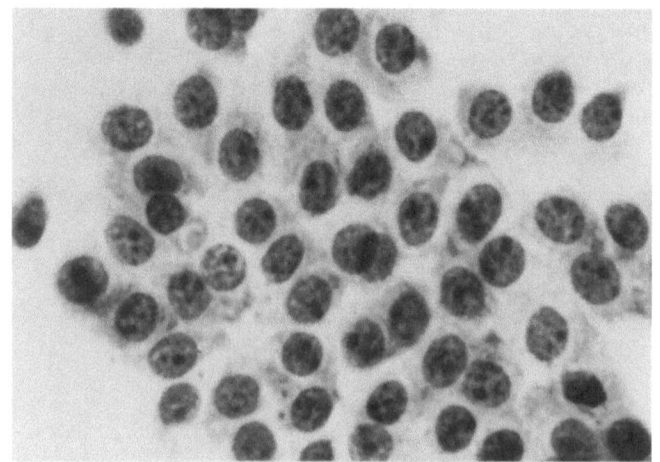

Abb. 191. Epithelatypien (Pap III) bei chronisch rezidivierender Prostatitis: Zahlreiche, jedoch nicht alle Kerne weisen prominente, teils entrundete Nucleolen auf. ×630

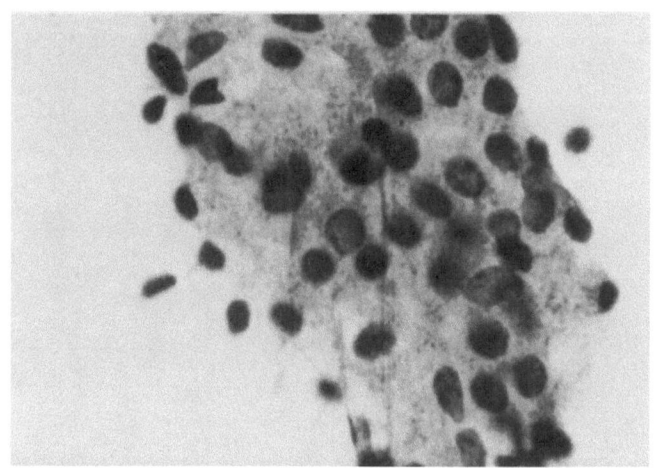

Abb. 192. Epithelatypien (Pap III) bei chronisch rezidivierender Prostatitis mit auffallender Störung der Kernordnung. ×630

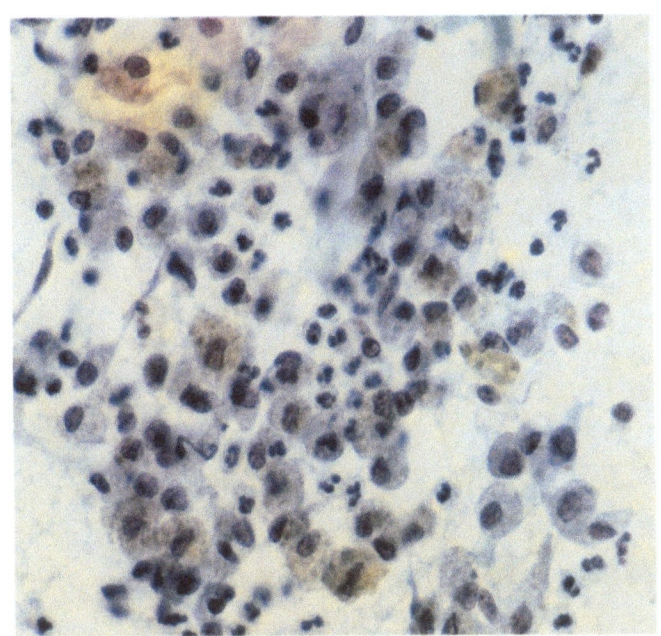

Abb. 193. Zytologischer Befund bei Prostatainfarkt: Schwere chronisch rezidivierende Prostatitis und Plattenepithelmetaplasien. ×400

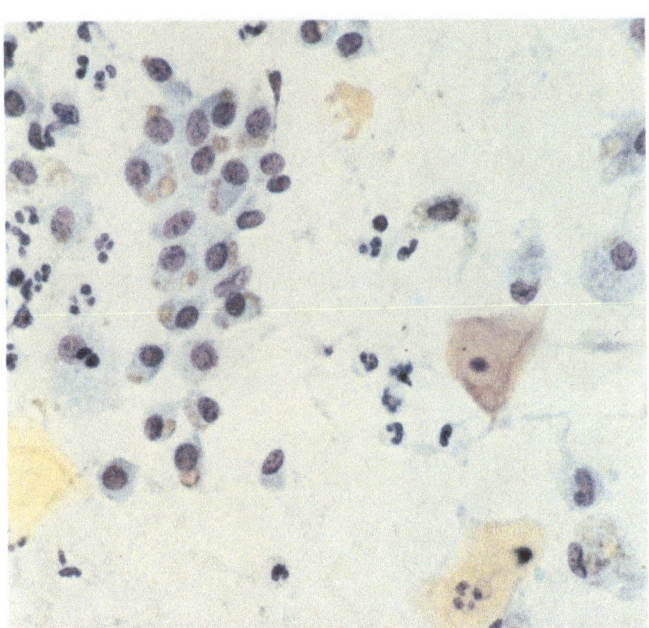

Abb. 194. Prostatainfarkt mit geringem Entzündungszellgehalt. ×400

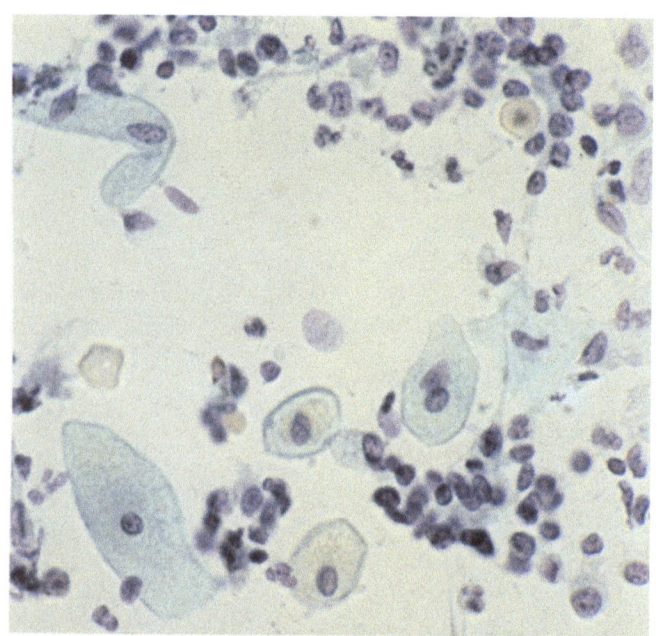

Abb. 195. Prostatainfarkt mit reichlich Histiozyten und großen Plattenepithelien. ×400

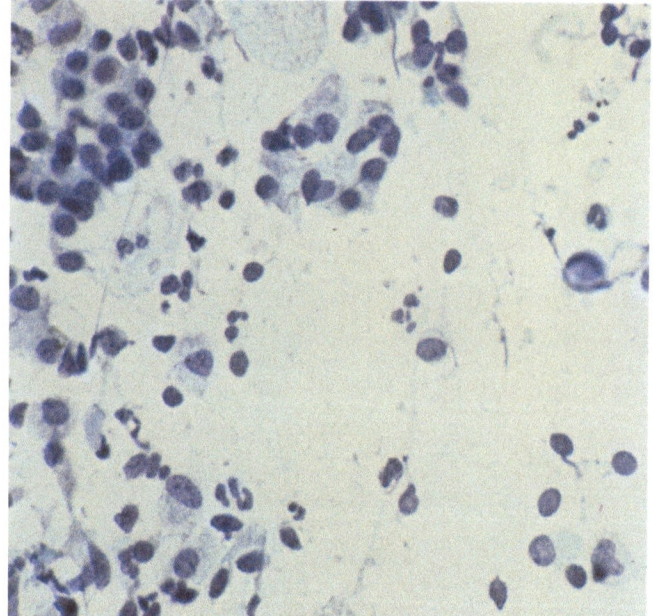

Abb. 196. Stark dissoziierte, kleine Prostataepithelverbände bei Prostatainfarkt. ×400

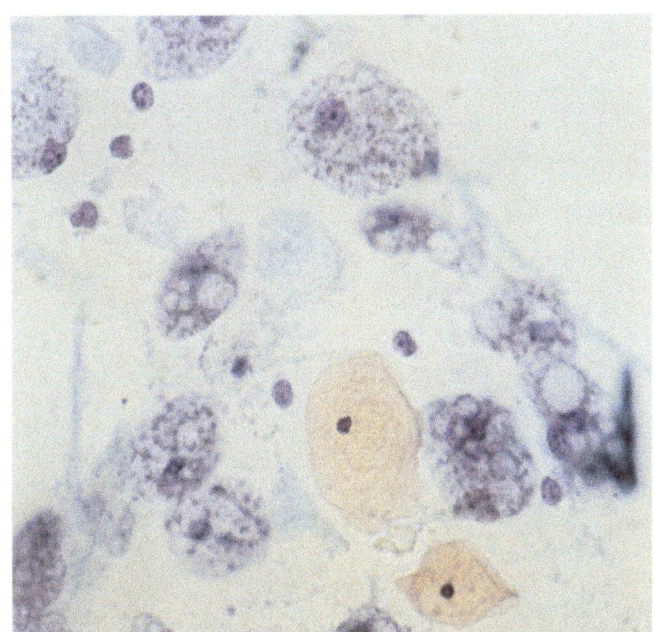

Abb. 197a. Zahlreiche große „Schaumzellen" und Plattenepithelien bei Prostatainfarkt. ×400

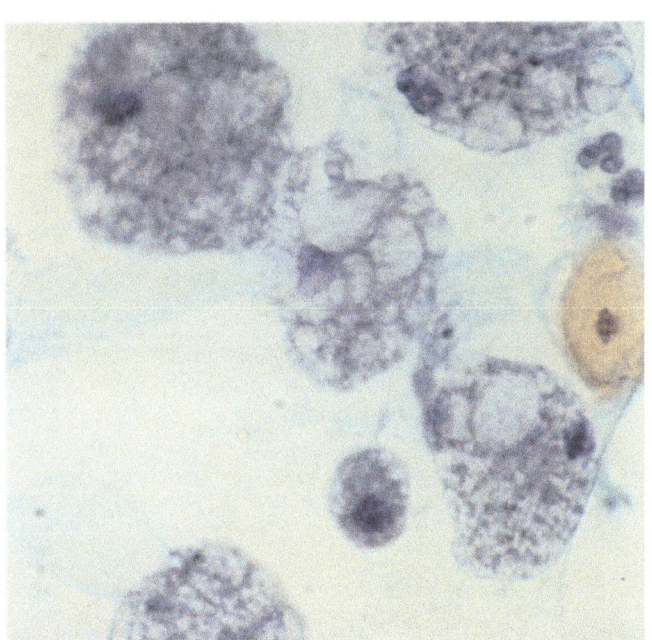

Abb. 197b. Gleicher Fall bei stärkerer Vergrößerung. ×630

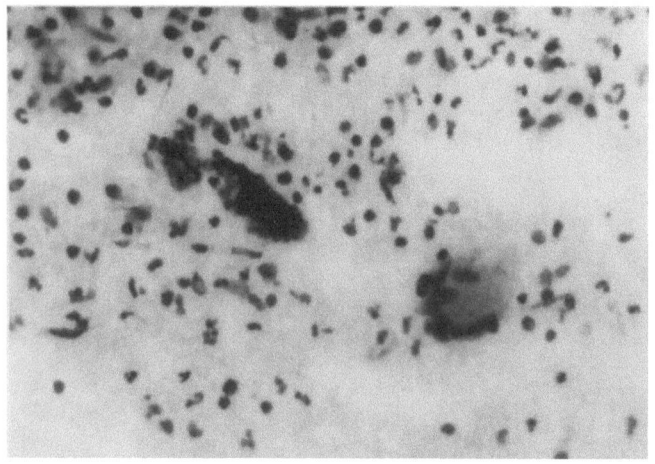

Abb. 198. Granulomatöse Prostatitis mit Langhans'scher Riesenzelle in der Übersichtsvergrößerung. ×100

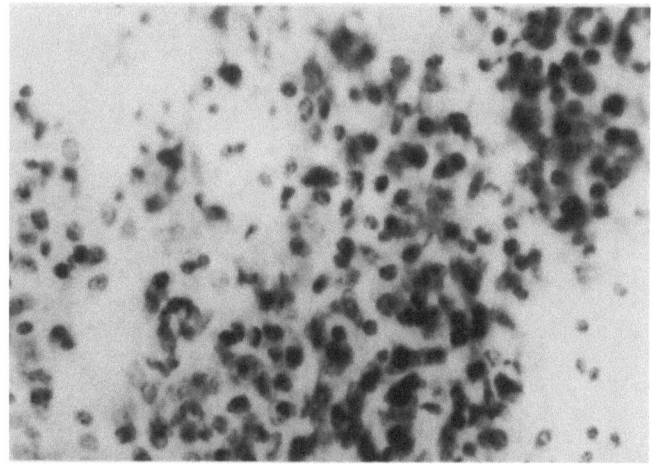

Abb. 199. Massive Entzündungszellansammlungen bei granulomatöser Prostatitis. ×400

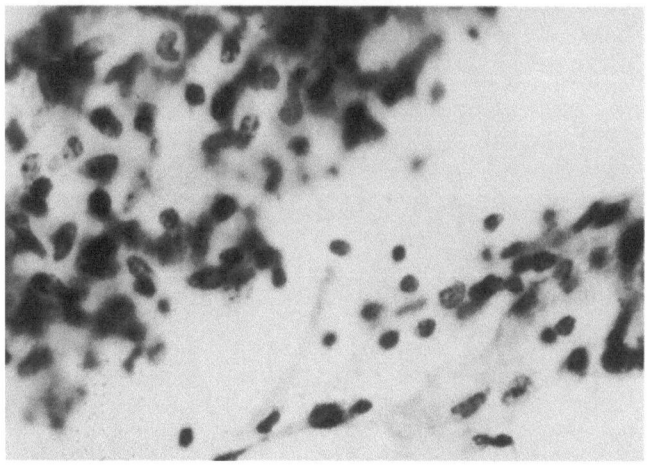

Abb. 200. Granulomatöse Prostatitis mit lockeren Entzündungszellansammlungen und Histiozytenhaufen (*linke Bildhälfte*). ×400

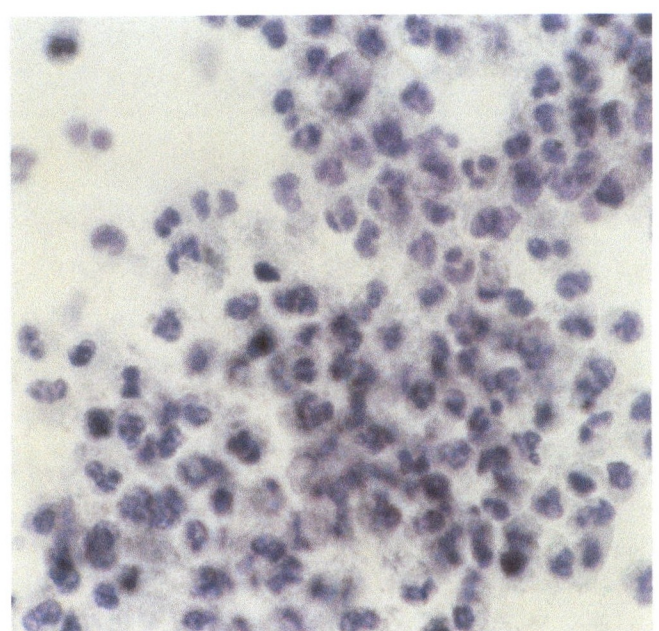

Abb. 201. Granulomatöse Prostatitis mit massiver Ansammlung von Leukozyten und Histiozyten. ×630

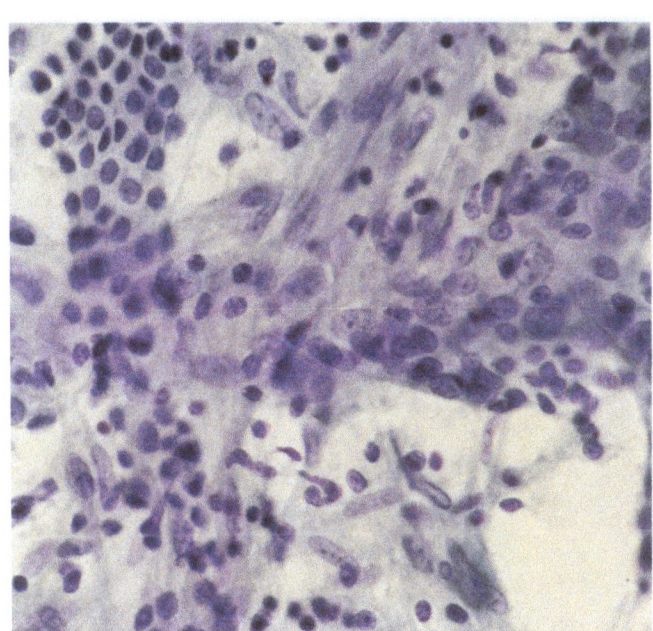

Abb. 202. Granulomatöse Prostatitis: Prostataepithelverband (*linker Bildrand*), umgeben von haufenförmigen Histiozytenansammlungen mit Übergängen in Epitheloidzellen besonders in der unteren Bildhälfte. ×400

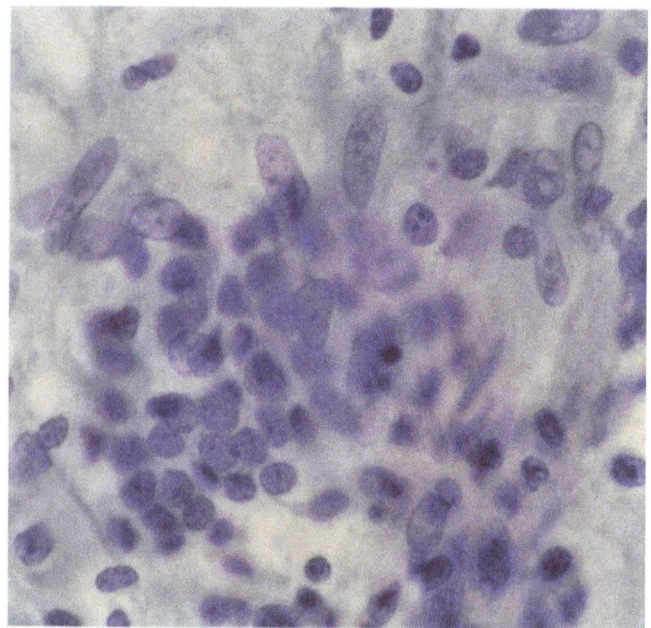

Abb. 203. Granulomatöse Prostatitis mit haufenförmiger Ansammlung von Histiozyten und herdförmig Epitheloidzellen neben kleinem, teils dissoziiertem Prostataepithelverband bei stärkerer Vergrößerung. ×630

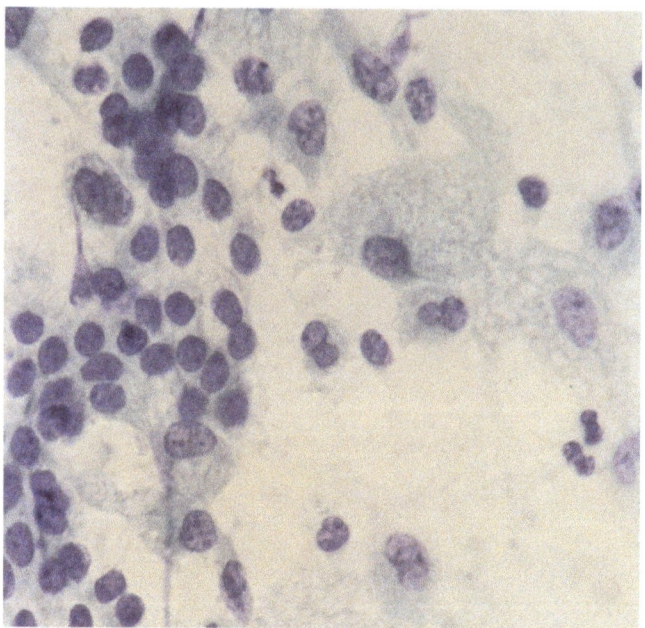

Abb. 204. Granulomatöse Prostatitis: Prostataepithelverband, umgeben von Histiozyten mit reichlich schaumig-granulärem Zytoplasmainhalt infolge Phagozytose. ×630

Abb. 205. Multinukleäre histiozytäre Riesenzelle bei granulomatöser Prostatitis in der Übersichtsvergrößerung. × 100

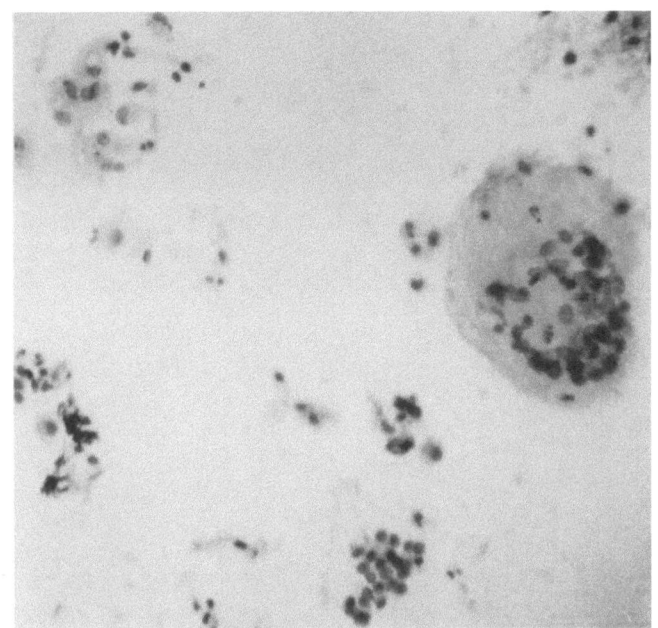

Abb. 206. Histiozytenhaufen mit stark vakuolisiertem Zytoplasma bei granulomatöser Prostatitis. Ölimm., × 540

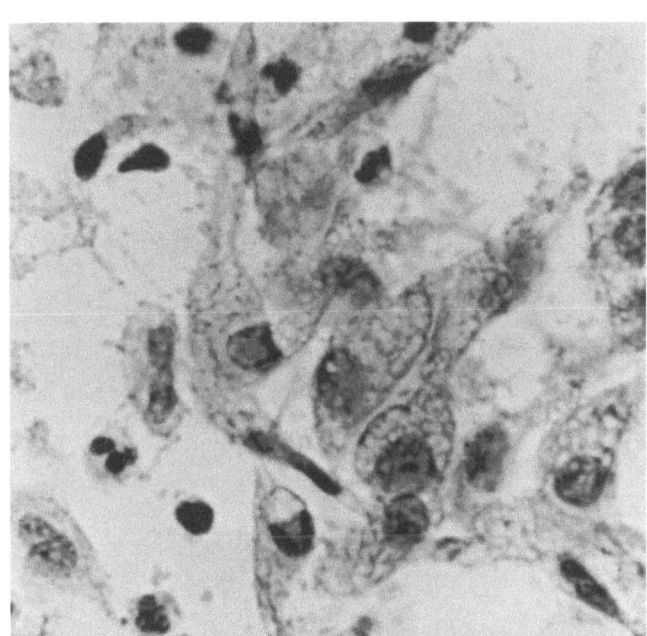

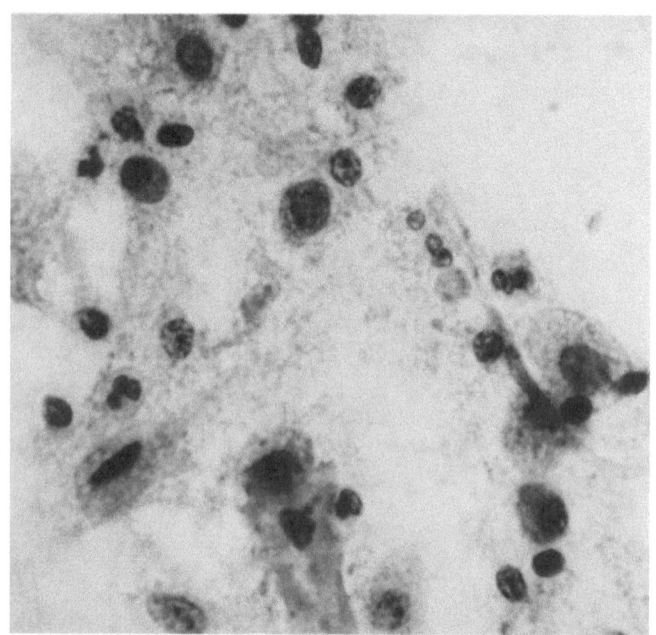

Abb. 207. Lockere, gemischte Entzündungszellansammlung bei mittelgradig ausgeprägter granulomatöser Prostatitis. ×400

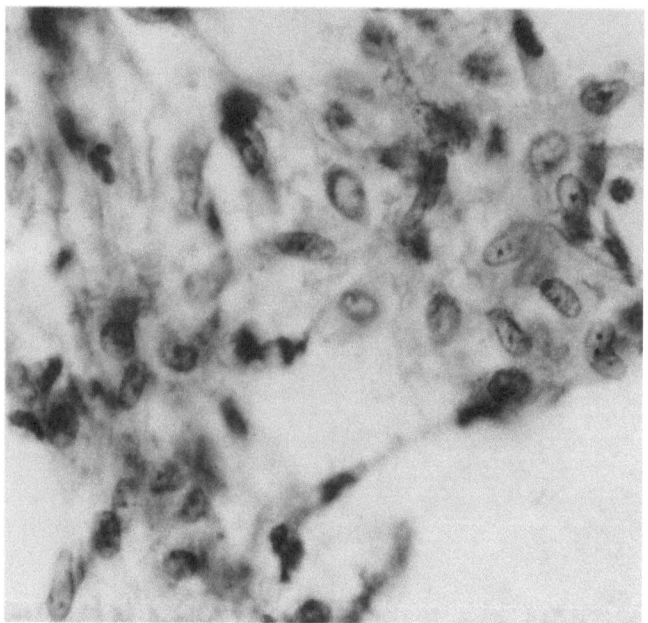

Abb. 208. Haufen von Histiozyten mit einzelnen Übergängen in Epitheloidzellen (*Bildmitte*) bei granulomatöser Prostatitis. ×400

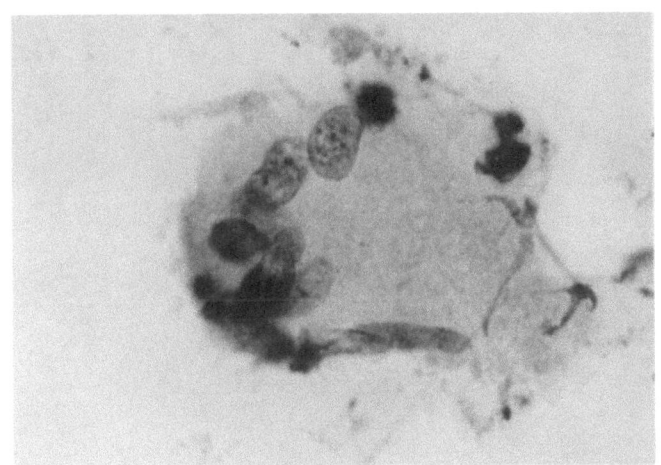

Abb. 209. Langhans'sche Riesenzelle bei granulomatöser Prostatitis. Ölimm., × 540

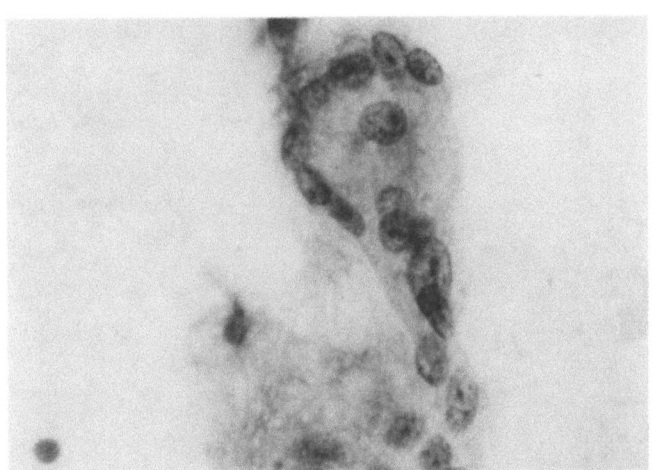

Abb. 210. Teils deformierte Langhans-sche Riesenzelle bei granulomatöser Prostatitis. Ölimm., × 540

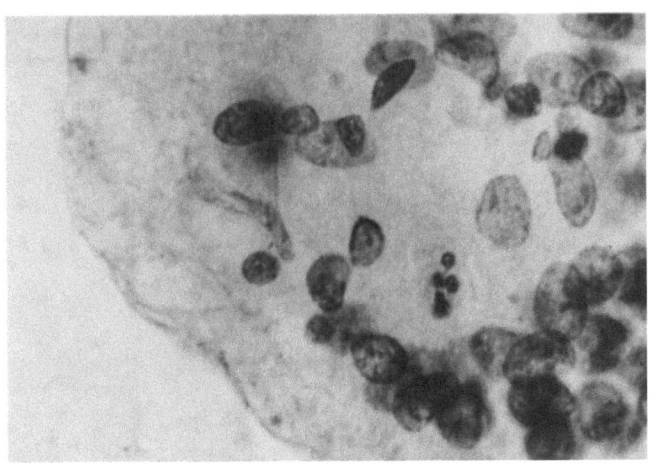

Abb. 211. Multinukleärer Histiozyt bei granulomatöser Prostatitis (vergl. Abb. 199). Ölimm., × 540

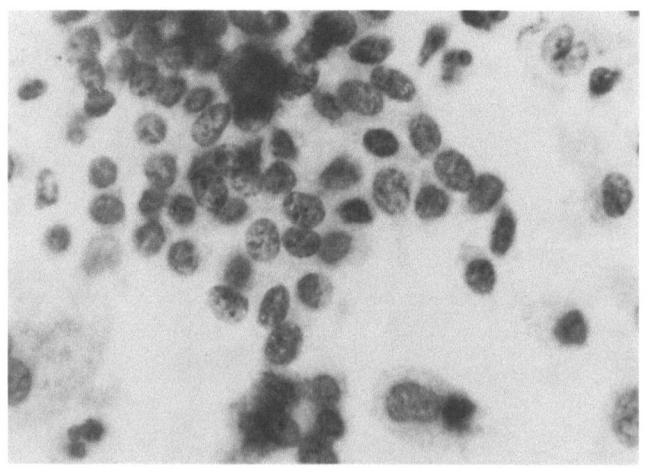

Abb. 212. Epithelatypien (Pap III) in teils dissoziiertem Prostataepithelverband bei granulomatöser Prostatitis. ×400

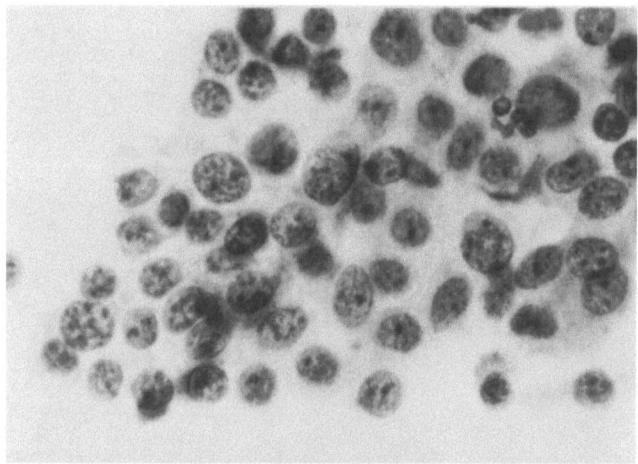

Abb. 213. Epithelatypien (Pap III) bei granulomatöser Prostatitis in stärkerer Vergrößerung: Mäßige Kernpolymorphie und überwiegend betonte Nucleolen. Meist locker-granuläre Chromatinstruktur und gut erkennbare Kernmembranen. ×630

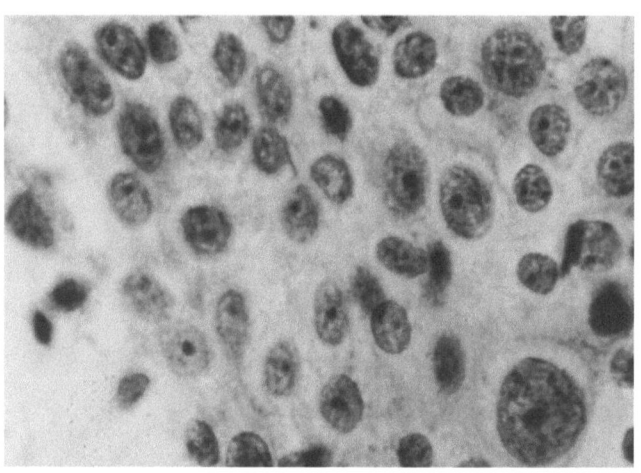

Abb. 214. Epithelatypien (Pap IV) bei granulomatöser Prostatitis: Deutliche Kernpolymorphie mit zahlreichen prominenten, teils entrundeten, polymorphen Nucleolen, herdförmig mehr als einer pro Kern. Kernmembranen teils nicht mehr intakt. ×630

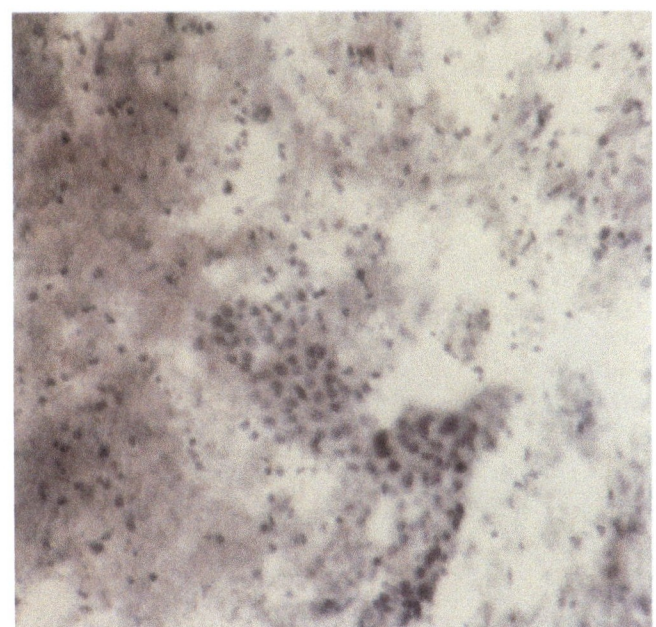

Abb. 215. Tuberkulöse Prostatitis mit typischem schmutzigem Untergrund in der Übersichtsvergrößerung. ×100

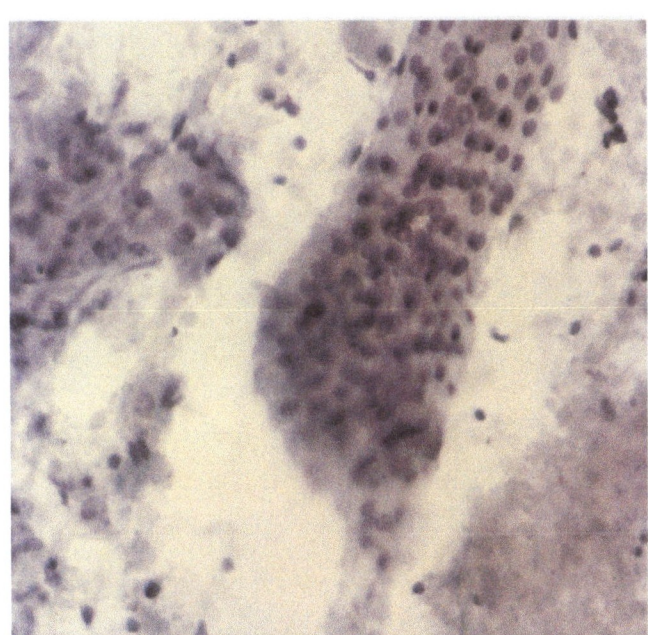

Abb. 216. Tuberkulöse Prostatitis mit Prostataepithelverband (*Bildmitte*), Histiozytenhaufen (*linke Bildhälfte*) und Nekrosehaufen (*rechte Bildhälfte*). ×400

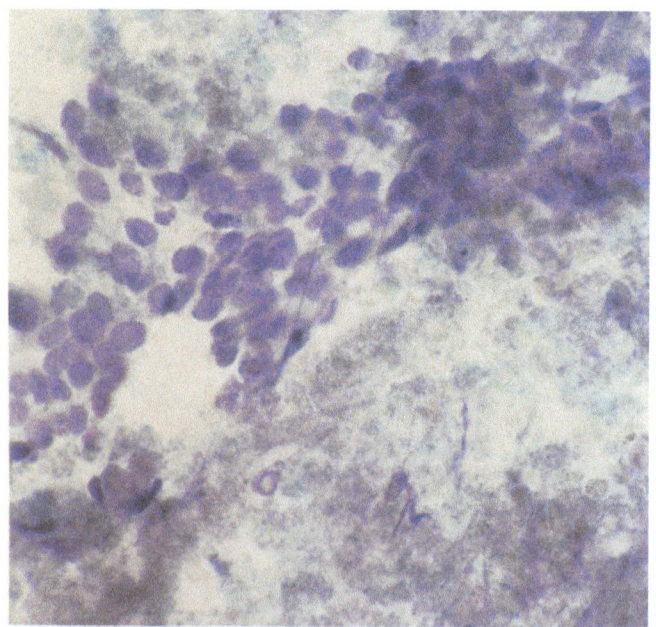

Abb. 217. Tuberkulöse Prostatitis mit teils dissoziiertem Prostataepithelverband und reichlich Nekrosematerial. × 400

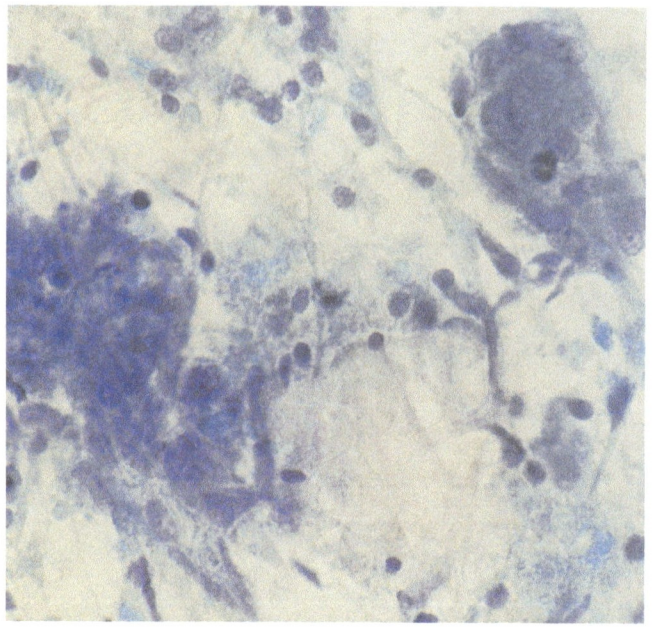

Abb. 218. Tuberkulöse Prostatitis mit zwei Histiozytenhaufen in Nekrosematerial. × 400

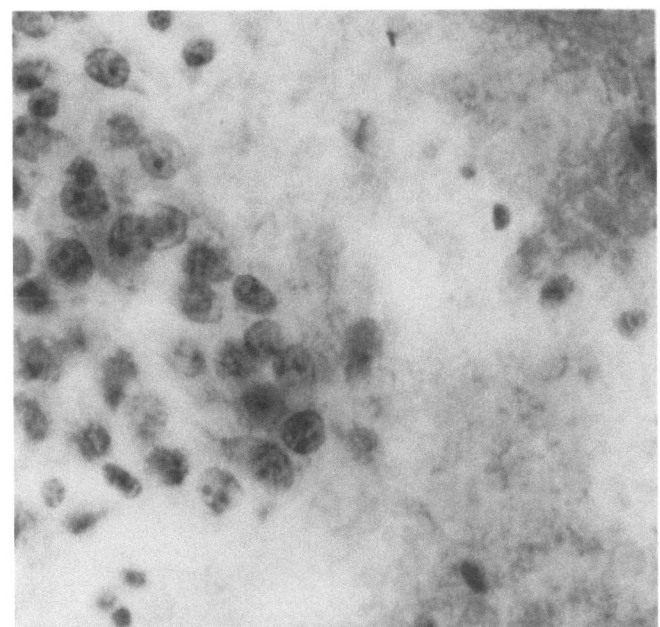

Abb. 219. Tuberkulöse Prostatitis mit stark dissoziiertem Prostataepithelverband und Atypien (Pap III) sowie Nekrosematerial. ×400

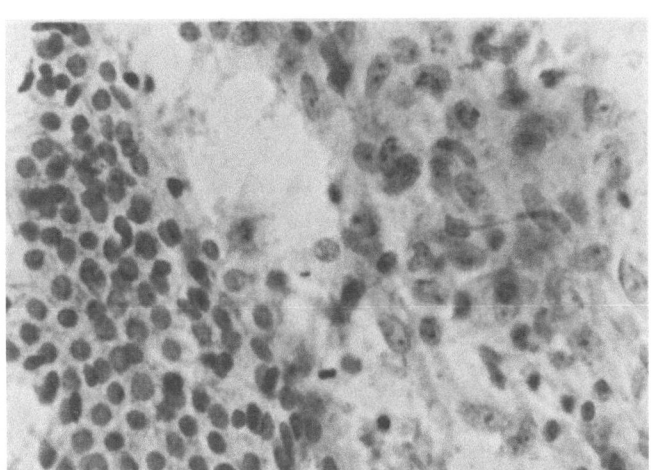

Abb. 220. Tuberkulöse Prostatitis mit Prostataepithelverband (*linke Bildhälfte*) und großem Haufen von Histiozyten mit Übergängen in Epitheloidzellen (*rechte Bildhälfte*). ×400

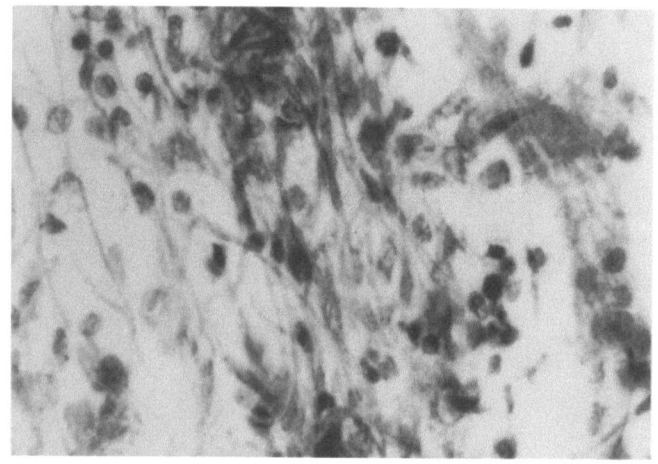

Abb. 221. Tuberkulöse Prostatitis mit buntem Entzündungszellbild und Histiozytenhaufen (*obere Bildhälfte*). ×400

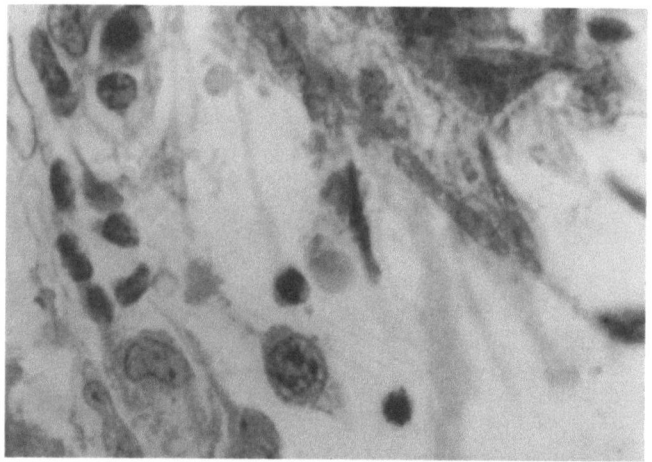

Abb. 222. Tuberkulöse Prostatitis mit Epitheloidzellhaufen (*rechts oben*). ×630

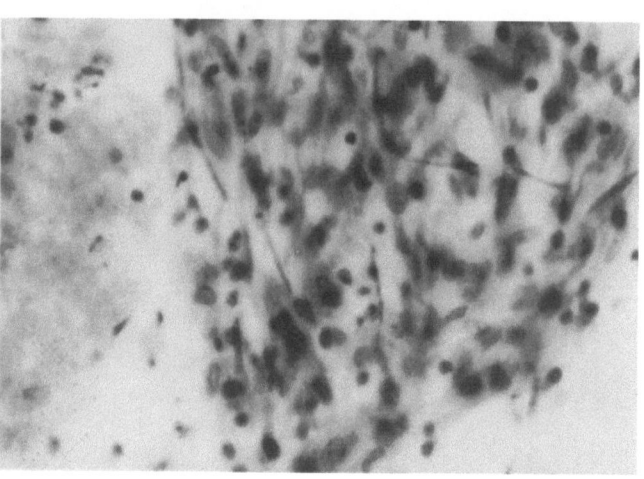

Abb. 223. Tuberkulöse Prostatitis mit großem Epitheloidzellhaufen neben Nekrosematerial. ×400

Abb. 224. Tuberkulöse Prostatitis mit buntem Entzündungszellbild in Nekrosematerial. Ölimm., × 540

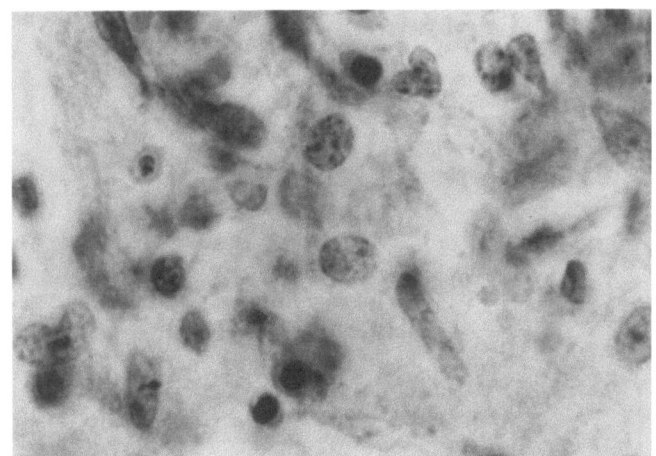

Abb. 225. Tuberkulöse Prostatitis mit Epitheloidzellen (*linke Bildhälfte*) neben Histiozytenhaufen (*rechte Bildhälfte*). Ölimm., × 540

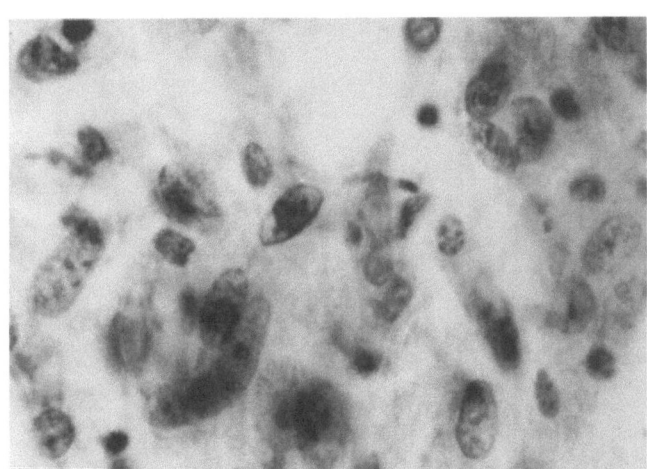

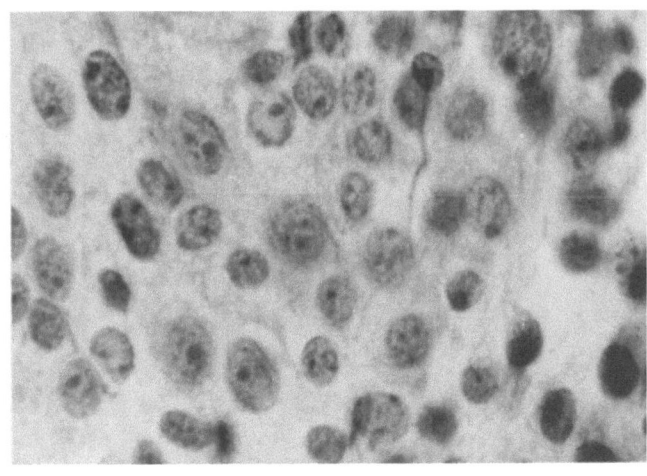

Abb. 226. Epithelatypien (Pap IV) bei tuberkulöser Prostatitis. (vergl. Abb. 208) × 630

13 DNS-Zytophotometrie

Während sich durch die *zytomorphologische Untersuchung* von Zelle und Zellkern Erkrankungen der Prostata lediglich *qualitativ* beurteilen lassen, erlaubt die *Zytophotometrie* durch detaillierte Analyse der Zellkern-DNS eine *quantitative* Beurteilung besonders des biologischen Verhaltens, d.h. des Malignitätspotentials des Prostatakarzinoms vor und während der Behandlung mit allen bisher bekannten Therapieformen. Auch *zellkinetische Untersuchungen* können nur durch die zytophotometrische, d.h. quantitative Bestimmung der *Zellkern-DNS* erfolgen, im Gegensatz zur *Autoradiographie* und *Flüssigkeits-Szintillations-Spektrophotometrie,* die durch Einbau von radioaktiv markiertem Thymidin (H^3) die DNS-Synthese messen.

Bei der Zytophotometrie werden die einzelnen Zellkerne entsprechend ihrem DNS-Gehalt der jeweiligen Zellzyklusphase zugeordnet. Dadurch ermöglicht das DNS-Zytophotogramm die Angabe der Häufigkeitsverteilung der Zyklusphasen einer gemessenen Zellpopulation. Änderungen der Zellkinetik führen dementsprechend zu Veränderungen in den durch DNS-Bestimmung ermittelten Zytophotogrammen, da Tumorzellen infolge der Änderung ihrer Chromosomenzahl im Sinne der Aneuploidie einen gegenüber normalen Geweben erhöhten DNS-Gehalt aufweisen (SANDRITTER, 1952; LEUCHTENBERGER u. Mitarb., 1954).

Diese Erkenntnis läßt sich an zahlreichen Organen bestätigen; im Urogenitaltrakt unter anderem auch an der *Harnblase* (LEWI u. Mitarb., 1969; LEDERER u. Mitarb., 1972) und an der *Prostata,* insbesondere beim *Prostatakarzinom* (SPRENGER u. Mitarb., 1974, 1976; ZETTERBERG u. ESPOSTI, 1976; BICHEL u. Mitarb., 1976; LEISTENSCHNEIDER u. NAGEL, 1979, 1980, 1982, 1983; BÖCKING, 1981; SEPPELT u. SPRENGER, 1981; ESPOSTI, 1982).

Bei der *Zytophotometrie* wird die Zelle oder Zellorganelle als eine mit Flüssigkeit gefüllte Cuvette angesehen, die mit monochromatischem Licht durchstrahlt und deren Absorption gemessen wird.

Die ersten absorptionszytophotometrischen Messungen unternahm CASPERSSON (1936), der die Absorption ultravioletten Lichtes durch Strukturen des Zellkernes maß.

FEULGEN u. ROSSENBECK (1924) entwickelten die sog. *Nuklealreaktion* zur Anfärbung des nukleären Chromatins, die nicht nur DNS-spezifisch, sondern auch quantitativ exakt ist.

Auf dieser *Feulgen'schen Nuklealreaktion* fußen alle Zellkern-DNS-Bestimmungen durch Zytophotometrie. Sie lassen sich in 2 methodische Systeme unterteilen:

- *Einzelzell-Zytophotometrie* (Fluorometrie, Absorptionsphotometrie)
- *Durchflußzytophotometrie*

13.1 Feulgen'sche Nuklealreaktion

Die Reaktion beruht darauf, daß fuchsinschweflige Säure (Schiff'sches Reagenz) mit je 2 Aldehydgruppen, die einen Abstand von wenigstens 10 Å haben müssen, eine scharlachrot gefärbte Verbindung eingeht. Die

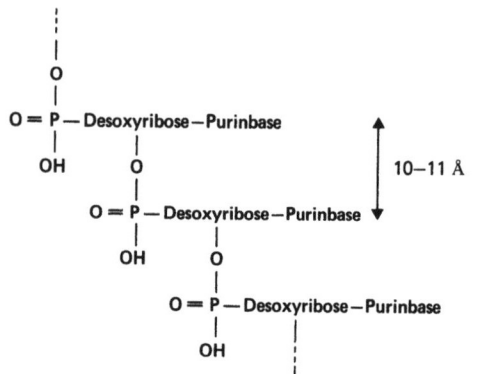

Abb. 227. Schematischer Aufbau der DNS (BURCK, 1966)

DNS des Zellkerns ist treppenförmig aufgebaut; das Grundgerüst bilden Desoxyribose und Phosphorsäure. Durch saure Hydrolyse läßt sich die Purinbase aus diesem Gerüst entfernen, wobei freie Aldehydgruppen im Abstand von 10,2 Å entstehen **(Abb. 227)**. An die „purinfreie Treppe" lagert sich die fuchsinschweflige Säure an, die mit den Aldehydgruppen eine scharlachrote Färbung ergibt (BURCK, 1966).

13.2 Einzelzell-Zytophotometrie

13.2.1 Fluorometrie

Das fluorometrisch zu untersuchende Objekt wird durch UV-Violett-Blau- bzw. Grün-Licht zur Fluoreszenz angeregt. Es emittiert daraufhin nach allen Richtungen selbst Fluoreszenzlicht von gleicher Intensität **(Abb. 228)**, von dem das Mikroskop-Objektiv einen entsprechenden Teil aufnimmt. Bei Bestimmung der Stoffmenge, z.B. der DNS des Zellkerns, erfolgt nun die Messung der Intensität des von allen Punkten des Objektes emittierten und gesammelten Fluoreszenzlichtes, und zwar am zweckmäßigsten in der Austrittspupille des Mikroskops (sog. Pupillenebene). Eine in der Bildebene des Objektes befindliche Blende begrenzt das Meßgerät auf die Größe des zu untersuchenden Objektes.

Zuverlässige Meßergebnisse setzen voraus, daß die fluoreszierenden Stoffe (Fluorochrome) für die praktisch vorkommenden Konzentrationen und Schichtdichten auf Linearität getestet werden (RUCH, 1979).

Die zytofluorometrisch zu messende DNS läßt sich mit folgenden Fluorochromen optimal färben:

BAO
Akriflavin-Feulgen
Auramin-O

Während der Einstellung der zu messenden Zellen oder Zellkerne kommt es stets zu deren Ausbleichen (Fading), das aber mittels Phasenkontrastmikroskopie verhindert werden kann. Um dieses Fading weitestgehend abzuschwächen, ist auf eine möglichst kurze Anregungszeit durch das UV-Licht zu achten. Diese Voraussetzung ist bei den heute gebräuchlichen Zytofluorometern gegeben,

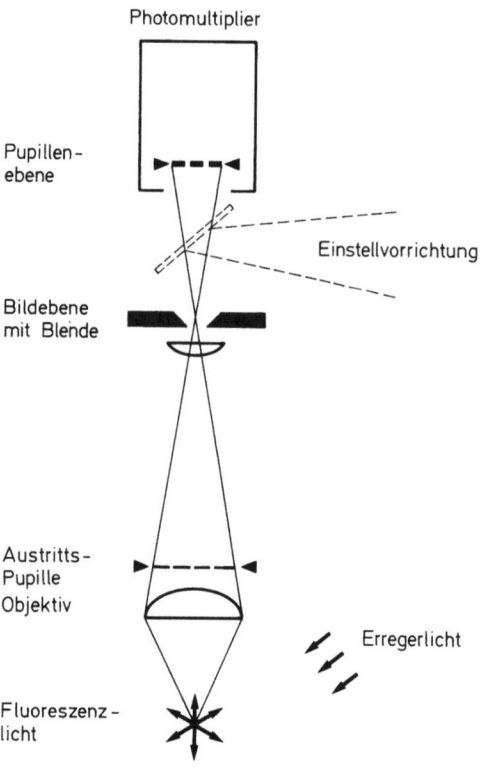

Abb. 228. Prinzip der Zytofluorometrie (RUCH, 1979)

da deren elektrische Photoverschlüsse Anregungszeiten von wenigen Millisekunden bis herab zu Nanosekunden gewährleisten.

Die so gemessenen Werte sind *relative Werte* für die jeweils untersuchte Stoffmenge und ermöglichen deshalb einen Vergleich von Stoffmengen in verschiedenen Objekten. *Absolute Werte* dagegen erhält man durch Vergleich mit einer Standard-Eich-Population, beispielsweise Leberzellkernen, Leukozyten oder Spermien.

Durch Fluorometrie können ferner Gesamtprotein sowie Arginin, Lysin und biogene Amine gemessen werden.

Die fluorometrische Mengenbestimmung ist heute der Absorptions-Mikroskop-Photometrie als zellanalytische Methode gleichwertig. Neben DNS-Histogrammen lassen sich mit Hilfe eines Prozeßrechners Fading-Kurven und Line-Scans erstellen (REUTER, 1979).

13.2.1.1 Apparative Ausrüstung für die Zytofluorometrie:

- Fluoreszenzmikroskop mit stabilisierter Lichtquelle
- Photometer
- Computer (Prozeßrechner)

13.2.1.2 Farbstoffe

Um eine optimale Fluoreszenz zu erreichen, sollten *Fluorochrome* folgende Anforderungen erfüllen:

- hohe Fluoreszenzintensität
- hohe Spezifität
- geringes Fading bei Exposition im Erregerlicht
- spektrale Charakteristika, die möglichst gut zu den Wellenlängen der verwendeten Laser passen (WITTEKIND, 1979)

Von den Fluorochromen ist eine höhere Fluoreszenz zu fordern als die Primärfluoreszenz der Präparate, die wie gefärbte Präparate zu behandeln sind, ohne daß jedoch das Fluorochrom hinzugefügt wird. Die Fluoreszenzintensität muß proportional der Menge des gebundenen Fluorochroms entsprechen.

Eine hohe *Spezifität* wird dann erreicht, wenn sich das Fluorochrom möglichst selektiv an ein bestimmtes Biopolymer anlagert und so eine eindeutige Fluoreszenzfarbe entsteht, die sich klar von der Reaktion anderer, benachbarter Makromoleküle unterscheidet.

13.2.1.3 Technik der Fluoreszenz-Färbung

Fixierung

Geeignete Fixierungslösungen für die Fluoreszenzmikroskopie und Zytofluorometrie sind:

Methanol
Äthanol
Äthanol-Essigsäure-Mischungen
neutralisiertes Formalin (partielle Blockierung reaktiver Aminogruppen)

Glutaraldehyd wird wegen der zu kleinen freien Aldehydgruppen nicht empfohlen. Ebenso sind schwermetallhaltige Fixiermittel für die Fluorometrie ungeeignet (RUCH u. LEHMANN, 1973).

Die *Fixierdauer* ist für die verschiedenen Substrate, an denen DNS-Messungen vorgenommen werden sollen, unterschiedlich und beträgt für:

Zellsuspensionen	4–24 Std
zytologische Ausstriche	15–30 min
dünne Gewebeblöcke (2 mm)	minimal 24 Std

Nach der *Fixierung* wird das Fixativ vorsichtig abgespült, und zwar nach *Formalinfixierung* mit destilliertem Wasser und nach *Mischfixierung mit Essigsäuregehalt* durch Äthanol.

Eine *Lagerung des Zellmaterials* in Suspension ist bei 4° C in 70%igem Alkohol möglich (RUCH u. LEHMANN, 1973). Eine Lagerung über mehr als 3 Wochen ist nicht zu empfehlen, da sowohl die DNS als auch die Proteine quantitativ abnehmen.

Färbetechniken

BAO-Färbung. Mit dem Fluorochrom BAO anstelle von Pararosanilin läßt sich eine modifizierte Feulgen-Reaktion der DNS durchführen (RUCH, 1970). Diese Reaktion ist auch nach Fixierung mit Methanol, Alkohol-Essigsäure oder Formalin möglich. *Die Chromatinstruktur zeigt eine brillant blaue Fluoreszenz.*

Fixierung

Methanol (fettfreie Objektträger!)	15 min bei Zimmertemperatur
	oder
	30 min bei 4° C
Spülung (Aqua dest.)	2 min
Hydrolyse 1 N HCl	8 min, 60° C
	oder
6 N HCl	20 min bei Zimmertemperatur
Spülung (Aqua dest.)	5 min

Färbung

(100 ml wäßrige BAO-Lösung 0,01%; 10 ml 1 N HCl; 5 ml NaHSO$_3$ 10%) (Lösung stets neu ansetzen)	2 Std
Spülung (Aqua dest.)	2 min
Sulfitlösung (180 ml Aqua dest.; 10 ml 1 N HCl; 10 ml NaHSO$_3$ 10%) (Die Lösung ist 1 Woche haltbar)	3 × 2 min
Fließendes Wasser	10 min
Dehydrieren	je 30 s mit Äthylalkohol, 50%, 70%, 95%, 100%, 100%
Xylol	2 × 30 s

Eindecken in Fluormount[1]

Anregung: UV (Erregerfilter: UG 1)

Ergebnis: DNS fluoresziert blau

---

1 Fa. Nordwald, Hamburg, Fa. Fluka, Basel

Akriflavin-Feulgen-Färbung. Bei dieser für die DNS hochspezifischen Reaktion wird ein fluoreszierendes Schiff'sches Reagenz verwendet, das gegenüber der konventionellen Feulgen-Fluoreszenz-Reaktion eine brillante Färbung vor dunklem Hintergrund ergibt.

Fixierung

Carnoy'sche Lösung	15 min

Zusammensetzung des Fluoreszenzfarbstoffes

Akriflavin-Hydrochlorid	1 g
Kaliummetabisulfit	2 g
Aqua dest.	200 ml
1 N HCl	20 ml

Nach Lösung von Akriflavin und Kaliummetabisulfit in Aqua dest. wird HCl zugesetzt. Die weitgehend stabile Lösung sollte vor der Anwendung über Nacht stehen.

Spülung (Aqua dest.)	1 min

Hydrolyse 1 N HCl   15–30 min (20° C)
oder
10 min (60° C)

Spülung (Aqua dest.)	1 min

Färbung

Akriflavin-Schiff'sches Reagenz	20 min
Spülung mit HCl-Alkohol	5 min

HCl 1%, Alkohol 95%, zur Entfernung nicht reagierenden Fluorochromanteils anstelle von SO$_2$-Wasser

frischer HCl-Alkohol	10 min
absoluter Alkohol	3 × 1 min
Xylol	1 min

Eindecken in Fluormount

Anregung: UV (Erregerfilter: BG 12)

Ergebnis: DNS fluoresziert leuchtend goldgelb

Auramin-O-Färbung. Falls das zu messende Objekt eine blaue Eigenfluoreszenz hat, ist eine Färbung mit Auramin-O angezeigt, das gelblich-grün fluoresziert.

Fixierung	15 min
Spülung (Aqua dest.)	2 min
Hydrolyse (s. BAO-Färbung)	
Spülung (Aqua dest.)	5 min

Färbung

Frisch hergestellte Auramin-O-SO$_2$-Lösung (10 ml Auramin O-Lösung 0,2% in Aqua dest., 1 ml 1 N HCl, 0,5 ml NaHSO$_3$-Lösung 10%ig (frisch), 0,025 g Aktivkohle, kurz schütteln, filtrieren)	3 Std
Abspülen in Wasser	wenige Sekunden
Waschen in Sulfitwasser (s. BAO-Färbung)	3 × 2 min
Waschen in fließendem Wasser	10 min
Entwässern durch Alkoholreihe (s. BAO-Färbung)	
Eindecken in Kanadabalsam oder Glycerin	

Anregung: UV (Erregerfilter: UG 1)

Ergebnis: DNS fluoresziert leuchtend gelblich-grün.

Die Präparate können vor Messung 3–5 Tage im Kühlschrank aufbewahrt werden.

13.2.2 Absorptions-Scanning-Zytophotometrie

Auch diese Zytophotometrie erfolgt an Einzelzellen!

Während die durch Fluorometrie gemessenen Fluoreszenzwerte, die direkt proportional zur Stoffmenge sind, unmittelbar für statistische Auswertungen zur Verfügung stehen, ist dies mit der Absorptions-Zytophotometrie nicht möglich, sofern Stoffverteilungen innerhalb eines Objektes, wie die DNS-Menge im Zellkern, quantifiziert werden sollen. Deshalb ist bei der Absorptionszytophotometrie ein Scanning-Verfahren erforderlich, bei dem mit mechanisch bewegten Abtastelementen, z.B. einem Fein-Scanning-Tisch, das Objekt (Einzelkern) systematisch an einem Abtastelement vorbeigeführt wird, welches im Prinzip einem Photomultiplier (Photovervielfacher) mit vorgeschalteter Lochblende entspricht. Durch den Fein-Scanning-Tisch wird das Objekt in definierten Schritten systematisch entweder mäander- oder kammförmig unter dem Objekt bewegt und auf diese Weise vom Zytophotometer vermessen.

Die *Steuerung des Scanning-Tisches* erfolgt durch einen Prozeßrechner, der die entsprechenden Signale für die Messung gibt. Dabei steuert der Computer entsprechend dem Programm über ein Interface den

- Scanning-Tisch,
- Monochromator des Photometers,
- die Verschlüsse, mit denen der Beleuchtungszustand im Mikroskop beeinflußt wird.

Der *Prozeßrechner* speichert überdies die gemessenen Extinktionswerte und druckt über einen angeschlossenen Drucker das entsprechende Histo- oder Zytophotogramm aus.

Gleichzeitig erfolgt die Angabe der statistischen Grunddaten:

Mittelwert
Standardabweichung
Variationskoeffizient

Abbildung 229 zeigt den Laborplatz mit den für die Mikroskop-Scanning-Photometrie erforderlichen Geräten.

Die Scanning-Einzelzell-Photometrie ist zeitaufwendig, da die Messung der DNS in etwa 100 Zellkernen mindestens 2 Stunden dauert. Hinzu kommt, daß *vor* der Messung jede Zelle vom Untersuchenden als Karzinomzelle identifiziert und in das Meßgerät gebracht werden muß!

Diesem Nachteil des Zeitaufwandes steht jedoch der Vorteil gegenüber, qualitative Zellmorphologie und quantitative Zellkern-DNS-Messung an identischem Material durchführen und einander zuordnen zu können.

Darüber hinaus verhindert die DNS-Analyse an Einzelzellen eine fehlerhafte Bestimmung des DNS-Musters des vorliegenden Aspirats, da vor der Messung nur eindeutige Karzinomzellen markiert werden, während die in einem Aspirat gleichzeitig mitvorhandenen benignen Adenomzellen, Entzündungszellen oder Fibroblasten als solche erkannt, nicht markiert und daher bei der Messung nicht berücksichtigt werden.

Die DNS-Analyse durch Scanning-Einzelzell-Photometrie bzw. Fluorometrie eignet sich – da hier tatsächlich nur Karzinomzellen gemessen werden – hervorragend für die Therapiekontrolle des konservativ behandelten Prostatakarzinoms. Die so gewonnenen Ergebnisse sind jederzeit reproduzierbar, denn die Position der Zellen auf dem Objektträger für Nachuntersuchungen ist durch die Fixation unveränderlich.

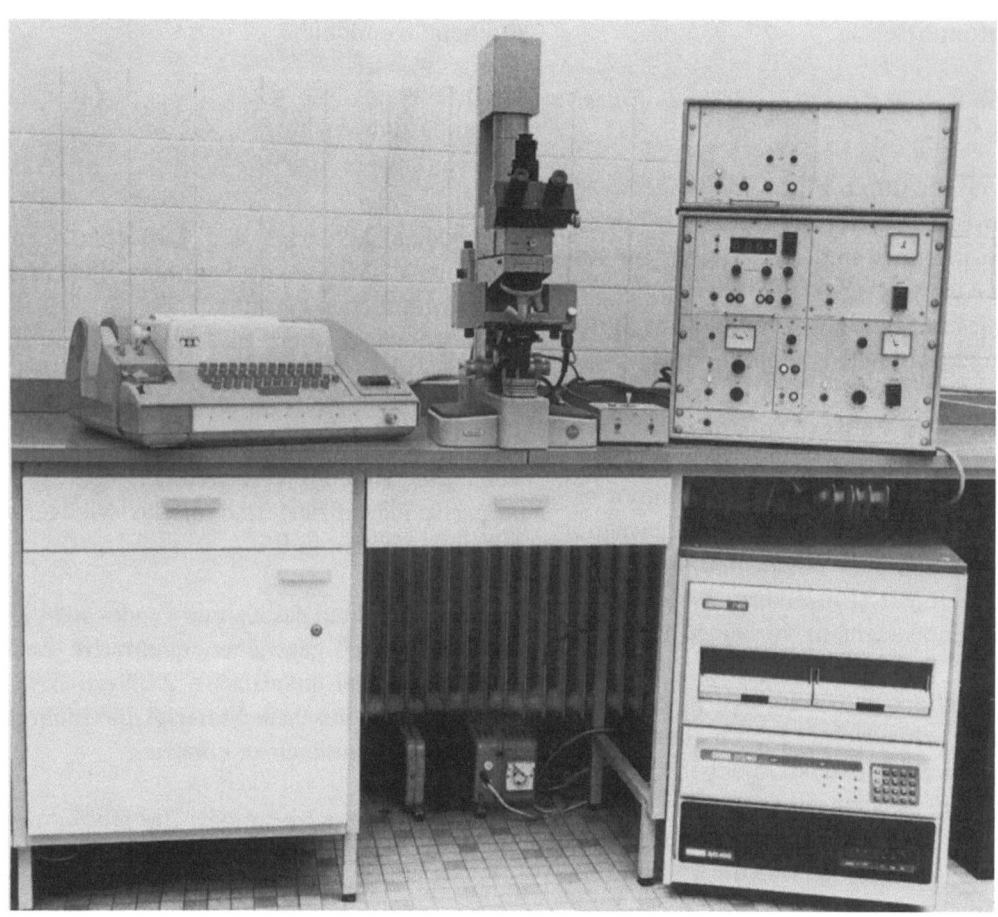

Abb. 229. Meßplatz für Einzelzell-Zytophotometrie mit Mikroskopzytophotometer (*Mitte*), Elektronikschrank (*rechts*), Drucker (*links*) und pdp 8 a-Computer (Fa. Digital) mit Floppy-Doppellaufwerk (*rechts unten*)

13.2.2.1 Eigene Färbetechnik in der Modifikation nach Feulgen (Abb. 230–232)

Herstellung von Schiff'schem Reagenz: 1 g Fuchsin in 200 ml heißem Wasser schütteln, kühlen, filtrieren; Zugeben von 20 ml 1 N HCl und 1 g $K_2S_2O_5$, schütteln, nach 24 Stunden mit 2 g Aktivkohle mischen und filtrieren. Lagerung im Kühlschrank.

Schiff'sches Reagenz ist auch als fertiges Präparat im Handel erhältlich.[1]

Fixierung

Lufttrocknung	1 min
Carnoy'sche Lösung	15 min

Hydrolyse

0,1 N HCl	1 min
5 N HCl	15–30 min (20° C)
0,1 N HCl	1 min

Färbung

Schiff'sches Reagenz	60 min
Differenzieren in SO_2-Wasser (36 ml Natriummetabisulfit 10%, 30 ml 1 N HCl auf 600 ml Aqua dest. auffüllen)	je 3 min
Spülen (fließendes Wasser)	3 × je 5 min
Dehydrieren (70, 80, 95, 100%iger Alkohol)	je 1 min
Xylol	1 min
Eindecken in Eukitt	1 min

Ergebnis: DNS stellt sich scharlachrot dar

Lichtgeschützt sind die Präparate monatelang haltbar

---

[1] Fa. Merck, Darmstadt

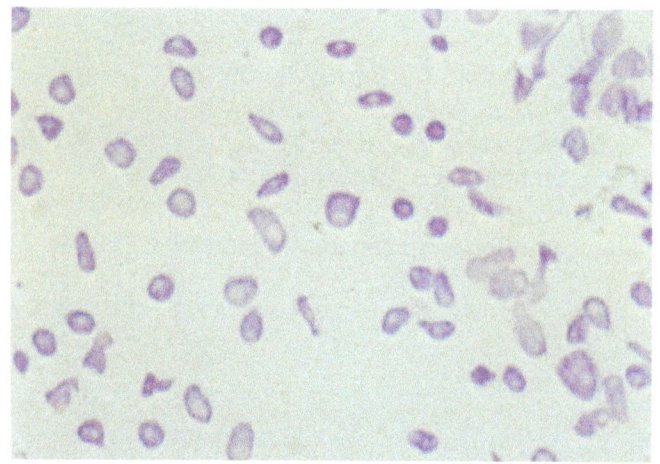

Abb. 230. Scharlachrot gefärbte Kerne eines Prostatakarzinoms nach Feulgen-Färbung. × 400

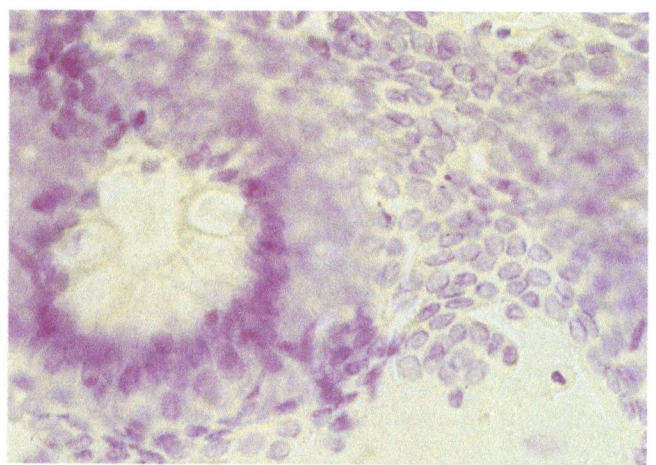

Abb. 231. Großer Epithelverband der Rektumschleimhaut nach Feulgen-Färbung. × 400

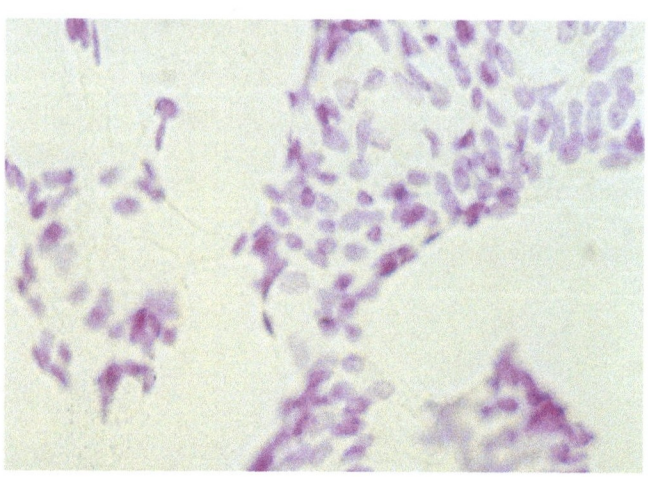

Abb. 232. Verband von Rektumschleimhautepithelien nach Feulgen-Färbung. × 400

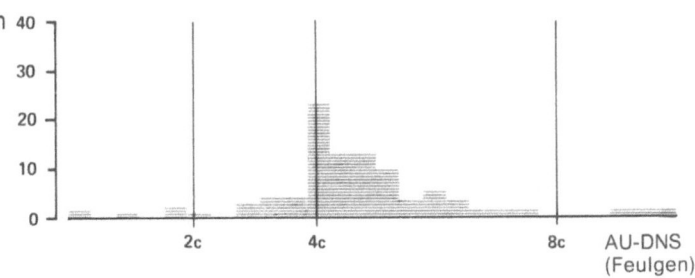

Abb. 233. DNS-Zytophotogramm mit aneuploider Verteilung und tetraploidem Gipfel der DNS

13.2.2.2 Fehlermöglichkeiten

Zu lange Fixierung in Carnoy'scher Lösung. Die Fixierung darf auf keinen Fall länger als 15 Minuten dauern.

Gealtertes Schiff'sches Reagenz ergibt nur noch eine blaßrote oder gar keine Anfärbung der Zellkern-DNS, da das Fuchsin dann die schweflige Säure verloren hat. Eine Rotfärbung des Reagenz infolge des freien Fuchsins zeigt dessen Unbrauchbarkeit an.

Überschreiten der Hydrolysezeit. Eine fehlende Anfärbung der DNS kann durch zu lange Hydrolyse hervorgerufen werden.

13.2.2.3 Umfärben nach Papanicolaou-Färbung

Wurden Aspirate im Rahmen der Zytodiagnostik primär nach der Methode von Papanicolaou gefärbt, so können sie nach Ablösung der Deckgläser entfärbt und nach Feulgen umgefärbt werden (BÖCKING, 1981). Dadurch ist auch an älteren Präparaten eine DNS-Zytophotometrie möglich.

Methodik

Xylol (zum Ablösen der Deckgläser)	4 Tage
Alkohol, 100%	10 min
Alkohol, 70%	10 min
Aqua dest.	10 min

Hydrolyse und weitere typische Feulgensche Nuklealreaktion.

Die Hydrolyse läßt sich alternativ auch im Dunkeln bei 28° C mit 4 N HCL für 45 Minuten durchführen. Danach Spülen in Aqua dest.

13.2.3 Zytophotogramm

Der pro Messung ermittelte DNS-Gehalt von etwa 100 Zellkernen wird in einem Zytophotogramm zusammengefaßt und als Absolutwert in AU (Arbitrary Units) angegeben. Die Zahl der zytophotometrisch gemessenen Zellkerne wird mit „n" bezeichnet **(Abb. 233, 239, 240).**

Die Ermittlung des 2 c-Wertes, d.h. des DNS-Gehaltes, der einem normalen diploiden Chromosomensatz entspricht, erfolgt an *Leukozyten* oder *normalen Prostataepithelien* als diploider Eichzellpopulation.

Diese sog. Standardzellen (Standard-Eichzellpopulation) müssen in gleicher Weise wie die zu messenden Prostatazellkerne fixiert, hydrolysiert und nach Feulgen gefärbt werden.

Die Verdoppelung des 2 c-Wertes wird im Zytophotogramm mit 4 c angegeben und entspricht einem tetraploiden, eine weitere Verdopplung (Vervierfachung) einem oktaploiden (8 c) Chromosomensatz.

Der Zellkern-DNS-Gehalt wird entweder als *euploid* oder *polyploid* bezeichnet, wenn er im Bereich des Mittelwertes der diploiden Eichzellpopulation ($\pm 25\%$) liegt oder ein Vielfaches ($\pm 25\%$) beträgt. Als *aneuploid* werden alle außerhalb des euploiden oder polyploiden Bereiches liegenden Zellkerne bezeichnet (SPRENGER u. Mitarb., 1974).

13.2.4 Statistik

Die DNS-Häufigkeitsverteilung von Tumorzellen kann sehr unterschiedliche Merkmale aufweisen, so daß eine rein deskriptive Beurteilung mit ausreichend zuverlässiger Reproduzierbarkeit kaum möglich ist, wenn auch die qualitative Unterscheidung zwischen normalen, nicht-proliferierenden und proliferierenden Zellen gelingt.

Für die objektive und zuverlässige, reproduzierbare Festlegung des Malignitätsgrades ist jedoch eine quantitative Bestimmung des Ausmaßes der Abweichung vom normalen DNS-Gehalt und deren Häufigkeitsverteilung (Ploidieverteilung) auf die Zahl der gemessenen Zellkerne unbedingt erforderlich. Die Zytophotometrie ermöglicht bei Anwendung entsprechender statistischer Analyseverfahren eine exakte Unterscheidung zwischen proliferierenden und nicht-proliferierenden Zellpopulationen und dem Ausmaß der Proliferation.

Für die statistische Berechnung der Ploidieverteilung gibt es 3 Verfahren:

- Berechnung des 2 c-„Deviation-Index" und der 4,5 c-„Exceeding-Rate" (Böcking, 1981)
- Median-Quartile-Test (Bauer, 1962; Seppelt u. Sprenger, 1981)
- Modifizierter Median-Quartile-Test (Leistenschneider u. Nagel, 1983).

13.2.4.1 2 c-„Deviation-Index" und 4,5 c-„Exceeding-Rate"

Der 2 c-Deviation-Index (2c-DI) erfaßt das Ausmaß der Abweichung der einzelnen gemessenen Ploidien vom diploiden (2 c-) Zellkern-DNS-Gehalt in quadratischer Wichtung (Böcking, 1981). Dieser Index ist folglich ein statistischer Parameter, der prinzipiell die Grenze zwischen benignen und malignen Zellkernen angibt.

Der 2 c-DI ist als alleiniges Malignitätskriterium jedoch unzuverlässig, da auch eine sehr starke Proliferationsaktivität oder euploide Polyploidisierungen, d.h. höhere Potenzen des diploiden (2 c-)Zellkern-DNS-Gehaltes zu hohen 2 c-Deviation-Indices (2 c-DI) führen und somit falsch-positive Diagnosen bei Verwendung nur dieses Parameters möglich sind.

Die Verwendung eines zweiten statistischen Parameters, der 4,5 c-Exceeding-Rate (4,5 c-ER), die den Prozentsatz eindeutig aneuploider Kerne erfaßt, gestattet eine sichere Malignitäts-Diagnose und ein DNS-Malignitätsgrading anhand der gemessenen Zellkern-DNS-Werte (Böcking, 1981). Im Gegensatz zum 2 c-DI wird die 4,5 c-ER durch euploide Polyploidisierungen *nicht* erhöht. Darüber hinaus werden Zellkerne mit einem DNS-Gehalt zwischen 2 c und 4 c, die sich entweder in der S-Phase des Zellzyklus befinden oder aber Tumorkerne sein können, mit der 4,5 c-ER nicht erfaßt.

13.2.4.2 Median-Quartile-Test

Der Median-Quartile-Test zur Prüfung von Lage-, Dispersions- und Verteilungsformunterschieden gibt mit den Quartilen als Zahlenangaben für die gemessenen Werte jeder einzelnen DNS-Verteilung pro Patient die Grenzen der Meßklassen an, die numerisch jeweils 25% der Werte enthalten. In die Quartilen gehen der Median jeder Einzelverteilung der gemessenen Werte sowie die beiden Quartilen rechts und links vom Median ein. Dabei ist der Median der Trennpunkt, der die Verteilung in zwei gleiche Hälften teilt, welche gleich viele Messungen enthalten.

Die pro Quartile ermittelten Werte der DNS-Verteilung unterscheiden sich signifikant, so daß sich in den Quartilen ein unterschiedliches Malignitätspotential ausdrücken läßt (Seppelt u. Sprenger, 1981).

13.2.4.3 Modifizierter Median-Quartile-Test

Er erlaubt eine einfachere statistische Einordnung der ermittelten Werte für die DNS-Verteilung als der eigentliche Median-Quartile-Test und geht von der Behauptung des zentralen Grenzwertsatzes aus, daß die Mittelwerte von *annähernd* normal verteilten Werten *immer* normal verteilt sind. Bei der Berechnung geht somit die Summe der Mittelwerte jedes einzelnen, hinsichtlich des Zellkern-DNS-Gehaltes der Prostata untersuchten Patienten in den Test ein. Bei z.B. 50 untersuchten Patienten werden die 50 Mittelwerte zusammengefaßt. Nach Bildung des Gesamtmittelwertes werden die 25%-Schranken nach rechts und links abgegrenzt (Z-Transformation der Normalverteilung). Auf diese Weise können 3 Klassen gebildet werden, die entsprechend der Gauß'schen Verteilung zentral 50% und in den „Schwänzen" je 25% der Mittelwerte enthalten. Ihre Unterschiede werden varianzanalytisch mit dem Student's-t-Test auf Signifikanz geprüft. Bei signifikantem Unterschied der 3 Klassen kann eine entsprechende Malignitätsklassifizierung der verschiedenen Zytophotogramme im Sinne eines DNS-Malignitätsgradings erfolgen (LEISTENSCHNEIDER u. NAGEL, 1983).

13.3 Durchfluß-Zytophotometrie

Bei der Durchfluß-Zytophotometrie (Impulszytophotometrie) erfolgt die DNS-Analyse an in Suspension befindlichen Zellen, die in einem schmalen, am Strahlengang des Mikroskops orientierten Flüssigkeitsstrom vorbeigeführt werden.

Die Zellen werden mit Akriflavin-Feulgen oder Ethidiumbromid fluorochromiert und dann in der Suspension durch den Probeneinlaß in die Meßkammer geschickt, wo sie parallel zur optischen Achse des Mikroskopphotometers den Bereich der Schärfentiefe des Mikroskopobjektivs passieren **(Abb. 234)**.

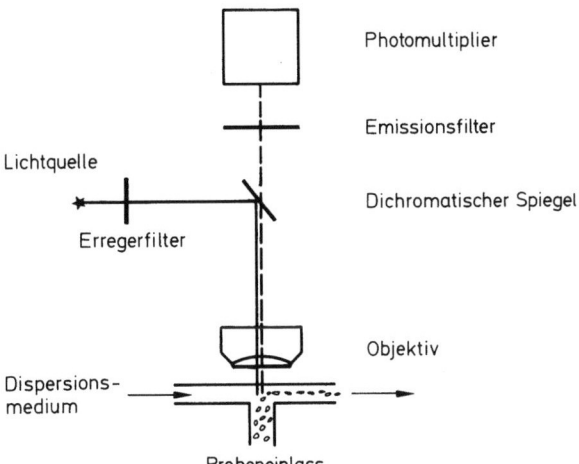

Abb. 234. Schematische Zeichnung des optischen Teiles eines automatisierten Durchfluß-Zytofluorometers mit Einbringung der Zellsuspension parallel zur optischen Achse des Mikroskopes und senkrecht zur zellfreien laminaren Strömung, entsprechend dem Prinzip der mechanischen Fokussierung (VON SENGBUSCH u. HUGEMANN, 1974)

Hier werden sie von der maximalen Fluoreszenz-Exzitation getroffen und geben ein dem DNS-Gehalt des Zellkerns proportionales Fluoreszenzsignal ab, das über einen Photomultiplier verstärkt und elektronisch im Rechner gespeichert wird. Nach der Messung wird jede einzelne Zelle durch einen Spülstrom weggeschwemmt. Auf diese Weise werden alle während eines Meßvorganges anfallenden Fluoreszenzimpulse entsprechend ihrer Lichtintensität erfaßt und klassifiziert. Das Resultat der Messung wird in einem Zytophotogramm (Histogramm) der Fluoreszenzintensitäten und damit des Zellkern-DNS-Gehaltes ausgedruckt **(Abb. 235)**.

Der *Vorteil der Durchfluß-Zytophotometrie*[1] gegenüber der Einzelzell-Zytophotometrie beruht auf der raschen Messung einer Probe, bei welcher der Meßvorgang mit Auswertung von durchschnittlich 20000 Zellen in etwa 15 Minuten abgeschlossen ist.

---
1 Fa. Phywe, Göttingen und Ortho-Instruments, New York

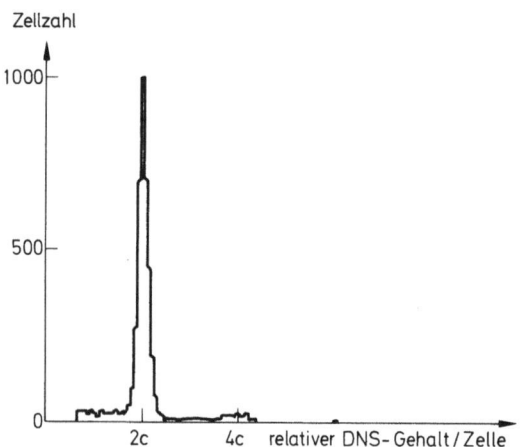 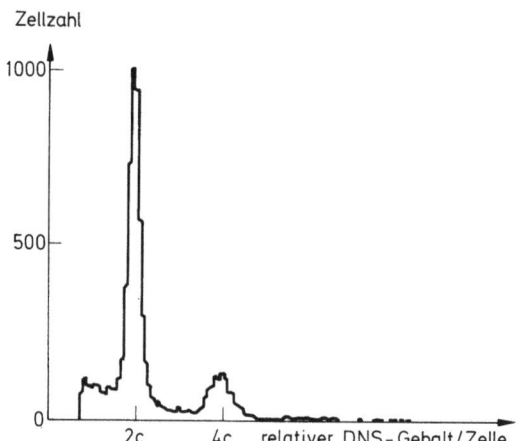

Abb. 235. Impulszytophotometrische Zellkern-DNS-Histogramme von Prostataadenom (*links*) und Prostatakarzinom (*rechts*) (ZIMMERMANN u. Mitarb., 1979)

Der entscheidende Nachteil der Methode jedoch liegt in der Unmöglichkeit einer Zuordnung des gemessenen DNS-Gehaltes zur Morphologie der untersuchten Zellen, so daß die Ergebnisse nicht reproduzierbar sind!

Die mangelnde Zuordnung der gemessenen Werte ausschließlich zu malignen Zellen und die fehlende Reproduzierbarkeit der Durchfluß-Zytophotometrie ergeben sich daraus, daß während der Durchfluß-Zytophotometrie im Prostataaspirat neben Prostatakarzinomzellen auch alle zusätzlich fluoreszierenden Partikel registriert werden, beispielsweise gleichzeitig im Aspirat vorhandene benigne Adenomzellkerne, Kerne von Entzündungszellen, beschädigte Zellen, unvollständig separierte Zellkerne oder fluoreszierende Verunreinigungen. Daher kann das durch Durchfluß-Zytophotometrie gewonnene Zytophotogramm erheblich verfälscht sein. Vor allem die Kerne aktivierter Zellen, wie etwa bei Entzündung, können zu einer erheblichen Rechtsverbreiterung der Zytophotogramme führen und so ein Karzinom vortäuschen.

Dies bedeutet in der Praxis die Gefahr falschpositiver Ergebnisse.

Andererseits können durch einen relativ geringen Anteil atypischer Zellen in einer Mischpopulation aus atypischen und normalen Zellen oder durch Karzinome, deren DNS-Häufigkeitsverteilung derjenigen normalen Gewebes mit diploider DNS-Stammlinie gleicht, falsch-negative Befunde resultieren (SPRENGER, 1979).

Die Rate falsch-positiver Ergebnisse der Durchfluß-Zytophotometrie in Aspiraten aus der Prostata liegt bei 30%, diejenige falsch-negativer Befunde bei 11% (SPRENGER, 1979). Die Ausschaltung derartiger Fehler kann nur durch ein Zell-Sorting erreicht werden, das für die Routine allerdings noch nicht zur Verfügung steht (**Abb. 236**).

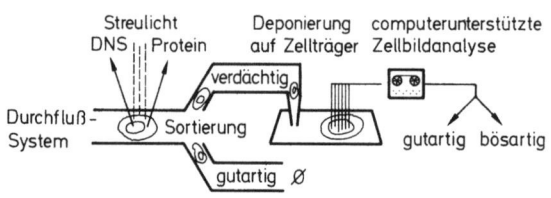

Abb. 236. Schematische Darstellung eines möglichen apparativen Diagnostiksystems unter Einbeziehung der Durchflußzytophotometrie und Zellsortierung (SPRENGER, 1979)

13.4 Neuentwicklungen der Automatisierten Zytodiagnostik

13.4.1 A.S.M.-System

Ziel einer automatisierten Zytodiagnostik des Prostatakarzinoms ist die sichere Erkennung von Karzinomzellen aus der großen Anzahl verschiedenartiger Zellen, die durch Aspirations- oder Stanzbiopsie gewonnen werden. Allein durch die Zellkern-DNS-Analyse ist dies nicht möglich, sondern nur durch eine zusätzliche, zuverlässige Trennbarkeit von Zellen und Zellkernen mit hochauflösenden Meßsystemen, die eine große Zahl relevanter Zellparameter in *einem* Meßgang erfassen.

Ein derartiges Meßsystem ist das A.S.M. (Abb. 237). Mit diesem System können zahlreiche Merkmale wie Kernflächen, Zytoplasmafläche, mittlere Absorption des Zytoplasmas, totale Absorption des Zytoplasmas und Kern-Plasma-Relation quantitativ erfaßt und automatisch wiedererkannt werden.

Bei diesem System ist das Photometermikroskop mit einem manuellen Bildanalysator gekoppelt. Die optische Verbindung der beiden Geräte wird über einen Zeichentubus am Photometer-Mikroskop hergestellt. Im Binokulartubus des Photometer-Mikroskops stellen sich die zu vermessende Zelle, die Leuchtfeld- und Meßfeldblende des Photometer-Mikroskops und die Leuchtdiode an der Spitze des Zeichentischstiftes des manuellen Bildanalysators dar. Nach der Einzelzell-Zytophotometrie werden interaktiv mit dem Lichtgriffel an der mit dem Zeichentubus auf den Bildanalysator projizierten Zelle sowohl der Kern als auch das Zytoplasma umfahren und damit segmentiert, so daß dann die quantitative Analyse der verschiedenen Parameter automatisch erfolgen kann.

Während in der *Urinzytologie* durch automatische Wiedererkennung und Unterteilung der Zellen des Urothels in normale, atypische und maligne Zellen eine gute Trennbarkeit mit einem Fehler von nur 5% erzielt werden konnte, fehlen bisher für die *Prostatazytologie* noch entsprechende Ergebnisse über die Differenzierung von Tumorzellen und anderen Zellen (AEIKENS u. LIEDTKE, 1982).

13.4.2 Leytas-System

In diesem System (Leyden Television Analysis System) wird die automatisierte Differentialdiagnose von Prostataadenom und -karzinom durch Kombination von Durchfluß-Zy-

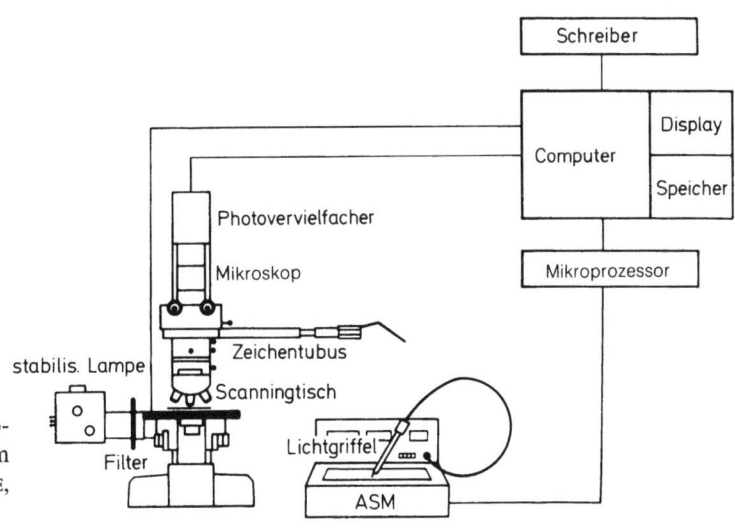

Abb. 237. Kombination eines Mikroskopzytophotometers mit manuellem Bildanalysator (AEIKENS u. LIEDTKE, 1982)

tophotometrie und Zellsorting einerseits und automatisierter Texturanalyse (TAS[1]) andererseits angestrebt.

Durchfluß-Zytophotometrie und Zell-Sorting werden mit einem FACS[2]-Fluß-Sorter **(Abb. 238)** an Mithramycin-Ethidium-gefärbten Zellen in Suspension mit violettem Licht (457 nm), angeregt durch einen Argon-Laser[3], durchgeführt. Zellen mit erhöhtem DNS-Gehalt werden dann in Zentrifugenkammern für die Bildanalyse aussortiert (TANKE u. Mitarb., 1982).

Das Leytas-System besteht aus einer speziellen Version des TAS-Systems und einem Grauwert-Memory für die Speicherung von Zellparametern. Das System ist mit einem PDP-1104-Computer[1] digital gekoppelt.

Die Bildanalyse durchläuft 3 Stufen:

- Rasche automatische Selektierung abnormer Zellen, Speicherung in Grauwerten.
- Interaktive Phase mit visueller Prüfung der gespeicherten Zellen.
- Eliminierung restlicher Artefakte und quantitative Analyse verschiedener Kernparameter, z.B. des Chromatins.

Über ein spezielles Programm können abnorme Zellen auf der Basis gesteigerten DNS-Gehaltes oder vermehrter Chromatindichte erkannt werden.

Die Sensitivität von LEYTAS *in der Primärdiagnostik des Prostatakarzinoms ist z. Zt. noch gering. Von 23 Karzinomen wurden nur 10 als positiv eingestuft (43%). In 6 Fällen war das Material negativ (26%) und in 7 Fällen unzureichend (30%)* (DE VOOGT u. Mitarb., 1981).

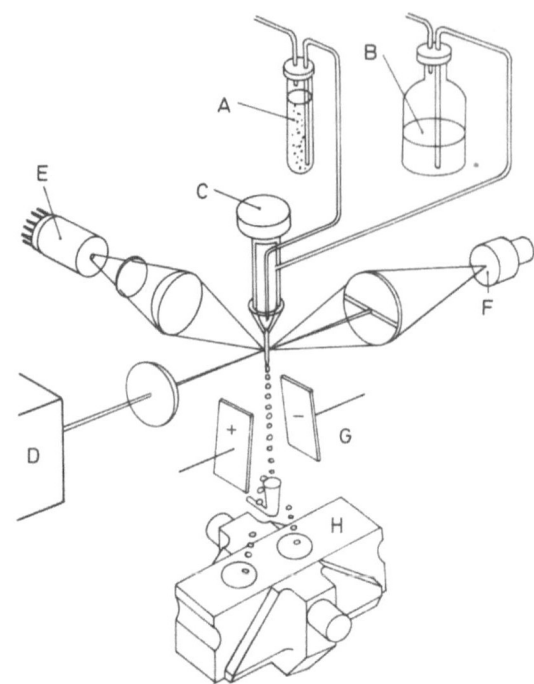

Abb. 238. Schema eines Durchfluß-Sortiergerätes zur Zellsortierung für die weitere Bildanalyse. *A* Zellsuspension; *B* Salzlösung; *C* Saugpipette mit Vibrationselement; *D* Lasergerät; *E* Fluoreszenz-Detektor; *F* Lichtstreuungsdetektor; *G* Sortierelektroden; *H* Zentrifugekammer (TANKE u. Mitarb., 1982)

Das Leytas-System ist im Prinzip jedoch eine Verfahrenskombination, mit der in Zukunft eine wesentlich zuverlässigere automatisierte Zytodiagnostik möglich sein wird.

Die Zuverlässigkeit und damit der klinische Wert der genannten automatisierten zytologischen Verfahren ist stets abhängig von der Gewinnung ausreichenden und repräsentativen Zellmaterials der Prostata und damit der sicheren Beherrschung der Aspiration.

---

1 Fa. Leitz (Wetzlar)
2 Fa. Becton-Dickinson (Sunnyvale, Ca., USA)
3 Spectra Physics (Mountain View, Ca., USA)

14 Ergebnisse der Zellkern-DNS-Analyse durch Einzelzell-Zytophotometrie beim Prostatakarzinom

14.1 Hochdifferenziertes Karzinom (Grad I)

Diese Karzinomform zeigt keine statistisch signifikante Steigerung der mittleren Ploidie, im Zytophotogramm überwiegen daher die gleichen DNS-Verteilungsmuster wie bei Zellkernen normaler Prostataepithelien oder Prostataadenome (**Abb. 239**), mit schlankem Gipfel der DNS-Häufigkeitsverteilung im diploiden Bereich (2 c) (BÖCKING, 1981; SEPPELT u. SPRENGER, 1981).

Gelegentlich finden sich beim hochdifferenzierten Karzinom jedoch Ansammlungen zahlreicher Meßwerte oberhalb 2 c (ZETTERBERG u. ESPOSTI, 1976), die Ausdruck der klinisch bisweilen auffälligen Progressionsneigung dieser Karzinome sind. Das offenbar unterschiedliche biologische Verhalten der hochdifferenzierten Karzinome wird im Grading des *„Pathologisch-Urologischen Arbeitskreises ‚Prostatakarzinom'"* bei der Primärdiagnostik im „Score" berücksichtigt (**Tabellen 12, 13**, S. 82, 83).

Statistisch unterscheiden sich die hochdifferenzierten Prostatakarzinome in ihrem Zellkern-DNS-Gehalt fast immer signifikant von Grad-II- und Grad-III-Karzinomen (SEPPELT u. SPRENGER, 1981).

14.2 Mäßig differenziertes Karzinom (Grad II)

Karzinome dieser Gruppe weisen sehr unterschiedliche DNS-Verteilungsmuster mit Gipfeln im diploiden, triploiden, tetraploiden oder aneuploiden Bereich auf (**Abb. 240**). Gegenüber dem hochdifferenzierten Karzinom (G I) besteht meist ein signifikanter Unterschied in der mittleren Ploidie, während sich zum entdifferenzierten Karzinom sowohl deskriptiv als auch statistisch *kein* signifikanter Unterschied findet (ZETTERBERG u. ESPOSTI, 1976; LEISTENSCHNEIDER u. NAGEL, 1980; SEPPELT u. SPRENGER, 1981).

ZETTERBERG u. ESPOSTI (1976) beschreiben bei mäßig differenzierten Prostatakarzinomen (G II) 2 Gruppen der DNS-Verteilung: Die eine Gruppe mit einem Gipfel der DNS-Verteilung im diploiden Bereich wie beim Prostataadenom und den meisten hochdifferenzierten Prostatakarzinomen, die andere Gruppe mit einem abnorm gesteigerten Zellkern-DNS-Gehalt mit Aneuploidie und Streuung der Meßwerte von hyperdiploid bis pentaploid.

Auch diese Befunde deuten auf ein äußerst unterschiedliches Malignitätspotential der G-II-Karzinome hin.

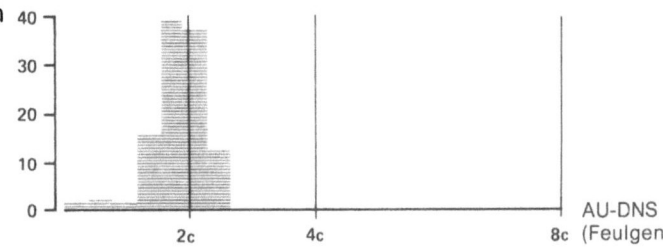

Abb. 239. DNS-Zytophotogramm mit schlankem diploidem (2c) Gipfel der DNS-Verteilung bei Prostataadenom

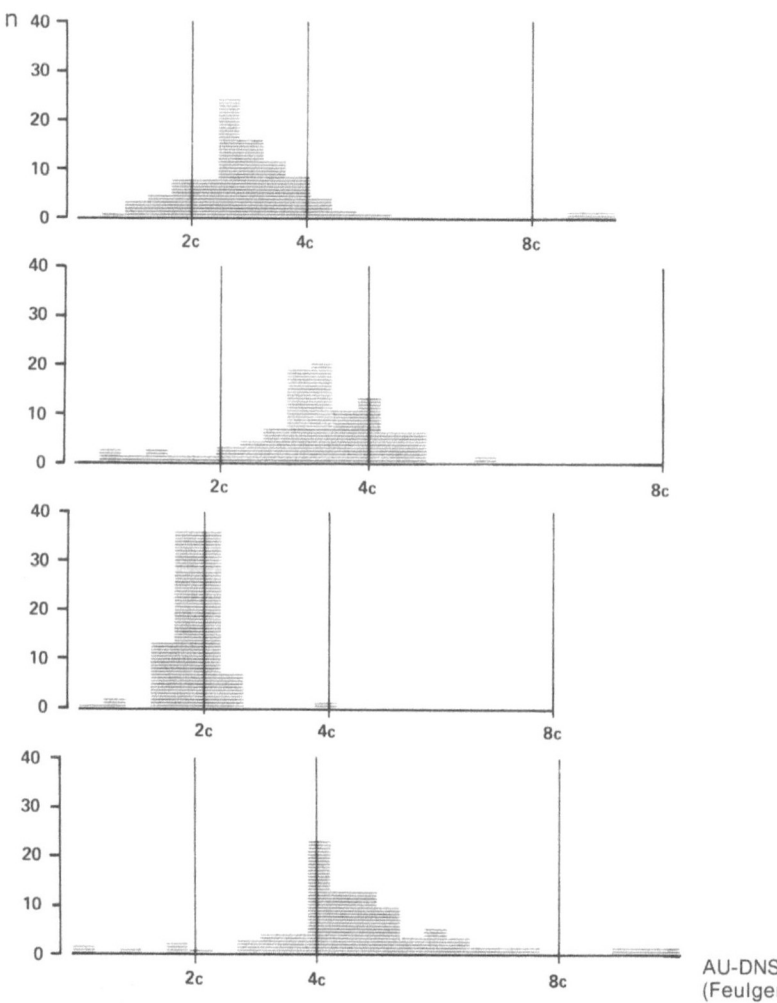

Abb. 240. DNS-Zytophotogramme bei mäßig differenzierten Prostatakarzinomen mit völlig unterschiedlicher DNS-Verteilung (LEISTENSCHNEIDER u. NAGEL, 1980)

14.3 Entdifferenziertes Karzinom (Grad III)

Typisch ist eine breite Streuung der Meßwerte. Hohe, schlanke Gipfel der DNS-Verteilung bei 2c werden nie beobachtet, sondern lediglich vereinzelte diploide Meßwerte (ZETTERBERG u. ESPOSTI, 1976; LEISTENSCHNEIDER u. NAGEL, 1979, 1980, 1983). Die oft außerordentlich großen Unterschiede in der DNS-Verteilung bei entdifferenzierten Karzinomen weisen ebenfalls auf sehr heterogene Typen innerhalb dieser Gruppe hin.

Wir fanden bei 15 Patienten mit entdifferenzierten, therapieresistenten Karzinomen 13mal einen DNS-Gipfel bei 3c oder 4c und eine Zuordnung zu Klasse II im modifizierten Median-Quartile-Test. Bei Meßwerten im hypertetraploiden Bereich und Streuung der Werte über 8c erfolgte nach statistischer Analyse die Zuordnung zu Klasse III, die sich signifikant von Klasse II unterscheidet (LEISTENSCHNEIDER u. NAGEL, 1983).

14.4 Eigene Ergebnisse der Zellkern-DNS-Analysen durch Einzelzell-Zytophotometrie beim behandelten Prostatakarzinom

Bei 20 Patienten mit entdifferenziertem Prostatakarzinom (G III) wurden in einer prospektiven klinischen Studie Zellkernanalysen über einen Zeitraum von einer Woche bis zu maximal einem Jahr nach Therapiebeginn durchgeführt (LEISTENSCHNEIDER u. NAGEL, 1983). Insgesamt wurden 67 Zellkern-DNS-Analysen mit der Messung von etwa 100 Zellkernen pro Patient vorgenommen.

Folgende Therapieformen kamen zur Anwendung:

Primäre Hormontherapie[1]	2 Patienten
Primäre Cyproteronacetat-Therapie[2]	3 Patienten
Primärtherapie mit Estramustinphosphat[3]	4 Patienten
Sekundäre Therapie mit Estramustinphosphat	6 Patienten
Sekundäre Zytostatika-Therapie[4]	1 Patient
Tertiäre Zytostatika-Therapie[4]	6 Patienten

Vor Beginn jeder primären Behandlung wurden die Patienten mit den üblichen klinischen Methoden, einschließlich Skelettszintigraphie und Computertomographie, genau untersucht.

Die *statistische* Auswertung erfolgte mit Hilfe des modifizierten Median-Quartile-Tests (s.S. 206).

---

[1] Progynon-Depot (Schering AG)
[2] Androcur (Schering AG)
[3] Estracyt (Pharmaleo GmbH)
[4] Endoxan (Degussa Ph.-Gr.-Asta)

14.4.1 Zellkern-DNS-Verteilungsmuster während der Behandlung

Unabhängig von der angewandten Therapie ließen sich 3 verschiedene DNS-Verteilungsmuster in den Zellkernen ermitteln:

Absinken von aneuploid oder polyploid auf diploid mit statistisch signifikantem Wechsel von Klasse III bzw. II nach I **(Abb. 241–243)**.

Keine sicheren Veränderungen im DNS-Zytophotogramm mit statistisch *nicht* signifikanter Verschiebung der Zugehörigkeit von Klasse III bzw. II nach I **(Abb. 244)**.

Verschiebung des DNS-Häufigkeitsgipfels von aneuploid oder tetraploid nach octaploid und darüber hinaus, mit statistisch signifikanter Klassenänderung von I nach II oder gar III **(Abb. 245, 246)**.

14.4.2 Ergebnisse

4 Patienten mit signifikanter Verminderung des Zellkern-DNS-Gehaltes von tetraploid oder aneuploid nach diploid (2 c) spätestens 12 Wochen nach Therapiebeginn, die statistisch folglich die Klasse I erreichten, überlebten unter Primärtherapie durchschnittlich $2\,^{5}/_{12}$ Jahre.

4 Patienten ($T_3 N_x M_0$), die ebenfalls nach 12 Wochen einen DNS-Häufigkeitsgipfel bei 2 c (Klasse I) erreichten, leben bisher durchschnittlich $3\,^{1}/_{12}$ Jahre.

3 Patienten ($T_3 N_x M_1$) mit Sekundär- oder Tertiärbehandlung, die nach 12 Wochen keine Verschiebung des DNS-Häufigkeitsgipfels nach 2 c oder, wie in 2 Fällen, eine Rechtsverschiebung im DNS-Zytophotogramm zeigten, überlebten im Durchschnitt lediglich 8 Monate.

Prinzipiell ist daher eine Verschiebung des Zellkern-DNS-Gehaltes in den diploiden Bereich während der Therapie als Therapieerfolg zu werten.

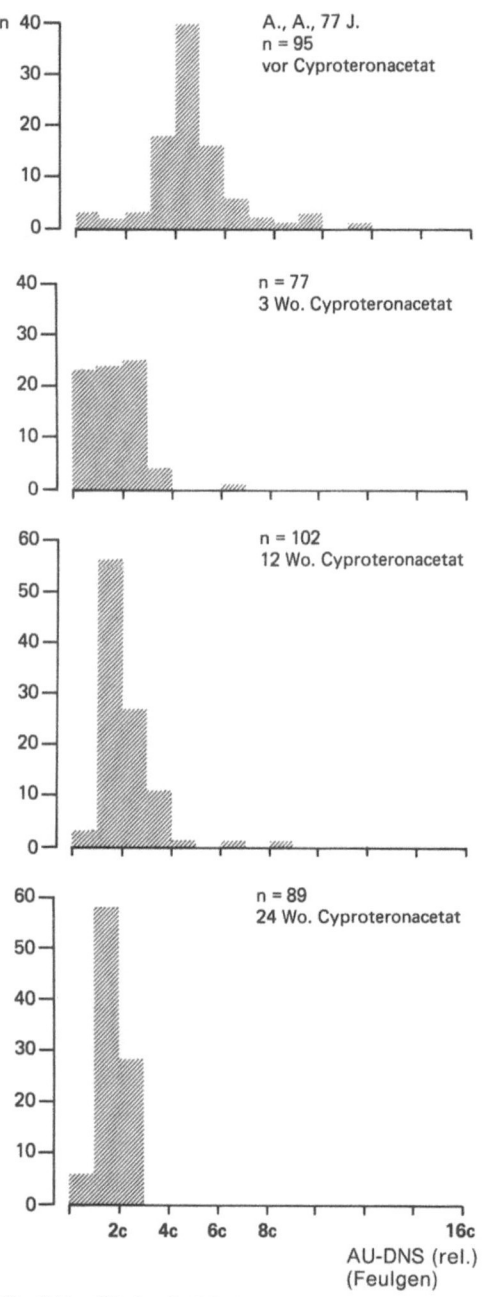

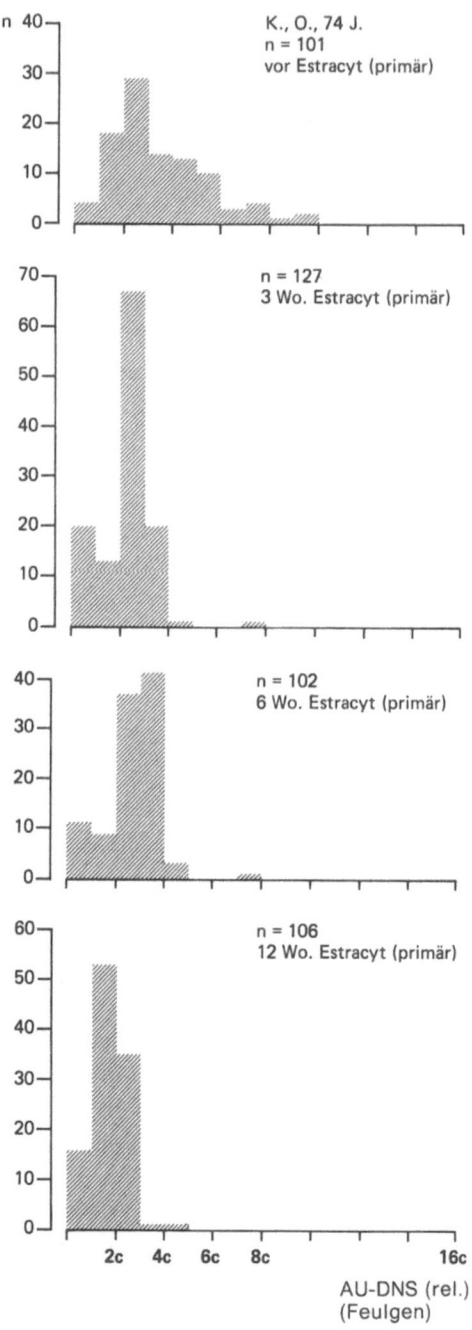

Abb. 241. Verlaufs-DNS-Zytophotogramme unter Antiandrogen-Therapie: Bereits 3 Wochen nach Therapiebeginn findet sich ein Gipfel der Verteilung bei 2c mit zahlreichen Werten im hypodiploiden (1c-)Bereich. Diese Linksverschiebung ist statistisch signifikant. Im weiteren Verlauf stets Gipfelbildung im diploiden Bereich. Klinisch handelt es sich um ein G-III-Karzinom im Stadium $T_3N_xM_0$. Der Patient ist inzwischen 5 Jahre stabil

Abb. 242. DNS-Verlaufs-Zytophotogramme während primärer Estracyt-Therapie: 12 Wochen nach Therapiebeginn findet sich ein schlanker Gipfel bei 2c (statistisch signifikant). Klinisch handelt es sich um ein Grad-III-Karzinom im Stadium $T_3N_xM_0$. Der Patient lebt 5 Jahre klinisch stabil

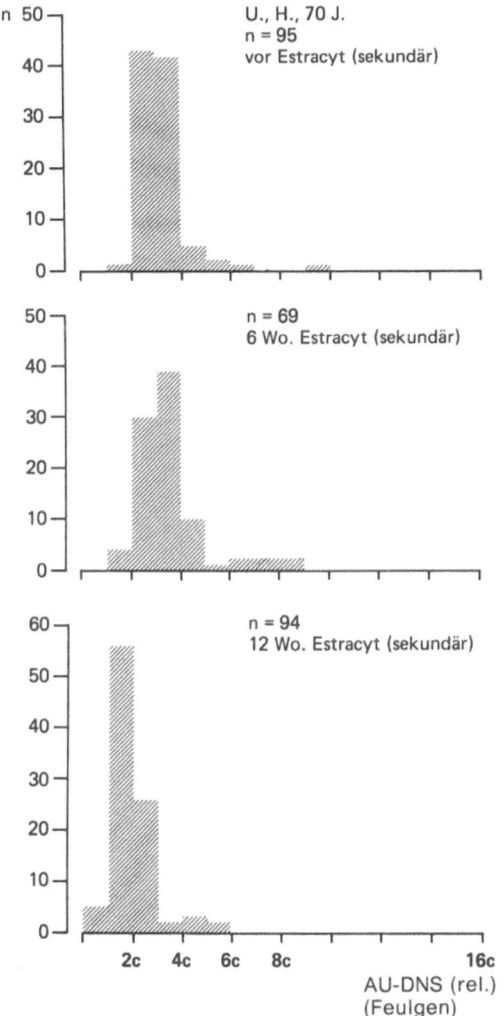

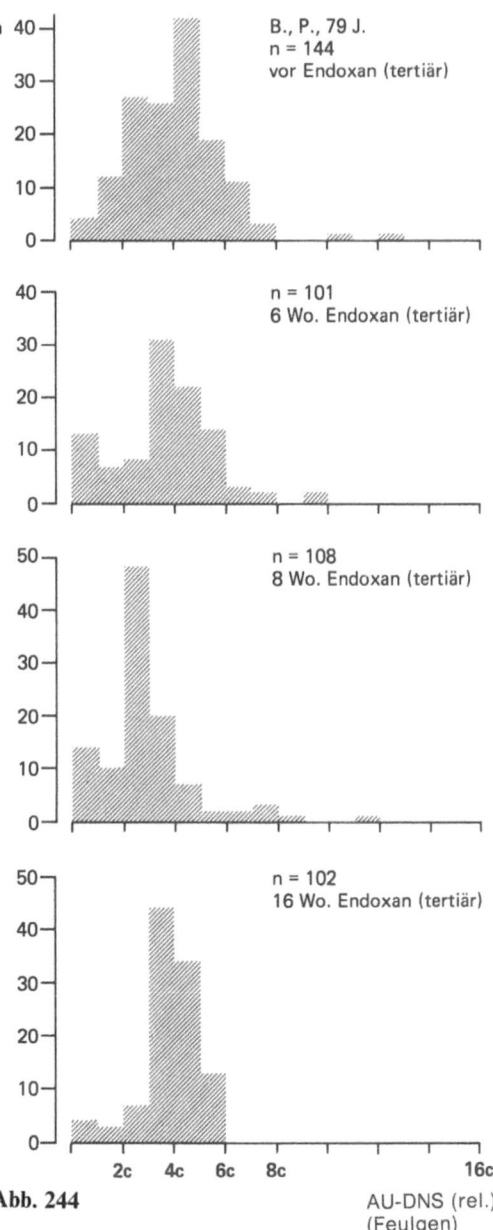

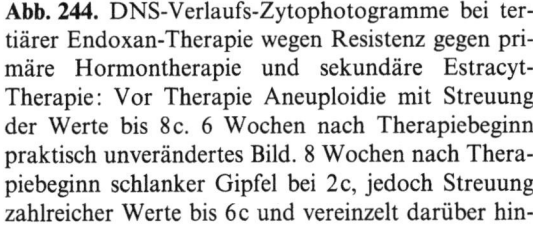

Abb. 243. DNS-Verlaufs-Zytophotogramme bei sekundärer Estracyt-Therapie nach vorangegangener Hormonresistenz: 12 Wochen nach Therapiebeginn ist eine statistisch signifikante Linksverschiebung des Zellkern-DNS-Gehaltes mit Gipfel bei 2c eingetreten. Klinisch handelt es sich um ein Grad-III-Karzinom im Stadium $T_3N_xM_0$. Der Patient lebt $3^1/_2$ Jahre klinisch stabil

Abb. 244. DNS-Verlaufs-Zytophotogramme bei tertiärer Endoxan-Therapie wegen Resistenz gegen primäre Hormontherapie und sekundäre Estracyt-Therapie: Vor Therapie Aneuploidie mit Streuung der Werte bis 8c. 6 Wochen nach Therapiebeginn praktisch unverändertes Bild. 8 Wochen nach Therapiebeginn schlanker Gipfel bei 2c, jedoch Streuung zahlreicher Werte bis 6c und vereinzelt darüber hinaus. Statistisch kein signifikanter Unterschied gegenüber dem Ergebnis bei Therapiebeginn. 16 Wochen nach Therapiebeginn Gipfel im tetraploiden Bereich mit Streuung zahlreicher Werte bis 6c und damit weiterhin Aneuploidie. Klinisch handelte es sich vor Beginn der Endoxan-Therapie um ein Stadium $T_4N_2M_0$. 16 Wochen nach Therapiebeginn waren klinisch bereits Skelettmetastasen nachweisbar

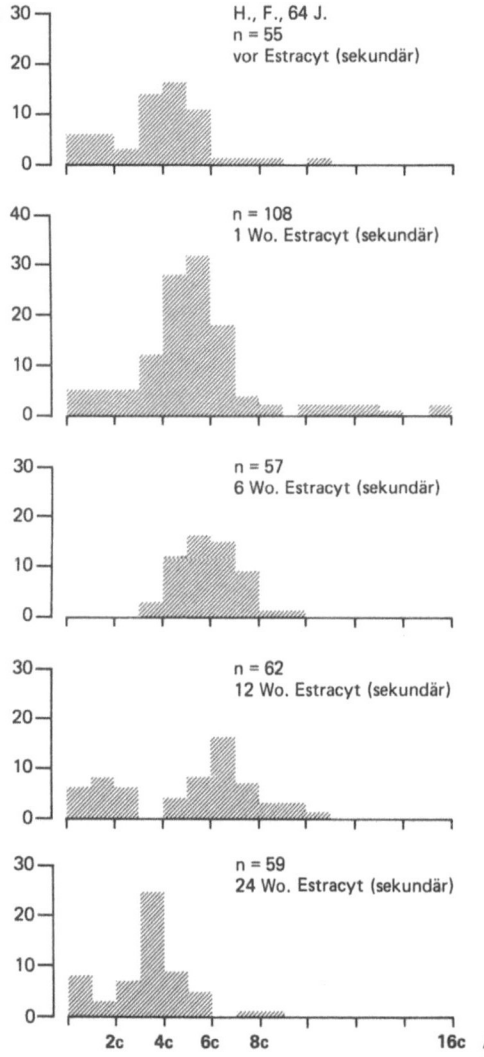

Abb. 245. DNS-Verlaufs-Zytophotogramme während sekundärer Estracyt-Therapie nach vorangegangener Resistenz gegen eine primäre Hormontherapie. Vor Therapie ausgeprägte Aneuploidie. 1 Woche bis 12 Wochen nach Therapiebeginn kommt es zur Rechtsverschiebung der DNS-Verteilung (statistisch signifikant). 24 Wochen nach Therapiebeginn Gipfel der Verteilung bei 4c und Streuung der Werte bis über 6c hinaus. Klinisch handelte es sich bei Beginn der Estracyt-Therapie um ein Stadium $T_3N_1M_0$. 24 Wochen nach Estracyt-Therapie war das Karzinom bereits in die Harnblase eingebrochen (T_4), und der Patient verstarb 8 Monate später am Karzinom infolge zunehmender Fernmetastasierung

Therapieresistente Karzinome hingegen weisen DNS-Verteilungsmuster auf, die als typisch für maligne proliferierende Tumoren gelten können. Therapieresistente, entdifferenzierte Prostatakarzinome gleichen in ihren DNS-Verteilungsmustern unbehandelten Prostatakarzinomen.

Entdifferenzierte hormonresistente Karzinome unterscheiden sich statistisch *nicht* von solchen mit Resistenz gegen Bestrahlung bzw. Estracyt- oder Zytostatika-Therapie.

Bei gutem Therapieeffekt finden sich auffällig häufig Werte im hypodiploiden Bereich. Hierbei handelt es sich sehr wahrscheinlich um Meßergebnisse aus Zellkernen mit DNS-Bruchstücken und nicht um haploide Zellkerne. Möglicherweise kommt es bei therapiebedingter Arretierung von Tumorzellkernen in einzelnen Phasen des Zellzyklus, z.B. in G-I, zur Steigerung der Depolymeraseaktivität und damit initial zum teilweisen, später zum völligen Verlust der DNS. Denk-

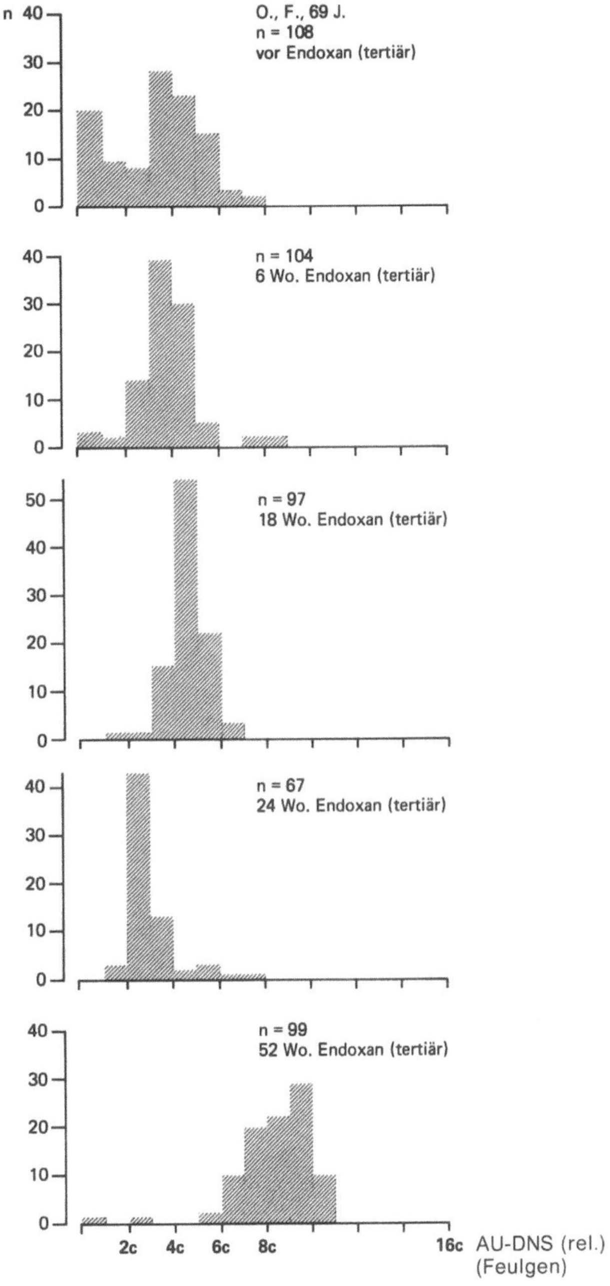

Abb. 246. DNS-Verlaufs-Zytophotogramme während tertiärer Endoxan-Therapie wegen Resistenz gegen primäre Hormontherapie und sekundäre Estracyt-Therapie: Zu keinem Zeitpunkt der Therapie statistisch signifikante Änderung der Aneuploidie bis 24 Wochen nach Therapiebeginn trotz schlankem Gipfel bei 2c. 52 Wochen nach Therapiebeginn dann massive Rechtsverschiebung der DNS-Häufigkeitsverteilung. Vor Beginn der Endoxan-Therapie handelte es sich klinisch um ein Stadium $T_4N_2M_0$. 24 Wochen nach Therapiebeginn waren bereits Skelettmetastasen nachweisbar, die sich nach 52 Wochen diffus ausgebreitet hatten. Nach Umstellung auf 5-Fluorouracil lebte der Patient unter zytostatischer Behandlung insgesamt $2^1/_2$ Jahre und verstarb dann am Karzinom

bar ist allerdings auch, daß die durch die Therapie lädierten Zellkerne bei der weiteren Verarbeitung zerbrechen und daraus ein hypodiploider DNS-Gehalt resultiert, es sich hierbei also um Artefakte handelt.

Bezogen auf den Zellzyklus bedeutet das Erreichen einer Gipfelbildung der DNS-Häufigkeitsverteilung im diploiden Bereich während der Therapie, daß sich nun der Großteil der Karzinomkerne in der G-I-Phase befindet. Dieses DNS-Verteilungsmuster entspricht zudem wieder demjenigen von Prostataadenomen. Wahrscheinlich sind die Zellkerne in der G-I-Phase nun arretiert, so daß die Progression der G-I-Phase zur S-Phase behindert ist. Dies erklärt auch, weshalb der klinische Verlauf mit drastischer, statistisch signifikanter Reduktion der DNS-Häufigkeitsverteilung günstiger ist, während umgekehrt bei Anstieg des DNS-Gehaltes mit rascher Progression zu rechnen ist.

14.5 Bedeutung der DNS-Zytophotometrie für die Therapie des Prostatakarzinoms

Will man das biologische Verhalten des Tumors unter einer gegebenen Therapie bewerten, so scheint der Untersuchung der Therapiewirkung am Primärtumor selbst eine ganz wesentliche prognostische Bedeutung zuzukommen. Aus den bisherigen Ergebnissen der Zellkern-DNS-Analysen lassen sich folgende Schlüsse ziehen (LEISTENSCHNEIDER u. NAGEL, 1979, 1980, 1982, 1983; SEPPELT u. SPRENGER, 1981; BÖCKING, 1981):

- Hochdifferenzierte Karzinome (Grad I) unterscheiden sich in ihrem Zellkern-DNS-Gehalt signifikant von Grad-II- und Grad-III-Karzinomen.

- Mäßig differenzierte Karzinome unterscheiden sich in ihrem Zellkern-DNS-Gehalt häufig *nicht* signifikant von entdifferenzierten Karzinomen (Grad III).

- Therapieresistente Karzinome haben einen signifikant höheren Zellkern-DNS-Gehalt als erfolgreich behandelte.

- Ein signifikantes Absinken des Zellkern-DNS-Gehaltes spricht in aller Regel für ein Ansprechen des Tumors auf die angewandte Therapie und einen prognostisch günstigen Verlauf.

- Ein während der Therapie weiterhin atypischer Zellkern-DNS-Gehalt korreliert mit schlechter Prognose.

Literatur

Ackermann R, Müller HA (1977) Retrospective analysis of 645 simultaneous perineal punch biopsies and transrectal aspiration biopsies for diagnosis of prostatic carcinoma. Europ Urol 3:29

Aeikens B, Liedtke GE (1982) Untersuchungen zur Meßbarkeit und Objektivierbarkeit der Urinzytologie durch ein hochauflösendes mikroskopzytophotometrisches Meßsystem. Urologe A 21:98

Alken CE, Dhom G, Straube W, Braun JS, Kopper B, Rehker H (1975) Therapie des Prostata-Carcinoms und Verlaufskontrolle (III). Urologe A 14:112

Arduino LJ, Murphy FJ (1963) Carcinoma of the prostate: Use of the Franzén needle for perineal prostatic biopsy. J Urol 89:732

Astraldi A (1925) Biopsie des tumeurs de la prostate. Arch Urol Necker 5:151

Barnes RW, Ninan CA (1972) Carcinoma of the prostate: Biopsy and conservative therapy. J Urol 108:897

Bertelsen S (1966) Transrectal needle biopsy of the prostate. Acta Chir Scand 226:357 (Suppl)

Bichel P, Frederiksen P, Kjaer T, Thommesen P, Vindeløv LL (1977) Flow microfluorometry and transrectal fine needle biopsy in the classification of human prostatic carcinoma. Cancer 40:1206

Bishop D, Oliver JA (1977) A study of transrectal aspiration biopsies of the prostate with particular regard to prognostic evaluation. J Urol 117:313

Bissada NK (1977) Accuracy of transurethral resection of the prostate versus transrectal biopsy in the diagnosis of prostatic carcinoma. J Urol 118:61

Böcking A (1980) Grading des Prostatakarzinoms. Habilitationsschrift, Freiburg 1980

Böcking A (1981) Reproduzierbares zytologisches Malignitätsgrading des Prostatakarzinoms. Akt Urol 12:278

Böcking A, Sommerkamp H (1980) Histologisches Malignitätsgrading des Prostatakarzinoms. Prognostische Validität, Reproduzierbarkeit und Repräsentativität. Verhdlg Dtsch Ges Urol 32:63

Böcking A, Kiehn J, Heinzel-Wach M (1982) Combined histological grading of prostatic carcinoma. Cancer 50:288

Bourne CW, Frishette WA (1967) Prostatic fluid analysis and prostatitis. J Urol 97:140

Burck HC (1966) Histologische Technik. Leitfaden für die Herstellung mikroskopischer Präparate in Unterricht und Praxis. Thieme, Stuttgart

Byar DP, Mostofi FK (1972) Carcinoma of the prostate: Prognostic evaluation of certain pathologic features in 208 radical prostatectomies, examined by the stepsection technique. Cancer 30:5

Cartagena R, Baumgartner G, Wajsman Z, Merrin C (1975) Primary reticulum cell sarcoma of the prostate gland. Urology 5:815

Caspersson T (1936) Über den chemischen Aufbau der Strukturen des Zellkerns. Scand Arch Physiol 73:8

Chiari R, Harzmann R (1975) Perineale und transrektale Stanzbiopsie der Prostata. Urologe A 14:296

Cosgrove MD, George FW, Tery R (1973) The effects of treatment on the local lesion of carcinoma of the prostate. J Urol 109:861

Dajani YF, Burke M (1976) Leukemic infiltration of the prostate: A case study and clinocopathological review. Cancer 38:2442

Daves JA, Tomskey GC, Cohen AE (1961) Transrectal needle biopsy of the prostate. J Urol 85:180

Davison P, Malament M (1971) Urinary contamination as a result of transrectal biopsy of the prostate. J Urol 105:545

de Voogt HJ, Ploem JS, Brussee JAM, Knepfle C (1981) Verbesserung der zytologischen Diagnose beim Prostatakarzinom mit Hilfe des Leydener Fernseh-Analysesystems (Leytas). Verhdlg Dtsch Ges Urol. 32:66

Determann H, Lepusch F Das Mikroskop und seine Anwendung. Ernst Leitz GmbH, Wetzlar

Dhom G (1980) Pathologie des Prostatakarzinoms. Verhdlg Dtsch Ges Urol 32:9

Droese M, Soost H-J, Voeth C (1976) Zytodiagnostik des Prostatakarzinoms nach transrektaler Saugbiopsie. Urologe A 15:13

Editorial of Acta Cytologica (1964) The meaning of class 3 of the Papanicolaou classification of specimens from the female genital tract. Acta Cytol 8:99

Egle N, Spieler P, Bandhauer K, Gloor F (1976) Die Bedeutung zytologischer Untersuchungen für die primäre Diagnostik und den klinischen Verlauf des Prostatakarzinoms. Akt Urol 7:355

Ekman H, Hedberg K, Persson PS (1967) Cytological versus histological examination of needle biopsy specimens in the diagnosis of prostatic cancer. Brit J Urol 39:544

Emmett JL, Barber KW jr, Jackman RJ (1962) Transrectal biopsy to detect prostatic carcinoma: A review and report of 203 cases. J Urol 87:460

Epstein NA (1976) Prostatic carcinoma. Correlation of histologic features of prognostic value with cytomorphology. Cancer 38:2071

Epstein NA (1976) Prostatic biopsy. A morphologic correlation of aspiration cytology with needle biopsy histology. Cancer 38:2078

Esposti PL (1966) Cytologic diagnosis of prostatic tumors with the aid of transrectal aspiration biopsy. A critical review of 1100 cases and a report of morphologic and cytochemical studies. Acta Cytol 10:182

Esposti PL (1971) Cytologic malignancy grading of prostatic carcinoma by transrectal aspiration biopsy. Scand J Urol Nephrol 5:199

Esposti PL (1982) Aspiration biopsy and cytological evaluation for primary diagnosis and follow-up. In: Jacobi GH, Hohenfellner R Prostate cancer. Williams and Wilkins, Baltimore London

Esposti PL, Franzén S, Zajicek J (1968) The aspiration biopsy smear. In: Koss LG, Lippincott JB Diagnostic cytology and its histopathologic bases, 2nd Ed, Philadelphia

Esposti PL, Elman A, Norlén H (1975) Complications of transrectal aspiration biopsy of the prostate. Scand J Urol Nephrol 9:208

Faul P (1974) Die klinische Bedeutung der Prostatazytologie und ihre diagnostischen Möglichkeiten. Münch Med Wschr 116:15

Faul P (1975) Prostata-Zytologie. Steinkopf, Darmstadt

Faul P (1980) Vortrag auf der 1. Sitzung des Pathologisch-Urologischen Arbeitskreises „Prostatakarzinom". Bonn, 22.2.1980

Faul P, Schmiedt E, Kern R (1978) Die prognostische Bedeutung des zytologischen Differenzierungsgrades beim östrogenbehandelten Prostata-Carcinom. Urologe A 17:377

Feulgen R, Rossenbeck H (1924) Mikroskopisch-chemischer Nachweis einer Nukleinsäure vom Typ Thymusnukleinsäure und die darauf beruhende elektive Färbung von Zellkernen in mikroskopischen Präparaten. Z Physiol Chem 135:203

Ferguson RS (1930) Prostatic neoplasms: Their diagnosis by needle puncture and aspiration. Amer J Surg 9:507

Ferguson RS (1937) Diagnosis and treatment of early carcinoma of the prostate. J Urol 37:774

Fortunoff S (1962) Needle biopsy of the prostate: A review of 346 biopsies. J Urol 87:159

Frank IN, Scott WW (1958) The cytodiagnosis of prostatic carcinoma: A follow-up-study. J Urol 79:983

Gaeta JF (1981) Glandular profiles and cellular patterns in prostatic cancer grading. Urology 17:33 (Suppl)

Gaetani CF, Trentini GP (1978) Atypical hyperplasia of the prostate. A pitfall in the cytologic diagnosis of carcinoma. Acta Cytol 22:483

Garrett M, Jassie M (1976) Cytologic examination of post prostatic massage specimens as an aid in diagnosis of carcinoma of the prostate. Acta Cytol 20:126

Gleason DF (1966) Classification of prostatic carcinomas. Cancer Chemother Rep 50:125

Grayhack JT, Bockrath JM (1982) Diagnosis of carcinoma of the prostate. Urology 17:54 (Suppl)

Harada M, Mostofi FK, Corle DK, Byar DP, Trump BF (1977) Preliminary studies of histologic prognosis in cancer of the prostate. Cancer Chemother Rep 61:223

Hedinger Ch (1979) Pathologische Anatomie der Hodentumoren. Verhdlg Dtsch Ges Urol 30:7

Hell K, Graber P, Petronic V (1971) Die perineale Biopsie der Prostata mit Franklin-Vim-Silvermann-Nadel. Akt Urol 2:3

Helpap B (1980) The biological significance of atypical hyperplasia of the prostate. Virchows Arch A Anat Histol 387:307

Hohbach Ch, Dhom G (1978) Experiences with the prostatic cancer registry. 2nd Int Symp on the treatment of carcinoma of the prostate. Berlin, 1978

Hohbach Ch, Kopper B, Reichert HE, Dhom G (1980) Zur Pathologie der granulomatösen Prostatitis. Verhdlg Dtsch Ges Urol 31:39

International Union against Cancer (UICC) (1979) TNM; Klassifikation der malignen Tumoren. 3. Auflage. Springer, Berlin Heidelberg New York

Johnson DE, Chalbaud R, Ayala AG (1974) Secondary tumors of the prostate. J Urol 112:507

Kastendieck H (1980) Correlations between atypical primary hyperplasia and carcinoma of the prostate. Path Res Pract 169:367

Kastendieck H, Altenähr E, Geister H (1974) Das Myosarkom der Prostata. Dtsch Med Wschr 99:392

Kastendieck H, Altenähr E, Burchardt P (1975) Zur

Ultrastruktur des behandelten Prostatacarcinoms. Befunde nach kombinierter Hormon- und Strahlentherapie. Virch Arch Abt A Path Anat und Histol 366:287

Kastendieck H, Altenähr E (1975) Morphogenese und Bedeutung von Epithelmetaplasien in der menschlichen Prostata. Eine elektronen-mikroskopische Studie. Virch Arch Abt A Path Anat und Histol 365:137

Kastendieck H, Altenähr E, Burchardt P, Becker H, Franke HD, Klosterhalfen H (1976a) Morphologische und klinische Behandlungsergebnisse nach kombinierter Hormon- und Strahlentherapie des Prostatakarzinoms. Dtsch Med Wschr 101:571

Kastendieck H, Altenähr E, Husselmann H, Bressel M (1976b) Carcinoma and dysplastic lesions of the prostate. A histomorphological analysis of 50 total prostatectomies by step-section technique. Z Krebsforsch 88:33

Kaufman JJ, Schultz JI (1962) Needle biopsy of the prostate: A re-evaluation. J Urol 87:164

Kaufman JJ, Ljung BM, Walter Ph, Wajsman J (1982) Aspiration biopsy of prostate. Urology 19:587

Kaulen H, Davidts HH, Albrecht KF, Liebegott G (1973) Die besonderen Vorteile der Aspirationszytologie beim Prostata-Carcinom aus klinischer Sicht. Verhdlg Dtsch Ges Path 57:313

Keller AJ, Völter D, Bertsch H (1981) Die Wertigkeit zytomorphologischer Parameter unter der Hormontherapie des Prostata-Karzinoms. Urologe A 20:228

Khan O, Pearse E, Williams G (1982) Prostatic aspiration cytology. Its value in diagnosis and monitoring of response to treatment in patients with carcinoma of the prostate. 5. Kongreß der Europäischen Vereinigung für Urologie, Wien, 12.–15.5.1982

Koch KF (1972) Fluoreszenzmikroskopie. Instrumente, Methoden, Anwendung. Ernst Leitz GmbH, Wetzlar

Köllermann MW, Pessow D, Wagenknecht LV (1975) Komplikationen nach transrektaler Prostatabiopsie. Urologe B 15:225

Kohnen PW, Drach GW (1979) Patterns of inflammation in prostatic hyperplasia: A histologic and bacteriologic study. J Urol 121:755

Krastanova LJ, Addonizio JC (1981) Carcinosarcoma of the prostate. Urology 18:85

Kurth KH, Altwein JE, Skoluda D, Hohenfellner R (1977) Follow-up of irradiated prostatic carcinoma by aspiration biopsy. J Urol 117:615

Lederer B, Mikuz G, Gütter W, Zur Nedden G (1972) Zytophotometrische Untersuchungen von Tumoren des Übergangsepithels der Harnblase. Vergleich zytophotometrischer Untersuchungsergebnisse mit dem histologischen Grading. Beitr Path 147:379

Leistenschneider W (1981) Prostatakarzinom: Zytologie. Verhdlg Dtsch Ges Urol. 32:17

Leistenschneider W (1981) Zytologie und Zellkern-DNS-Analyse durch Zytophotometrie beim behandelten Prostatakarzinom und ihre Bedeutung für die Beurteilung von Therapieeffekt und Prognose. Habilitationsschrift, Berlin, 1981

Leistenschneider W (1982) Nucleic acid determination as therapy monitoring of prostate cancer. In: Jacobi GH, Hohenfellner R Prostate Cancer. Williams and Wilkins, Baltimore London

Leistenschneider W (1982) Zytodiagnostik. In: Hohenfellner R, Zingg EJ: Urologie in Klinik und Praxis, Bd 1. Thieme, Stuttgart New York

Leistenschneider W, Nagel R (1978a) Komplikationen bei transrektaler Stanz- und Feinnadelbiopsie. Therapiewoche 28:1963

Leistenschneider W, Nagel R (1978b) Prostatakarzinom: Wert der zytologischen Verlaufskontrollen unter verschiedenen Therapiebedingungen. Verhdlg Dtsch Ges Urol 29:335

Leistenschneider W, Nagel R (1978c) Zytologische Diagnose und Klassifizierung entzündlicher Prostataerkrankungen. Akt Urol 9:185

Leistenschneider W, Nagel R (1979a) Bestimmung des DNS-Gehaltes des behandelten Prostatakarzinoms mit Scanning-Zytophotometrie. Verhdlg Dtsch Ges Urol 30:399

Leistenschneider W, Nagel R (1979b) The cytologic differentiation of prostatitis. Path Res Pract 165:429

Leistenschneider W, Nagel R (1979c) Zellkern-DNS-Analyse am unbehandelten und behandelten Prostatakarzinom mit Scanning-Einzelzellzytophotometrie. Akt Urol 10:353

Leistenschneider W, Nagel R (1980a) Untersuchungen zum Zellkern-DNS-Gehalt von Prostataadenomen und -karzinomen. Verhdlg Dtsch Ges Urol 31:364

Leistenschneider W, Nagel R (1980b) Cytological and DNA-cytophotometric monitoring of the effect of therapy in conservatively treated prostatic carcinomas. Scand J Urol Nephrol 55:197 (Suppl)

Leistenschneider W, Nagel R (1980c) Estracyt therapy of advanced prostatic cancer with special reference to control of therapy with cytology and DNA-cytophotometry. Europ Urol 6:111

Leistenschneider W, Nagel R (1980d) Zytologisches Regressionsgrading und seine prognostische Bedeutung beim konservativ behandelten Prostatakarzinom. Akt Urol 11:263

Leistenschneider W, Nagel R (1981) Zytologische Klassifizierung der Prostatitis. 2. Internationale Arbeitstagung „Chronische Prostatitis", Bad Nauheim, 27.–28.11.1981

Leistenschneider W, Nagel R (1983a) Einzelzellzytophotometrische Zellkern-DNS. Analysen beim behandelten, entdifferenzierten Prostatakarzinom und ihre klinische Bedeutung. Urologe A 22:157

Leistenschneider W, Nagel R (1983b) Estracyt-Therapie beim fortgeschrittenen Prostatakarzinom: Ergebnisse einer klinisch und zytologisch kontrollierten, prospektiven Studie. Akt Urol 14:127

Leuchtenberger C, Leuchtenberger R, Davis AM (1954) A microspectrophotometric study of the desoxyribose nucleic acid (DNA) content in cells of normal and malignant human tissues. Amer J Path 30:65

Levi PE, Cooper EH, Anderson CK, Path MC, Williams RE (1969) Analysis of DNA content, nuclear size and cell proliferation of transitional cell carcinoma in man. Cancer 23:1074

Maksimović P, Lübke W, Nagel R (1971) Erfahrungen mit der perinealen und transrektalen Biopsie der Prostata. Akt Urol 2:9

Meares EM, Stamey TA (1972) The diagnosis and management of bacterial prostatitis. Brit J Urol 44:175

Melchior J, Valk WL, Foret JD, Mebust WK (1974) The prostate in leukemia: Evaluation and review of literature. J Urol 111:647

Melicow MM, Pelton Th, Fish GW (1943) Sarcoma of the prostate gland: Review of the literature; table of classification; report of four cases. J Urol 49:675

Melograna F, Oertel YC, Kwart AM (1982) Prospective controlled assessment of fine-needle prostatic aspiration. Urology 19:47

Miller A, Seljelid R (1971) Cellular atypia in the prostate. Scand J Urol Nephrol 5:17

Mostofi FK (1975) Grading of prostatic carcinoma. Cancer Chemother Rep 59:111

Mostofi FK, Price EB (1973) Tumors of the male genital system. Atlas of tumor pathology. Sec Ser Fasc 8, AFIP, Washington DC

Mostofi FK, Sobin LH (1977) Histological typing of testis-tumours. International histological classification of tumours, No. 16, WHO 1977, Geneva

Müller HA, Altenähr E, Böcking A, Dhom G, Faul P, Göttinger H, Helpap B, Hohbach Ch, Kastendieck H, Leistenschneider W (1980) Über Klassifikation und Grading des Prostatakarzinoms. (Bericht einer Pathologisch-Urologischen Arbeitsgruppe „Prostatacarcinom", Würzburg, Berlin, Freiburg, Homburg, Memmingen, München, Bonn, Hamburg, Homburg, Berlin). Verhdlg Dtsch Ges Path 64:609

Müller HA, Wünsch PH (1981) Features of prostatic sarcomas in combined aspiration and punch biopsies. Acta Cytol 25:482

Mulholland SW (1931) A study of prostatic secretion and its relation to malignancy. Proc Staff Meeting Mayo Clin 6:169

Nagel R, Leistenschneider W (1982) Unspezifische Entzündungen der Harnröhre und männlichen Adnexe. In: Hohenfellner R, Zingg EJ: Urologie in Klinik und Praxis, Bd 1. Thieme, Stuttgart New York

Narayama AS, Loening S, Weimar GW, Culp DA (1978) Sarcoma of the bladder and prostate. J Urol 119:72

Nielsen ML, Asnaes S, Hattel T (1973) Inflammatory changes in the non-infected prostate gland. A clinical, morphological and histological investigation. J Urol 110:423

O'Shaugnessy EJ, Parrino PS, White JD (1956) Chronic prostatitis – fact or fiction? JAMA 160:540

Papanicolaou GN (1954) Atlas of exfoliative cytology. Harvard Univ Press Cambridge, Mass

Peck S (1960) Needle biopsy of prostate. J Urol 83:176

Puigvert A, Jiménez F, Manavella JN (1975) Implantation perinéale néoplasique après la biopsie de la prostate. Urol Int 30:305

Rost A, Riedel B, Pust R (1975) Die zytologische Kontrolle der Effizienz der antiandrogenen Therapie des Prostatakarzinoms. Urol Int 30:245

Rothkopf M (1966) Unsere Erfahrungen mit der transrektalen Prostatastanzbiopsie. Zschr Urol 18:273

Ruch F (1970) Principles and some applications of cytofluorometry. In: Introduction to quantitative cytochemistry, Vol 2. Academic Press, New York

Ruch F, Leemann U (1973) Cytofluorometry. In: Neuhoff V Micromethods in molecular biology. Springer, Berlin Heidelberg New York

Ruch F (1979) Zytofluorometrie. In: Witte S, Ruch F Moderne Untersuchungsmethoden in der Zytologie, 2. Auflage. Gerhard Witzstrock, Baden-Baden Köln New York

Sandritter W (1952) Über den Nucleinsäuregehalt in verschiedenen Tumoren. Frankf Z Path 63:423

Schuppler J (1971) Malignant neurolemmoma of prostate gland. J Urol 106:903

Seppelt U, Sprenger E (1981) Zellkern-DNS-Analysen durch Einzelzell-Fluoreszenz-Zytophotometrie an Prostatakarzinomen vor und während der Therapie. Verhdlg Dtsch Ges Urol 32:68

Sewell RA, Braren V, Wilson SK, Rhamy RK (1975) Extended biopsy follow up after full course radiation for resectable prostatic carcinoma. J Urol 113:371

Sika JV, Lindquist HD (1963) Relationship of needle biopsy diagnosis of prostate to clinical signs of prostatic cancer: An evaluation of 300 cases. J Urol 89:737

Smith BH, Dehner LP (1972) Sarcoma of the prostate gland. Amer J Clin Path 58:43

Soost HJ (1978) Lehrbuch der klinischen Zytodiagnostik. Thieme, Stuttgart

Spieler P, Gloor F, Egle N, Bandhauer K (1976) Cytological findings in transrectal aspiration biopsy on hormone- and radio-treated carcinoma of the prostate. Virchows Arch A (Pathol Anat) 372:149

Sprenger E (1979) Anwendungsmöglichkeiten der Durchflußphotometrie in der zytologischen Diagnostik. In: Witte S, Ruch F Moderne Untersuchungsmethoden in der Zytologie, 2. Auflage. Gerhard Witzstrock, Baden-Baden Köln New York

Sprenger E, Volk L, Michaelis WE (1974) Die Aussagekraft der Zellkern-DNS-Bestimmung bei der Diagnostik des Prostatakarzinoms. Beitr Path 153:370

Sprenger E, Michaelis WE, Vogt-Schaden M, Otto C (1976) The significance of DNA flow through fluorescence cytophotometry for the diagnosis of prostate carcinoma. Beitr Path 159:292

Staehler W, Ziegler H, Völter D (1975) Zytodiagnostik der Prostata. Grundriß und Atlas. Schattauer, Stuttgart New York

Takahashi M (1981) Color atlas of cancer cytology. Thieme, Stuttgart New York

Tanke HJ, Ploem JS, Jonas U (1982) Kombinierte Durchflußzytophotometrie und Bildanalyse zur automatisierten Zytologie von Blasenepithel und Prostata. Akt Urol 13:109

Tannenbaum M (1975) Sarcomas of the prostate gland. Urology 5:810

Thackray AC, Crane WAJ (1976) Seminoma. In: Pugh RCB Pathology of the testis. Blackwell Scientific Publications, Oxford London Edinburgh Melbourne

Tümmers H, Weissbach L (1975) Komplikationen nach transrektaler Stanzbiopsie der Prostata. Vortrag auf der 16. Tagung d. Südwestdeutschen Ges f. Urologie, Reutlingen 1975

Voeth Ch, Droese M, Steuer G (1978) Erfahrungen mit dem zytologischen Grading beim Prostatakarzinom. Urologe A 17:367

von Sengbusch G, Hugemann B (1974) A fluorescence microscope attachment for flow-through cytofluorometry. Exptl Cell Res 86:53

Wajsman J, Mott LJ (1978) Pathology of neoplasms of the prostate gland. In: Skinner DG, de Kernion JB Genitourinary cancer. WB Saunders, Philadelphia, London, Toronto

Wendel RG, Evans AT (1967) Complications of punch biopsy of the prostate gland. J Urol 97:122

Wullstein HK, Müller HA (1973) Zur zytologischen Diagnose der granulomatösen Prostatitis im Prostata-Aspirat. Verhdlg Dtsch Ges Path 57:333

Zetterberg A, Esposti PL (1976) Cytophotometric DNA-analysis of aspirated cells from prostatic carcinoma. Acta Cytol 20:46

Zimmermann A, Schauer A, Truss F (1979) Automatisierte Zellkern-DNS-Bestimmung zur Diagnostik des Prostatakarzinoms. Akt Urol 10:347

Zincke H et al. (1973) Confidence in the negative transrectal needle biopsy. Surg Gynecol Obstet 136:78

Sachverzeichnis

Absorptions-Scanning-Zytophotometrie 201
Akriflavin-Feulgen-Färbung 196, 199
Anästhesie, lokale 5
Anisokaryose 41
Antiandrogene 146
Arbitrary Units (AU) 205
Artefakte 65
Aspirat 12
– Blutbeimengung 49
– insuffizientes 12
– suffizientes 12
Aspirationsbiopsie
– Infektprophylaxe 16
– Instrumentarium 6
– Komplikationen 15
– Sensitivität 75
– Technik 7ff.
– Zuverlässigkeit 74
– falsch-positive Befunde 75
– falsch-negative Befunde 75
Atypien 39
Atypische Hyperplasie 41
Auramin-O-Färbung 196, 200
Ausstrich
– Färbung 17–22, 24, 53
– Fixierung 12–14, 18
– Technik 12
Autolyse 65
Automatisierte Zytodiagnostik 209
Autoradiographie 195

BAO-Färbung 196, 198
Bilaterale Orchiektomie 146

Chromatin 32, 40
Chromatinaggregate 65

Chromatinstruktur 49
Chromosomensatz 205
Cyclophosphamid 146

DNS-Färbungen 198ff.
DNS-Zytophotogramm 195
DNS-Zytophotometrie 195ff.
Doppelkernigkeit 51
Durchflußzytophotometrie 207

Eichzellpopulation 205
Einzelzell-Zytophotometrie 196
Endoxan 146
Eosin-Lösung 22
Eosinophile Granulozyten 169
Epithelien, atrophische 32
Epitheloidzellen 169
Epitheloidzellhaufen 170
Erregerfilter 198
– UG 1 198, 200
– BG 12 199
Erythrozyten 31, 49
Estracyt 146
Estramustinphosphat 146
Exfoliativzytologie 1

Fading 196
Fading-Kurven 197
Färbeautomaten 24
Färbebank 24
Färbemethoden
– Akriflavin-Feulgen 196, 199
– Alcian-Blau 53
– Auramin-O 196, 200
– BAO 196, 198
– Eosin-Lösung 22
– Hämatoxylin-Eosin (HE) 17, 22, 24

Färbemethoden
- Harris-Hämatoxylin 18, 19, 22
- May-Grünwald-Giemsa (MGG) 17, 21, 32, 53
- OG 6 (Zytoplasmafärbung) 18 ff.
- Papanicolaou 17 ff., 32, 53, 77
- Polychromlösung (EA 50) 18 ff.
Feulgen'sche Nuklealreaktion 195
- Eigene Modifikation 203
Fixierspray 13
Flüssigkeits-Szintillations-Spektrometrie 195
Fluoreszenzmikroskopie 29
Fluorometrie
- Apparative Ausrüstung 197
- Färbetechniken 197 ff.
Fluorochrome 197 ff.
Fremdkörperriesenzellen 169
Frühkarzinom 41
5-Fluoro-Uracil 146

Gleitmittel 5
Glykogenzellen 52
Grading
- histologisches 81, 82
- zytologisches 82, 83

Halofiguren 149, 154
Hellfeld-Mikroskopie 27, 29
Histiozyten 169
- multinucleäre 109
Histiozytenhaufen 169
Hornlamellen 52
Hydrolyse 196, 198, 199, 203, 205

Infarkte, lokale 40
Intrazytoplasmatische Granula 53

Karzinomdiagnostik, primäre 73
Kerngröße 77
Kernmembran 49
- Papanicolaou-Färbung 77
- Transparenz 77
Kernordnung 32, 40, 49
Kern-Plasma-Relation 31, 49

Kernpolymorphie 77
Kernstruktur 40
Kontrollbiopsie 41

Langhans'sche Riesenzellen 52, 169
LEYTAS-System 209
LH-RH-Agonisten 146
Lymphom, malignes 154

Megakaryosen 108
Mehrkernigkeit 51
Mikroadenome 76, 169
Mikroskop 25 ff.
- Förderliche Gesamtvergrößerung 27
- Großfeldokulare 26
- Numerische Apertur 27
- Objektive 26
Mikroskopischer Untersuchungsgang 30

Nebenbefunde 49
Normalbefunde 31
Nucleolen 32, 40, 41, 77

Objektträgerschränke 24
Objektträgerwiegen 24
Östrogene 146

Papanicolaou I–IV 39 ff.
Pathologisch-Urologischer Arbeitskreis „Prostatakarzinom" 81, 82
Plattenepithelmetaplasie 51, 108
Plattenepithelkarzinom 51
Ploidieverteilung 206
Präkanzerose 41
Präparate 12
- makroskopische Beurteilung 12
- - suffizient 12
- - insuffizient 12
Prostata, Sekundärtumoren 153 ff.
- Malignes Lymphom
- Seminom
- Urothelkarzinom
Prostataexprimat 1
Prostatainfarkt 168
Prostatakarzinom, lokal fortgeschritten 107

Prostatamassage 1
Prostatektomie, radikale 75
Prostatitis 165 ff.
- abszedierende 167
- akute 16
- akute eitrige 167
- chronische 16, 168
- chronisch-rezidivierende 168
- granulomatöse 168
- tuberkulöse 169

Quetschartefakte 77

Regressionsgrading, zytologisches 109 ff.
- klinische Bedeutung 144
- Reproduzierbarkeit 112
- Therapiekontrolle 108
- Validität 145
Regressionszeichen 107 ff.
- zytologisch 107
- histologisch 107, 108
- Klassifizierung 109
- Zeitpunkt nach Therapiebeginn 146
Rektumschleimhaut 50
Riesenzellen 52, 65
- histiozytäre 169
- Langhans'sche 52
- multinucleäre 51

Samenblasenepithelien 49
Sarkome 149
Schaumzellen 52
Schiff'sches Reagenz 199, 203, 205
Score 83
Seminom 154
Stanzbiopsie, Komplikationen 14
Strahlentherapie 146

Therapiekontrolle 107
- zytologische 107, 108

Umfärben nach Papanicolaou-Färbung 205
Urothelien 65
Urothelkarzinom 153
Urothelzellen 50

Wabenstruktur 31, 49

Zelle, Zellverband 31
Zellkern 32, 76
- Chromatin 32, 77
- Form 77
- Größe 77
- Kernmembran 77
- Lagerung 76
- Polymorphie 77
- Vakuolisierung 108
Zellkern-DNS-Gehalt 205
- Analyse 205
- - eigene Ergebnisse 213
- aneuploid 205
- euploid 205
- polyploid 205
- Verteilungsmuster 213
Zellkinetische Untersuchungen 195
Zytologisches Grading
- Reproduzierbarkeit 81 ff.
- - intraindividuell 81
- - interindividuell 81
Zytologisches Regressionsgrading 107 ff.
- klinische Bedeutung 144
- Palpationsbefund 146
- Reproduzierbarkeit 112
- Validität 145
Zytophotometrie 195
- A.S.M.-System 209
- Einzelzell 196
- Durchfluß 207
- DNS-Färbungen 196 ff.
- - Akriflavin-Feulgen 196, 199
- - BAO 196, 198
- - Auramin-O 196, 200
- LEYTAS-System 209
- Statistik 206
- - 2c-"Deviation-Index" 206
- - 4,5c-"Exceeding-Rate" 206
- - Median-Quartile-Test 206
Zytoplasma 31, 108
Zytoplasmaseen 109

Das Harnblasenkarzinom

Epidemiologie, Pathogenese, Früherkennung

Herausgeber: **K.-H. Bichler, R. Harzmann**

1984. 129 Abbildungen. Etwa 240 Seiten
Gebunden DM 92,-
ISBN 3-540-13115-9

Inhaltsübersicht: Grundlagen der Prävention bösartiger Uroheltumoren. - Tumoren der Harnwege bei Analgetika-Abusus. - Möglichkeiten der Labordiagnostik zur Erfassung von Harnblasenkarzinogenen. - Die multifaktorielle Mehrstufenkarzinogenese am Harnblasenurothel. - Präinvasive Befunde des Harnblasenurothels. - Die Ultrastruktur der Membranen des Urothels und des Urothelkarzinoms. - Automatisierte Urin-Zytologie mit Hilfe des LEYTAS Bildanalysesystems. - Impulszytophotometrie. - Das profilerative Verhalten von Harnblasenkarzinomen und urothelialen Dysplasien. - Immunzytologie in der Diagnostik des Harnblasenkarzinoms. - Nachweis von Blutgruppen-Isoantigenen bei normalem und präneoplastischem Urothel und beim Übergangszellkarzinom der Harnblase. - Bedeutung der Serum- und Urin-CEA- und TPA-Bestimmung für die Diagnose des Harnblasenkarzinoms. - Glykosaminoglykan-Diagnostik bei Blasenkarzinomen. - Glykosaminoglykane in Harnblasenkarzinomen. - Urincholesterinbestimmung im Rahmen der Früherkennung und Verlaufskontrolle von Harnblasentumoren. - Urin-Marker beim Harnblasenkarzinom: Stellenwert der Urinenzymdiagnostik. - Immundiagnostik beim Harnblasenkarzinom. - Instrumentelle Früherkennung. - Sachregister.

Springer-Verlag
Berlin
Heidelberg
NewYork
Tokyo

Das Buch gibt eine aktuelle Darstellung der auf dem Gebiet der Kazinogenese bzw. Früherkennung des Harnblasenkarzinoms gewonnenen Forschungsergebnisse. Der Band enthält Beiträge zur Methodik des Nachweises von Karzinogenen im Harn (Mutagenesetest) sowie über morphologische Untersuchungen (präinvasive Befunde des Urothelkarzinoms, Ultrastruktur des Urothels, multifaktorielle Mehrstufenkarzinogenese). Die Beitrage zur Zytologie (Automatisierung, Impulszytophotometrie und Immunzytologie), die Arbeiten zur Bedeutung der Glykosaminoglykane im Urin, die Bewertung von sogenannten Tumormarkern (CEA und TPA), der Nachweis von ABH-Antigenen sowie die Bedeutung von Cholesterinbestimmung im Urin u. a. geben den modernen Stand der Forschung in diesem onkologischen Bereich wieder und zeigen Ansatzpunkte für die weitere Foschung. Die Publikation ist für alle an dem Problem der Karzinogenese bzw. Früherkennung des Harnblasenkarzinoms beteiligten Ärzte in Klinik und Forschung sowie für Statistiker von Interesse.

W. Mauermayer

Transurethrale Operationen

Mit Beiträgen von K. Fastenmeier, G. Flachenecker, R. Hartung, G. H. Schlund, W. Schütz

1981. 240 Abbildungen, 14 Farbtafeln. XXVI, 523 Seiten. (Allgemeine und spezielle Operationslehre, Band 8. 3., völlig neubearbeitete Auflage, Teil 1).
Gebunden DM 480,–
Subskriptionspreis (gilt bei Verpflichtung zur Abnahme aller Bände des Handbuchs) Gebunden DM 384,–
ISBN 3-540-10957-9

Inhaltsübersicht: Arbeitsräume für transurethrale Operationen. – Instrumente und Instrumentenpflege. – Präoperative Maßnahmen. – Allgemeine Resektionstechnik: Technik und Methodik des Schneidens. – Spezielle Resektionstechnik. – Die Technik der Blutstillung. – Transurethrale Operationen in der Harnblase. – Sonderformen der Elektroresektion am Blasenhals. – Die Lithotripsie. – Die Zeiss-Schlinge und das Einlegen von Ureterdauerkathetern. – Endoskopische Operationen in der Harnröhre. – Die Bougierung der Harnröhre. – Die Nachbehandlung nach der Operation. – Grundsätze ärztlicher Aufklärung von transurethralen Operationen. – Lernen und Lehren der transurethralen Operationstechnik. – Tafelteil. – Literaturverzeichnis. – Sachverzeichnis.

Diese Operationslehre ist der Extrakt aus 30 Jahren Operationserfahrung eines der Pioniere seines Faches, der mehr als 10 000 transurethrale Operationen ausgeführt oder mitbeobachtet hat. Seit den klassischen Werken von NESBIT and BARNES 1943 ist der Stoff nicht mehr in so ausführlicher Weise dargestellt worden.
In einer fast 30jährigen Lehrtätigkeit hat der Autor die transurethralen Operationsmethoden einer großen Zahl von Urologen vermittelt; er kennt die typischen Fehler und Gefahren und beschreibt – ohne „Werkstattgeheimnisse" – detailliert die Möglichkeit zu ihrer Vermeidung und zur Korrektur. Alle mitgeteilten Operationstechniken sind tausendfach erprobt, verbessert und didaktisch so dargestellt, daß sie nachvollziehbar sind – auch für Urologen, die nicht an einem endoskopischen Zentrum ausgebildet wurden.
Besonderen didaktischen Wert hat die Darstellung der „Grundtechnik" der Resektion, die seit der ersten deutschen TU-Operationslehre des gleichen Autors 1962 in keinem anderen Buch in dieser klaren Weise gezeigt wurde.
Der komprimierte, einprägsame Text wird durch zahlreiche anschauliche schematische Abbildungen ergänzt. Brillante Farbphotographien wurden ausgewählt, wenn sie besser als Zeichnungen oder Beschreibungen eine bestimmte Situation darstellen.

Springer-Verlag
Berlin
Heidelberg
New York
Tokyo

MIX
Papier aus verantwortungsvollen Quellen
Paper from responsible sources
FSC® C105338

If you have any concerns about our products,
you can contact us on
ProductSafety@springernature.com

In case Publisher is established outside the EU,
the EU authorized representative is:
**Springer Nature Customer Service Center GmbH
Europaplatz 3, 69115 Heidelberg, Germany**

Printed by Libri Plureos GmbH
in Hamburg, Germany